自控力

管好自己就成功

尚波◎编著

四川人民出版社

图书在版编目（CIP）数据

自控力：管好自己就成功 / 尚波编著 . -- 成都：四川人民出版社，2018.12（2019.10 重印）
ISBN 978-7-220-10860-0

Ⅰ . ①自… Ⅱ . ①尚… Ⅲ . ①情绪 – 自我控制 – 通俗读物 Ⅳ . ① B842.6-49

中国版本图书馆 CIP 数据核字 (2018) 第 148189 号

ZIKONGLI：GUANHAO ZIJI JIU CHENGGONG

自控力：管好自己就成功

尚波　编著

出版人	黄立新
策划组稿	张明辉
责任编辑	罗晓春　张东升
营销策划	张明辉
插画绘制	金版文化
封面设计	黄健民
责任校对	袁晓红
责任印刷	许　茜
出版发行	四川人民出版社（成都槐树街2号）
网　址	http：//www.scpph.com
E-mail	sarmcbs@sina.com
新浪微博	@四川人民出版社
微信公众号	四川人民出版社
发行部业务电话	（028）86259624　86259453
防盗版举报电话	（028）86259624
印　刷	深圳市雅佳图印刷有限公司
成品尺寸	135mm × 180mm
印　张	14
字　数	300千
版　次	2018年12月第1版
印　次	2019年10月第2次印刷
书　号	ISBN 978-7-220-10860-0
定　价	42.80元

强大的意志力是身体的主人，正确的意志力是心智功能的统帅，完善的意志力是个人道德的导师。

敏捷、坚毅、决断的力量，是一切力量中的力量。要成就事业，必须学会该出手时就出手，使你的正确决断坚定、稳固得像山岳一样。

前言

preface

自控力是一个人自觉地调节和控制自己行动的能力。自控力强的人，能够理智地对待周围发生的事情，有意识地控制自己的思想感情，约束自己的行为，成为驾驭现实的主人。一般情况下，自控力和意志是紧密相连的，意志薄弱者，自控力较差；意志顽强者，自控力较强。加强自控力也就是磨炼意志的过程。李嘉诚说："自制是修身立志成大事者必须具备的能力和条件，希望每个人都能做到自制！"

一个人在事业上的成功需要有强大的自控力。

一个人在集中精力完成某项特殊任务时，在自控力的作用下，能排除干扰，抑制那些不必要的活动。在自控力的调节下，能够选择正确的活动动机，调整行动目标和行动计划。自控力强的人，能理智地控制自己的欲望，分清轻重缓急，然后再去满足那些社会要求和个人身心发展所必需的欲望，对不正当的欲望则坚决予以抛弃。自控力强的人，处在危险和紧张状态时，不轻易为激情和冲动所支配，不意气用事，能够保持镇定，克制内心的恐惧和紧张，做到临危不惧、忙而不乱。自控力强的人，在崇高理想的支配下，能够忍耐克己，为社会做出惊天动地的大事。相反，自控力薄弱的人遇事不冷静，不能控制激情和冲动，处理问题不顾后果、任性、冒失。这种人易被诱因干扰而动摇，或惊慌失措。可见，培养和锻炼自控力，克服自控力薄弱的弱点，对事业的成功是多么地重要。

不仅如此，自控力也是人们获得成功人生所必备的素质。

自控不仅仅是在物质上克制欲望，对于一个想要取得成功人生的人来说，精神上的自控也是重要的。衣食住行毕竟是身外之物，不少人都能克制，但精神上的、意志力上的自控却非人人都能做到。如果你今天计划做某件事，但早上起床后，因昨晚休息得太晚而困倦，你是否还能坚持着离开那温暖舒适的床呢？如果你要远行，但身体乏力，你是否会停止旅行计划？如果你正在做的一件事遇到了极大的、难以克服的困难，你是继续做呢，还是停下来等等看？诸如此类的问题，一定要处理得干脆利落，千万不要纵容自己，给自己找借口。对自己严格一点儿，时间长了，自控便成为一种习惯、一种生活方式，你的人格和智慧也会因此变得更完美。

总之，自控力是成功的基本要素，自控力强的人能够更好地控制自己的注意力、情绪、欲望、习惯和行为，更好地应对压力、解决冲突、战胜逆境，身体更健康，人际关系更和谐，恋情更长久，收入更高，事业也更成功。太多的人不能控制自己，不能把自己的精力全部投入到他们的工作中，完成自己伟大的使命。这可以解释成功者和失败者之间的区别。能够驾驭自己的人，比征服了一座城池的人还要伟大。是自控力造就伟人，造就机遇，造就成功。任何一个优秀的人都明白：如果没有自控力，就永远不可能成功。勇者勇于接受精神上和肉体上的磨炼；他们愿意接受超出自己想象的任务，并全身心投入其中完成它；他们经常让大脑保持活跃，考虑一些有挑战性的问题，不断地思索需要认真对待的事情，以期训练自己的自控力。而这种自控力决定了人们在关键时候的所作所为。传记作家兼教育家托马斯·赫克斯利说："教育最有价值的成果，就是培养了自控力，不管是否喜欢，只要需要就去做。"自控使人充满自信，也赢得别人的信任。一个人可能在缺乏教育和健康的条件下成功，但绝不可能在没有自控力的情况下成功！

自控力的养成是一个长期的过程，不是一朝一夕的事情。为了帮助广大读者系统地了解与提升自己的自控力，我们特奉献了这本《自控力：管好自己就成功》。希望读者在读过本书后能深切地感悟自控力的独特魅力和强大作用，在自己今后的生活实践中，自觉地培养、训练、提高和调动自控力，引爆蕴藏在体内的潜能，锤炼坚忍不拔的坚强意志，迎接生活中的各种挑战，主宰人生，成就伟业，开创崭新的成功人生。

目录
CONTENTS

导言 自控力 成就人生

第一章 意志力的本能：人生来就能抵制奶酪蛋糕的诱惑

第三章 沦为欲望动物：人为什么管不住自己

第四章 大脑的弥天大谎：
一为什么我们会误把渴望当幸福

第五章 习惯成自然：为什么人会有命运

第六章 累到无力抵抗：为什么自控力像肌肉一样有极限

第七章 谁偷走了你的时间：你控制不了生命的长度，但可以改变生命的宽度

导言

自控力
成就人生

✿ 自控力使人强大

一个人能够自我控制的秘密源于他的思想。我们经常在头脑中贮存的东西会渐渐地渗透到我们的生活中去。如果我们是自己思想的主人，如果我们可以控制自己的思维、情绪和心态，那么，我们就可以控制生活中可能出现的所有情况。

我们都知道，当沸腾的血液在我们狂热的大脑中奔涌时，控制自己的思想和言语是多么困难。但我们更清楚，让我们成为自己情绪的奴隶是多么危险和可悲。这不仅对工作与事业来说是非常有害的，而且还减少了效益，甚至还会对一个人的名誉和声望产生非常不利的影响。无法完全控制和主宰自己的人，命运就没有掌握在他自己的手里。

有一个作家说："如果一个人能够对任何可能出现的危险情况都进行镇定自若地思考，那么，他就可以非常熟练地从中摆脱出来，化险为夷。而当一个人处在巨大的压力之下时，他通常无法获得这种镇定自若的思考力量。要获得这种力量，需要在生命中的每时每刻，对自己的个性特征进行持续的研究，并对自我控制进行持续的练习。而在这些紧急的时刻，有没有人能够完全控制自己，在某种程度上决定了一场灾难以后的发展方向。有时，也是在一场灾难中，这个可以完全控制自己的人，常常被要求去控制那些不能自我控制的人，因为那些人由于精神系统的瘫痪而暂时失去了做出正确决策的能力。”

一个人因为恐惧、愤怒或其他原因而丧失自我控制力，是非常悲惨的一幕。而某些重要事情会让他意识到，彻彻底底地成为自己的主人，牢牢地控制自己的命运是多么地必要。

想想看有这样一个人，他总是经常表露自己的想法——要成为宇宙中所有力量的主人，而实际上他却最终给微不足道的力量让了路！想想看他正准备从理性的王座上走下来，并暂时地承认自己算不上一个真正的人，承认自己对控制自己行为的无能，并让他自己表现出一些卑微和低下的特征，去说一些粗暴和不公正的话。

由于缺少自制美德的修炼，我们许多成年人还没有学会去避免那伤人的粗暴脾气和锋利逼人的言辞。不能控制自己的人就像一个没有罗盘的水手，他处在任何一阵突然刮起的狂风的左右之下。每一次激情澎湃的风暴，每一种不负责任的思想，都可以把他推到这里或那里，使他偏离原先的轨道，并使他无法达到期望中的目标。

自我控制的能力是高贵品格的主要

特征之一。能镇定且平静地注视一个人的眼睛，甚至在极端恼怒的情况下也不会有一丁点儿的脾气，这会让人产生一种其他东西所无法给予的力量。人们会感觉到，你总是自己的主人，你随时随地都能控制自己的思想和行动，这会给你品格的全面塑造带来一种尊严感和力量感，这种东西有助于品格的全面完善，而这是其他任何事物所做不到的。

这种做自己主人的思想总是很积极的。而那些只有在自己乐意这样做，或对某件事特别感兴趣时才能控制思想的人，永远不会获得任何大的成就。那种真正的成功者，应该在所有时刻都能让他的思维来服从他的意志力。这样的人，才是自己情绪的真正主人；这样的人，他已经形成了强大的精神力量，他的思维在压力最大的时候恰恰处于最巅峰的状态；这样的人，才是造物主所创造出来的理想人物，是人群中的领导者。

✿ 自控力营造幸福生活

在社会中，只有遇事不慌、临危不惧的人才能成就大事，而那些情绪不稳、时常动摇、缺乏自信、遇到危险就躲、遇到困难慌神的人，只能过平庸的生活。

自控是一种力量，自控使人头脑冷静、判断准确。自控的人充满自信，同时也能赢得别人的信任。

自控力强的人，比焦虑万分的人更容易应付种种困难、解决种种矛盾。而一个做事光明磊落、生气蓬勃、令人愉悦的人，无论到哪儿都是受人欢迎的。

在商人中间，自控能产生信用。银行相信那些能控制自己的人。商人们相信，一个无法控制自己的人既不能管理好自己的事务，也不能管理好别人的事务。一个人可能在缺乏教育和健康的条件下成功，但绝不可能在没有自制力的情况下成功！

无论是谁，只要能下定决心，决心就会为他的自制行为提供力量与后援。能够支配自我，控制情感、欲望和恐惧心理的人会比国王更伟大、更幸福。否则，他就不可能取得任何有价值的进步。

《三国演义》中，张飞得知关羽被孙权杀害后，陷入了极度的悲痛之中，他“旦夕号泣，血湿衣襟”。刘、关、张桃园结义，手足之情极为深厚，如今兄长被害，张飞的悲痛也算是一种正常的情绪反应。但他在悲痛之中丧失了起码的理智，任由此种不利情绪的发展，并用它深深感染了刘备，不仅给自己招来杀身之祸，也极大地损害了三人为之奋斗的事业。刘备得知关羽为孙权所害，悲愤之下准备出兵伐吴，赵云向刘备分析当时的形势：“国贼乃曹操，非孙权也。今曹丕篡汉，神人共怒，陛下可早图关中……若舍魏以伐吴，兵势一交，岂能骤解……汉贼之仇，公也；兄弟之仇，私也。愿以天下为重。”赵云所主张的先公后私，就是一种理智的选择。若听任自己情绪的指挥，当然要先为关羽报仇雪恨；若从光复汉室的大局着想，则应以伐魏为先。刘备在诸葛亮的苦劝之下，好不容易“心中稍回”，却被张飞无休止的号哭弄得又起伐吴之心。

张飞痛失兄长，恨不得立刻到东吴杀个血流成河，他“每日望南切齿、睁目怒恨”。由于报仇心切，一腔怨怒无处发泄，在不知不觉之间把怒气出到了自己人头上，“帐上帐下，但有犯者即鞭挞之；多有鞭死者”，他的情绪失控到了杀自己人出气的地步，并传染给身边的每一个人。

张飞的情绪失控，不仅使自己，也使刘备在理智与情绪的抗衡中败下阵来，冲动地做出了出兵东吴的错误决定，结果使蜀汉的力量在这场战争中大大削弱，为蜀汉的衰落埋下了伏笔。

当一个人的怨恨到了丧失理智的地步时，他去伤害别人或被别人伤害也就在情理之中了。张飞向手下将士发出了“限三日内制办白旗白甲，三军披孝伐吴”的命令，根本不考虑手下能否在那么短的期限内完成任务。当末将范疆、张达为此犯难时，张飞不由分说，将二人“缚于树上，各鞭背五十”，“打得二人满口出血”，还威胁道：“来日俱要完备！若违了限，即杀汝二人示众！”

刘备得知张飞鞭挞部属之事，曾告诫他这是“取祸之道”，说明刘备也认识到了张飞丧失理智背后隐藏的危险。然而张飞仍不警醒，不给别人留任何退路，连“兔子急了也咬人”的道理都忘了。最后，范疆、张达无法可想，只好拼个鱼死网破，趁张飞醉酒，潜入帐中将其刺死。

由于张飞不善于控制自己的负面情绪，尽管他有勇猛、豪爽、忠义之名，却不受部属的拥戴。作为一员大将，没有战死沙场，却死于自己人之手，这的确是缺乏自制力而酿成悲剧的一个典型例子。

同时张飞也是一位不懂得自控的人，一味任其发展，最终导致这样的结局，不能不说是一种必然结果。

人生在世，若缺乏自控力，将会令生活一片狼藉。一个人若完全被情绪所控制，那样伤害的不只是别人，你自己也会因此失去拥有幸福的机会。

许多名人写下了无数文字来劝诫人们要学会自我克制。詹姆士·博尔顿说：“少许草率的词语就会点燃一个家庭、一家邻居或一个国家的怒火，而且这样的事情常常发生。半数的诉讼和战争都是因为言语而引起的。”乔治·艾略特则说：“妇女们如果能忍着那些她们知道无用的话不说，那么她们半数的悲伤都可以避免。”

赫胥黎曾经写下过这样的话：“我希望见到这样的人，他年轻的时候接受过很好的训练，非凡的意志力成为他身体的真正主人，应意志力的要求，他的身体乐意尽其所能去做任何事情。他头脑明智，逻辑清晰，他身体所有的功能和力量就如同机车一样，根据其精神的命令准备随时接受任何工作，无论是编织蜘蛛网这样的细活还是铸造铁锚这样的体力活。”

希尔曾说：“一个有自制力的人，不易被人轻易打倒；能够控制自己的人，通常能够做好分内的工作，不管是多么大的困难皆能予以克服。”

许多人，特别是年轻人情绪丰富不稳，自制力较差，往往从理智上也想自我锤炼，积极进取，但在感情和意志上却控制不了自己。专家们认为，要成为一个自控力强的人，需做到以下几点。

（1）自我分析，明确目标。一是对自己进行分析，找出自己在哪些活动中、何种环境中自制力差，然后拟出培养自制力的目标步骤，有针对性地培养自己的自制力；二是对自己的欲望进行剖析，扬善去恶，抑制自己的某些不正当的欲望。

（2）提高动机水平。心理学的研究表明，一个人的认识水平和动机水平，会影响一个人的自制力。一个成就动机强烈、人生目标远大的人，会自觉抵制各种诱惑，摆脱消极情绪的影响。无论他考虑任何问题，都着眼于事业的进取和长远的目标，从而获得一种控制自己的动力。

（3）从日常生活中的小事做起。高尔基说：“哪怕是对自己小小的克制，也会使人变得更加坚强。”人的自制力是在学习、工作、生活中的千百万小事中培养、锻炼起来的。许多事情虽然微不足道，但却影响到一个人自制力的形成。如早上按时起床、严格遵守各种制度、按时完成学习计划等，都可积小成大，锻炼自己的自控力。

（4）绝不让步迁就。培养自控力，要毫不含糊地坚定和顽强。不论什么东西和事情，只要意识到它不对或不好，就要坚决克制，绝不让步和迁就。另外，对已经做出的决定，要坚定不移地付诸行动，绝不轻易改变和放弃。如果执行决定半途而废，就会严重地削弱自己的自控力。

（5）经常进行自警。如在学习中忍不住想看电视时，马上警告自己，管住自己；当遇到困难想退缩时，不妨马上警告自己别懦弱。这样往往会唤起自尊，战胜怯懦，成功地控制自己。

（6）进行自我暗示和激励。自制力在很大程度上表现在自我暗示和激励等意念控制上。意念控制的方法有：在你从事紧张的活动之前，反复默念一些树立信心、给人以力量的话，或随身携带座右铭，时时提醒激励自己；在面临困境或身临危险时，利用口头命令，如“要沉着、冷静”，以组织自身的心理活动，获得精神力量。

（7）进行松弛训练。研究表明，失去自我控制或自控力减弱，往往发生在紧张心理状态中。若此时进行些放松活动，如按摩、意守丹田等，则可以提高自控水平。因为放松活动可以有意识地控制心跳加快、呼吸急促、肌肉紧张，获得生理反馈信息，从而控制和调节自身的整个心理状态。

强大的自控力是成功的基本要素

无法管好自己的人也无法管好别人

一个不能控制自己的人，往往情绪激动，指手画脚，使本来可以办成的事办不成，这是成事一大戒。成大事者的习惯是：先控制自己，再控制别人。

世界上，唯有自己最可怕，也唯有自己最难以对付。

自控是自己管理自己、自己尊重自己、自己塑造自己。一个能自我管理的人，是一个成熟的人，是一个为自己负责任的人。

一个成功的人既要受别人的监督，又要受自己的监督。别人的监督可以发现自己发现不了的事情，自己的监督就是自制。

自控，就是自己给自己一个纪律。“纪律”这个词来源于信徒，也就是跟随者的意思。所以，当你把自己放在信徒之前，那就是说自己是自己的老师，是一个自我推动者、自我塑造者，是自己的跟随者。你必须在思想上认定没有人能够比你更好地教你自己，没有人比你自己更值得你去跟随，没有人能比你更好地改正你自己。你要愿意做这些事情，你要愿意教育自己，你要愿意跟随自己，你要愿意在必要的时候惩罚自己。

同样一生的时间，有的人能够成就一番事业，有的人却一事无成。除了机遇不同外，有的人勤奋，

有的人懒惰。有些人虽然勤奋，注意力却不集中，老是漫不经心，朝秦暮楚。漫不经心是人最大的弊病，它使得人蹉跎一生，无所成就。要克服漫不经心，就必须有一定的意志力来约束自己，让自己一次只完成一件事。控制好自己，养成这样的习惯，循序渐进，慢慢培养自己的性格，也就获得了通向成功大门的钥匙。

人们常说以身作则，只有自己做好了，才能让别人信服。同样，只有具有自制力的人，才能很好地控制其他的人。

凡成功者无不懂得自制

成功的一个基本要素是控制自我，没有自控力的人终将一无所成，一点的小刺激和小诱惑都抵制不了，面对大的诱惑必将深陷其中。

控制自我情绪是一种重要的能力，也是人区别于动物的重要标志。人是有理性的，不能只依赖感情行事。

2000年，小布什击败戈尔当选为美国总统。但你可想到，就是这样堂堂的美国总统，年轻时候却放荡不羁、缺乏自制力。

学生时代的布什，学习成绩一般，但对于吃喝玩乐他却样样在行。平时他除了与他那帮“狐朋狗友”四处游荡之外，无所事事。他最大的喜好便是开着自己那辆哈雷-戴维森摩托车，带着时髦的女孩，在大街上飙车。除此之外，每天晚上，他总是泡在各色舞厅里，不到深夜不会回家，而且每次都是醉醺醺的。

老布什看儿子如此不济，多次谆谆教导，但是，小布什总把父亲的话当作耳旁风，依然故我。

直到有一天，一个很特别的姑娘出现在他面前，她的美丽和纯洁一下打动了“花花公子”小布什。在这位姑娘的影响之下，小布什警醒了，他慢慢克制住自己的放浪行为，奋发努力，投入政界。经过一番奋斗，他终于成就了自己的辉煌，登上了总统宝座。

托马斯·曼告诫人们：“控制感情的冲动，而不是屈从于它，人才有可能得到心灵上的安宁。”

没有自控力的人是可怕的，不但他的思想会肆意泛滥，行为更会如此。有人喝酒成瘾、上网成瘾等，无一不是缺乏自制力的表现。

一个失去自控能力的人是不会得到命运的眷顾与垂青的。

那些以为自制就会失去自由的人，对“自由”与“自制”的意义显然还没有深刻地领会。因为自我控制不是要以失去自由为代价，恰恰是为了保证自由最大限度内的实现。

一位骑师精心训练了一匹好马，所以骑起来得心应手。只

要他把马鞭子一扬，那马儿就乖乖地听他支配，而且骑师说的话马儿句句都明白。

骑师认为用言语指令就可以驾驭住了，缰绳是多余的。有一天，他骑马外出时，就把缰绳给解掉了。

马儿在原野上驰骋，开头还不算太快，仰着头抖动着马鬃，雄赳赳地高视阔步，仿佛要叫他的主人高兴。但当它知道什么约束都已经解除了的时候，它就越发大胆了，它再也不听主人的叱责，愈来愈快地飞驰在辽阔的原野上。

不幸的骑师，此时毫无办法控制他的马了，他用颤抖的手想把缰绳重新套上马头，但已经无法办到。失去羁控的马儿撒开四蹄，一路狂奔着，竟把骑师摔下马来。而它还是疯狂地往前冲，像一阵风似的，路也不看，方向也不辨，一股劲儿冲下深谷，摔了个粉身碎骨。

“我可怜的好马呀，”骑师好不伤心，悲痛地大叫道，

“是我一手造就你的灾难。如果我不冒冒失失地解掉你的缰绳，你就不会不听我的话，就不会把我摔下来，你也绝不会落得这样凄惨的下场。”

追求自由是无可非议的，但我们不能放任自流。一点也不加以限制的自由，本身就潜藏着无穷的害处与危险，严重的时候，就像脱缰的马儿一样难以控制。世界上不存在绝对的自由，真正意义上的自由，是带着镣铐跳舞。

给情绪一个自制的阀门，我们自然会做到挥洒自如，赢得卓越的人生。

控制自我是能力的体现

20世纪60年代早期的美国，有一位很有才华、曾经做过大学校长的人，竞选美国中西部某州的议会议员。此人资历很高，又精明能干、博学多识，非常有希望赢得选举的胜利。但是，一个很小的谎言散布开来：3年前，在该州首府举行的一次教育大会上，他跟一位年轻的女教师有那么一点暧昧的行为。这其实是一个弥天大谎，而这位候选人不能控制自己的情绪，他对此感到非常愤怒，并尽力想要为自己辩解。

由于按捺不住对这一恶毒谣言的怒火，在以后的每次集会

中，他都要站起来极力澄清事实，证明自己的清白。

其实，大部分选民根本没有听到或过多地注意这件事，但是，现在人们却越来越相信有那么一回事了。公众们振振有词地反问："如果你真是无辜的，为什么要为自己百般狡辩呢？"

如此火上加油，这位候选人的情绪变得更坏，他气急败坏、声嘶力竭地在各种场合为自己辩解，以此谴责谣言的传播者。然而，这更使人们对谣言确信不疑。最悲哀的是，连他的太太也开始相信谣言了，夫妻之间的亲密关系消失殆尽。

最后，他在选举中败北，从此一蹶不振。

控制自我情绪是一种重要的能力，也是一种难能可贵的艺术。一个不懂得控制自我的人，只会任由情绪的发展，使自己有如一头失控的野兽，一旦不小心闯到熙熙攘攘的人群中，则会伤人伤己。

人是群居的动物，不可能总是一个人独处，因此，一旦情绪失控，必将波及他人。控制自我绝对是种必须具备的能力。

传说中有一个"仇恨袋"，谁越对它施力，它就胀得越大，以致最后堵死我们生存的空间。你打我一拳，我必定想方设法还你两脚，即使是好汉吃了眼前亏，也必当日后补上——大多数人都会这样想。这样做只能使对抗升级而无助于解决问题，更不论是谁对谁错了。

1754年，身为上校的华盛顿率领部下驻防亚历山大市。当时正值弗吉尼亚州议会选举议员，有一个名叫威廉·佩恩的人反对华盛顿所支持的候选人。据说，华盛顿与佩恩就选举问题展开激烈争论，说了一些冒犯佩恩的话。佩恩火冒三丈，一拳将华盛顿打倒在地。当华盛顿的部下跑上来要教训佩恩时，华盛顿急忙阻止了他们，并劝说他们返回营地。

第二天一早，华盛顿就托人带给佩恩一张便条，约他到一家小酒馆见面。佩恩料定必有一场决斗，做好准备后赶到酒馆。令他惊讶的是，等候他的不是手枪而是美酒。

华盛顿站起身来，伸出手迎接他。华盛顿说："佩恩先生，昨天确实是我不对，我不可以那样说，不过你已然采取行动挽回了面子。如果你认为到此可以解决的话，请握住我的手，让我们交个朋友。"从此以后，佩恩成为华盛顿的一个狂热崇拜者。

我们在钦佩伟人的同时，也要认识到控制自我的重要性。许多伟人之所以能够名垂千古，与他们的从容豁达、宠辱不惊有很大的关系。而芸芸众生也许更多的是任由情绪的发泄，没有利用好控制自我的作用。

一个成功的人必定是有良好控制能力的人，控制自我不是说不发泄情绪，也不是不发脾气，过度压抑会适得其反。良好的控制自我就是不要凡事都情绪化，任由情绪发展，而是要适度控制，这是一种能力的体现。

第一章

意志力的本能：

人生来就能抵制奶酪蛋糕的诱惑

PART

01

意志力不只是一个传说

人与人之间、强者与弱者之间、大人物与小人物之间最大的差异，就在于其意志的力量，即所向无敌的决心。一旦确立了一个目标，就要坚持到底，不在奋斗中成功，便在奋斗中死亡。具备这样的品质，你就能在世界上做成任何事情。

——伯克斯顿

意志力是蕴藏在人体内的神秘力量

每个人的体内都有一股天生的、无所不能的在沉睡的力量——意志力。意志力是不能形容、不能解释的，它似乎不存在于普通的感官中，而隐藏在心灵深处。凭借这种力量，你就能实现你的梦想，成为你想成为的人物。

意志力是自我引导的力量

著名哲学家罗素曾说："古往今来，对于成功秘诀的谈论实在是太多了。其实，成功并没有什么秘诀。成功的声音一直在芸芸众生的耳边萦绕，只是没有人理会它罢了。而它反复述说的就是一个词——意志力。任何一个人，只要听见了它的声音并且用心去体会，就会获得足够的能量去攀越生命的巅峰。这几年来，我一直在努力致力于一项事业——试图在美国人的思想中植入这样一种观念：只要给予意志力以支配生命的自由，那么我们就会勇往直前。”

意志是人最重要的心理素质，是成功者最不可缺少的“精神钙质”。那么意志力究竟是什么含义呢？

我们不急于给意志力下一个抽象的定义，不妨先看看著名的世界冠军威尔玛的成长经历，从中我们会对意志力的内涵有深切的领悟。

1940年6月23日，在美国一个贫困的铁路工人家庭，一位黑人妇女生下了她一生中的第20个孩子，这是个女孩，取名为威尔玛·鲁道夫。

4岁那年，威尔玛不幸同时患上了双侧肺炎和猩红热。在那个年代，肺炎和猩红热都是致命的疾病。母亲每天抱着小威尔玛到处求医，医生们都摇头说难治，她以为这个孩子保不住了。然而，这个瘦小的孩子居然挺了过来。威尔玛勉强捡回来一条命，但是由于猩红热引发了小儿麻痹症，她的左腿残疾了。从此，幼小的威尔玛不得不靠拐杖来行走。看到邻居家的孩子追逐奔跑时，威尔玛的心中蒙上了一团阴影，她沮丧极了。

在她生命中那段灰暗的日子里，经历了太多苦难的母亲却不断地鼓励她，希望她相信自己并能超越自己。虽然有一大堆孩子，母亲还是把许多心血倾注在这个不幸的小女儿身上。母亲的鼓励带给了威尔玛希望的阳光，威尔玛曾经对母亲说：“我的心中有个梦，不知道能不能实现。”母亲问威尔玛她的梦想是什么。威尔玛坚定地说：“我想比邻居家的孩子跑得还快！”

母亲虽然一直不断地鼓励她，可此时还是忍不住哭了，她知道孩子的这个梦想将永远难以实现，除非奇迹出现。

在威尔玛5岁那年，一天，母亲听说城里有位善良的医生免费为穷人家的孩子治病。母亲便把女儿抱进手推车，推着她走了3天，来到城里的那家医院。母亲满怀希望地恳求医生帮助自己的孩子。医生仔细地为威尔玛做了检查，然后进到里屋。医生出来的时候拿了一副拐杖。母亲对医生说：“我们已经有拐杖了。我希望她能靠自己的腿走路，而不是借助拐杖。”医生说：“你的孩子患的是严重的小儿麻痹症，只有借助拐杖才能行走。”

坚强的母亲没有放弃希望，她从朋友那里打听到一种治疗小儿麻痹症的简易方法，那就是为患肢泡热水和按摩。母亲每天坚持为威尔玛按摩，并号召家里的人一有空就为威尔玛按

摩。母亲还不断地打听治疗小儿麻痹症的偏方，买来各种各样的草药为威尔玛涂抹。

奇迹终于出现了！威尔玛9岁那年的一天，她扔掉拐杖站了起来。母亲一把抱住自己的孩子，泪如雨下。4年的辛苦和期盼终于有了回报！

11岁之前，威尔玛还是不能正常行走，她每天穿着一双特制的钉鞋练习走路。开始时，她在母亲和兄弟姐妹的帮助下一小步一小步地行走，渐渐地就能穿着钉鞋独自行走了。11岁那年的夏天，威尔玛看见几个哥哥在院子里打篮球，她一时看得入了迷，看得自己心里也痒痒的，就脱下笨重的钉鞋，赤脚去和哥哥们玩篮球。一个哥哥大叫起来："威尔玛会走路了！"那天威尔玛可开心了，赤脚在院子里走个不停，仿佛要把几年里没有走过的路全补回来似的。全家人都集中在院子里看威尔玛赤脚走路，他们觉得威尔玛走路比世界上其他任何节目都好看。

13岁那年，威尔玛决定参加中学举办的短跑比赛。学校的老师和同学都知道她曾经得过小儿麻痹症，直到此时腿脚还不是很利索，便都好心地劝她放弃比赛。威尔玛决意要参加比赛，老师只好通知她母亲，希望母亲能好好劝劝她。然而，母

亲却说：“她的腿已经好了。让她参加吧，我相信她能超越自己。”事实证明母亲的话是正确的。

比赛那天，母亲也到学校为威尔玛加油。威尔玛靠着惊人的毅力一举夺得100米和200米短跑的冠军，震惊了校园，老师和同学们也对她刮目相看。从此，威尔玛爱上了短跑运动，想尽办法参加一切短跑比赛，并总能获得不错的名次。同学们不知道威尔玛曾经不太灵便的腿为什么一下子变得那么神奇，只有母亲知道女儿成功背后的艰辛。坚强而倔强的女儿为了实现比邻居家的孩子跑得还快的梦想，每天早上坚持练习短跑，直练到小腿发胀、酸痛也不放弃。

在1956年的奥运会上，16岁的威尔玛参加了4×100米的短跑接力赛，并和队友一起获得了铜牌。1960年，威尔玛在美国田径锦标赛上以22秒9的成绩创造了200米的世界纪录。在当年举行的罗马奥运会上，威尔玛迎来了她体育生涯中辉煌的巅峰。她参加了100米、200米和4×100米接力比赛，每场必胜，接连获得了3块奥运金牌。

是什么力量让一个从小就左腿残疾的小孩闯过命运的低谷，并最终成长为震惊世界的田径冠军？答案就是：她不屈不挠的人生之路上闪耀着两个大字——意志。

意志是人自觉地确定目的，并根据目的调节支配自身的行动，克服困难，去实现预定目标的心理过程，是人的主观能动性的突出表现形式。

作为一种普遍的“心智功能”，意志力是为人所熟知的东西，我们每天都能感受到它的存在。尽管不同的人对于意志力

的源泉，对于意志力如何影响人，以及意志力的积极作用和局限性有着不同的看法，但大家都认同这样的看法：意志力本身是人类精神领域一个不可或缺的组成部分，甚至在我们每个人的生命中，意志力都发挥着超乎寻常的重要作用。

有人认为，意志力是一种有意识的心理功能，其作用尤其体现在经过深思熟虑的行动上。但是意志力一定是“有意识”作用的结果吗？许多看似无意识的举动，可能正是一个人意志力的体现；而另外一些脱离人的意志力指引的行为却肯定是有意识的。人的一切有意识的行动都是经过考虑的，因为即便这一行动是在瞬间做出的，思考的因素仍然在其中发生着作用。所以说，意志力是自我引导的力量。

作为一种自我引导的精神力量，意志力是引导我们成功的伟大力量。如果你拥有强大的意志力，那么你全身的能量都可以在它的召唤下聚合起来，从而实现你的成功愿望。

意志力是人类特有的

意志力是人脑的特有产物，只有人类才有意志力。正因为有了强大的意志力，才有了埃及宏伟的金字塔，才有了耶路撒冷巍峨的庙堂；正因为有了强大的意志力，人们才战胜了道路上的各种障碍，开辟了肥沃的疆土。

意志力是人脑的特有产物

意志力是人脑所独有的产物，是人的意识的能动作用的表现，是自觉地确定目的并根据目的来支配和调节自己的行动、克服各种困难、实现目的的心理活动。

人的行动主要是有意识、有目的的行动。在从事各种实践活动时，人通常总是根据对客观规律的认识，先在头脑里确定行动的目的，然后根据目的选择方法，组织行动，施加影响于客观现实，最后达到目的。在这些行动过程中，人不仅意识到自己的需要和目的，还以此调节自己的行动以实现预定的目的。意志就是在这样的实际行动中表现出来的。

人在认识客观事物规律性的基础上，通过自己的行为改变客观世界来满足自己的要求，实现自己的意志。意志和认识过程、情感过程、行为过程有着密切关系。认识过程是意志产生的前提，意志调节认识过程。情感可以成为意志的动力，意志对情感起控制作用。行动是意志的反

映，意志则对行动起调节作用。

在这个世界上，只有人类具有意志。

人比动物高明之处在于，人不只是为了生存，更需生产、生活。人类能认识自然的本质和规律性，能依据这种对自然的本质和规律性的认识，按照自己的目的去利用、支配和改造自然。动物虽然也作用于环境，有些高等动物甚至仿佛有某种带目的性的行为，但是从根本上说，动物的行为不能达到自觉意识的水平。尽管有些动物的动作可能十分精巧，但它们却不可能意识到自己行为的目的和后果。因此动物的行为是盲目的。

正如马克思所说的："蜜蜂建筑蜂房的本领使人间的许多建筑师感到惭愧。但是，最蹩脚的建筑师从一开始就比最灵巧的蜜蜂高明的地方，是他在用蜂蜡建筑蜂房以前，已经在自己的头脑中把它建成了。劳动过程结束时得到的结果，在这个过程开始时就已经在劳动者的表象中存在着，即已经观念地存在着。他不仅使自然物发生形式变化，同时他还在自然物中实现自己的目的，这个目的是他所知道的，是作为规律规定着他的活动的方式和方法的，他必须使他的意志服从这个目的。"

马克思认为，在生物的进化过程中，不同的生命体都形成了其特殊的需要和独特的有选择的反应能力；人的意志则是与人的需要相关的一种特殊的选择、调控能力。恩格斯指出："不言而喻，我们并不想否认，动物是有能力做出有计划的、经过事先考虑的行动的……在动物中，随着神经系统的发展，做出有意识有计划的行动的能力也相应地发展起来了，而在哺乳动物中则达到了相当高的阶段。"动物特别是高等动物的这种“有意识有计划的行动的能力”可以视为人的意志的潜在或“萌芽的形式”。人作为生命有机体的最高形式，其生存与发展也必须以基本需要得到满足为前提。与动物的本能需要相比较，人的需要本质上形成并发展于社会实践，它具有丰富性和超越性。马克思把人的需要称作“天然必然性”，或人的“内在的必然性”，他指出，具有众多需要的人，“同时就是需要有完整的人的生命表现的人，在这样的人身上，他自己的实现表现为内在的必然性、表现为需要”。人的需要通过社会关系表现为利益，“人们奋斗所争取的一切，都同他们的利益有关”。与动物只能基于本能的需要、欲望而活动不同，正常的人的活动不仅有需要、愿望，而且具有“有目的的意志”。

作为有意志、有意识的社会存在物，人能够自觉地为自己的生命活动设定目的，并努力以观念方式和实践方式来掌握世界以实现自己的既定目的。正是通过这种对行动的支配或调节，自觉的目的才能得以实现。动物没有意志，它们只能消极地顺应周围环境，成为自然的奴隶；人有了意志，就能够积极地改造外部世界，从而有可能成为现实的主人。

✿ 人类的行为源于**意志力**

人类的行为倚仗意志力

每个人的体内都有一股上帝一般无所不能的在沉睡的力量——意志力。这种力量可以让你成为你想成为的人物、得到你想得到的一切、实现你正为之努力的梦想，它就在你的体内，全靠你去运用。当然，你必须学会怎样去做，但第一要素是必须认识到你拥有这种力量。

医学博士威廉·汉纳·汤姆森在其所著的《大脑与性格》中说道："意志是人的最高领袖，意志是各种命令的发布者。当这些命令被完全执行时，意志的指导作用对世上每个人的价值将无法估量。一个人的精神如果总受意志控制，他将根据精神而不是条件反射来思考，从而使人的生活具有明确的目的性。如果一个人总是根据其人生目的而行事，丝毫没有创新，那又有谁敢去试探一下这种人的力量呢？

"总而言之，世人终会明白，我们不能因为一个人所拥有的肤浅想法而维护或责难于他。首先应有正确的意志力，一旦人的思维领会其意志，其行为就会随之步入正轨；如果意志有悖常理，即使通晓真理，对人也毫无益处。

"人之所以成为万物之灵，是因为人拥有特殊的责任感，而让人产生强烈责任感的正是其意志。有些人刚开始似乎优势明显，聪明过人，有机会受到教育，有很高的社会地位，但其中能走得很远、攀得很高的人为数并不多。他们一个接一个地变得步履蹒跚，害怕被人超越。而那些最终超越他们的人刚开始并不被世人看好，很少有人想到他们能超越那些具有明显优势的人。因为他们看起来并不聪慧过人，综合素质也远远落后

于那些人。意志的力量可以解释这一切。在人的生命过程中，再也没有什么比意志力具有更强大的精神力量了！”

在实践过程中，人固然要受到外部世界的制约，具有受动性；但是，人为了追求自己的对象，实现自己的目的，满足自己的愿望和需要，又总是力图从自身方面去支配和控制这些影响和刺激，并有一种能够实现这种支配和控制的信念、决心与信心。在这种情况下，就会促使主体产生一种意志努力和意志作用。人的意志作用于具体实践的各个环节，并最终通过实践结果得以外化、对象化。换言之，意志在实践中的作用是通过实践活动中目的、手段和结果的反馈调控过程而实现的。

首先，制定实践目的。马克思指出，生产实践活动是以与一定的需求相应的方式占有自然物质的有目的的活动，主体在制定指导自己实践活动的实践目的时，其所确立的目的必须反映符合人们自己本性的需求，包含着人们在对自己有用的形式和规定上掌握客体的要求。在实践目的中，必须把这种需求作为人们自己内在的尺度观念运用到对象上

去。实践目的的确立必须通过意志努力才能形成，而意志对于实践目的的确定主要起两方面的作用：一是意志调节主体以最高的效率捕捉新的信息。由于人脑所获初始信息往往是杂乱、无序的，为了全面地把握客体信息及主体自身需要，主体就需要通过意志来调节保持神经网络、脑皮质及主体的感受器官在追踪信息过程中的专一性和耐受性。二是意志直接控制着实践目的确立的活动的发动和停止，强化主体对实践目的的理解。

其次，确立实践方案。实践方案的确立，是主体在制定了自己的实践目的之后，为了确保这一目的顺利、高效、合理地实现，对客观事物的各种矛盾、各个侧面继续进行认真的调查、分析和研究，并对各种可供选择的方案认真地权衡其利弊得失、反复思考之后才完成的。

意志调节使主体的生理系统给予制定实践方案的精神活动以充足的能量或动力保证。制定实践方案是一种创造性的、综合性的、具体的思维过程，要克服在此过程中的困难，并促使主体活动合乎主体目的，意志调节是必不可少的。

意志调节促使主体自觉克服内外干扰，有效地抑制反常情绪的产生和持续，为制定实践方案活动的持续进行创造一种平衡的心理条件和良好的精神状态。并且，促使主体把实践目的转化为坚定的信念，保证由实践目的的确立活动向实践方案的制定活动的过渡和转换，并激励主体努力追求更高层次的目的。

再次，调控实践过程。意志通过对人的多层次需要的自我意识，从中选择出当前最基本、最迫切的某种需要，由此出发确定必要的实践对象；进而意志又通过对主体能力的自我评价，从若干与主体当前需要相符合的客观事物中，选择出与主体能力相当或大致相当的实践对象。

在这个过程中，意志总是要受到人的各种需要、情感等内在因素，以及对象、环境等外在因素的影响。意志通过对主体内部精神世界的自我意识与自我评价，努力维护那些具有优良品质的情感等内在要素，并使之在强度上与主体当前实践活动所需要的唤醒水平相适应；另一方面，意志又压抑或排除那些干扰或妨碍当前实践活动的消极情感或外界的消极因素，以趋利避害、兴利除弊，保证、促进实践活动的持续、深入发展。

最后，检验实践结果。人们为了充分认识实践结果及其意义，并通过实践结果反思实践目的和过程，通过意志进行实践评价是非常必要的。

主体通过意志对实践的效果、效能、效率进行验证，一般就能获得对于实践目的、实践过程的再认识，并进而建立起完善的运行机制。意志则是这种机制中不可或缺的中枢。主体依照一定的目的和方案进行现实的实践活动时，往往会遭遇一些意外的情况甚至困难、障碍，从而引发实践偏差或错误，造成实践过程失控或实践结果背离预期目的等现象。

在这种情况下，则要求主体排除众多不利影响和刺激的干扰，以高度的意志力，通过发动或抑制某些欲望、愿望、动机、兴趣、情感等使之为达到某一目的服务，支配自己的行动使之符合目的的要求。当遭遇困难时，主体毅然直面困难，勇往直前；当价值目标发生冲突时，为了更为重要的需要、利益或更为高尚的目的，主体自觉地控制自己相对次要的利益和需要，甚至做出一定的牺牲。意志渗透于主体的一切对象性活动之中，它以主体的客观需要为基础，以主体对客体与自身的价值关系的认识为条件，直接控制着主体活动的发动与停止，促使人自觉地发挥主观能动性，遵循客观规律去改造主客观的世界。

意志力的差异决定人的差异

人与人之间，成功者与失败者之间，弱者与强者之间，最大的差异，往往并不是能力、素质、教育等方面的差异，而是意志的差异。正是因为意志比较薄弱，才会有那么多弱者、失败者，而那些意志坚强的人才是少数的成功者。

英国议员福韦尔·柏克斯顿说："随着年龄的增长，我越来越体会到，人与人之间、弱者与强者之间、大人物与小人物之间，最大的差异就在于意志的力量，即所向无敌的决心。一个目标一旦确立，那么，不在奋斗中死亡，就要在奋斗中成功。具备了这种品质，你就能做成在这个世界上可以做的任何事情。否则，不管你具有怎样的才华，不管你身处怎样的环境，不管你拥有怎样的机遇，你都不能使一个两脚动物成为一个真正的人。"

杜邦公司创始人伊雷尔的哥哥维克多可以说是一表人才，他能说会道，仪表堂堂。他是一个社交明星，给每个人留下的第一印象都是完美的。但是熟悉他的人知道，他仅仅是个奢华浮躁的公子哥儿，没有坚强的意志力。如果派他外出考察，他回来后拿不出多少有价值的商业情报，却能绘声绘色地描述旅途中的美味佳肴和美女。伊雷尔做火药买卖时，维克多在纽约给他做代理。然而，在花天酒地的生活中，维克多挥金如土，并最终导致了公司的破产。

伊雷尔则是截然相反的人。他身材不高，相貌平平，但在学习和工作中有股百折不挠的坚韧劲。小时候在法国，家境还很宽裕的时候，他受拉瓦锡的影响，对化学着了迷。那时候他父亲皮埃尔是路易十六王朝的商业总监，兼有贵族身份，谁也想不到这个家庭在未来的法国大革命中会险遭灭顶之灾。拉瓦锡和皮埃尔谈论化学知识的时候，小伊雷尔总是稳稳当当地坐在旁边，竖起耳朵听着，他对“肥料爆炸”的事尤其感兴趣。拉瓦锡喜欢这个安安静静的孩子，并把他带到自己主管的皇家火药厂玩，教他配制当时世界上质量最好的火药。这为他将来重振家业奠定了基础。

若干年后，他们全家人为逃脱法国大革命的血雨腥风，漂洋过海来到美国。他的父亲在新大陆上尝试过7种商业计划——倒卖土地、货运、走私黄金……全都失败了。在全家人垂头丧气的时候，年轻的伊雷尔苦苦思索着振兴家业的良策。他认识到，目前战火连绵，盗匪猖獗，从事商品流通业有很大的风险，与其这样，倒不如创办自己的实业。但是有什么可以生产的呢？这个问题萦绕在他脑海里，就连游玩时他也在想。有一天，他与美国陆军上校路易斯·特萨德到郊外打

猎，他的枪哑了3次，而上校的枪一扣扳机就响。上校说："你应该用英国的火药粉，美国的太差劲。"一句话使伊雷尔茅塞顿开。他想：在战乱期间，世界上最需要的不就是火药吗？在这方面，我是有优势的，向拉瓦锡学到的知识，会让我成为美国最好的火药商。后来，他就凭着百折不挠的毅力，克服了许多困难，把火药厂办了起来，办成了举世闻名的杜邦公司。

由此可见，天才、运气、机会、智慧和态度是成功的关键因素。除了机会和运气之外，上面这些因素在人生征程中的确重要。但是，仅具备一些或者所有这些因素，而没有坚强的意志，并不能保证成功。那些取得辉煌成就的人都有一个共同特征，即目标明确、不屈不挠、坚持到底、不达目的绝不罢休。

在人生的道路上，出发时装备精良的人不在少数，这些人有着过人的天资，有机会接受良好的教育，有社会地位——这一切本该使他们平步青云。但是，这些人往往一个接一个地落在了后面，为那些智力、教育和地位远不如他们的人所超越了，而那些赶超他们的人在出发时往往从未想到自己能超过这些装备如此精良的人。那么，这是为什么呢？个人意志力的差异解释了这一切。没有强大的意志力，即使有着最优秀的智力、最高深的教育和最有利的机会，那又有什么用呢？

从通俗的意义来讲，意志力的发展对于一个人的成功有举足轻重的作用。没人能够预测意志的力量到底有多大，和创造力一样，意志力根植于人类伟大的内在力量的源泉之中，这是人人都有的一种来源于自我的力量。

这种坚忍不拔的毅力非常重要，如果没有坚强的意志和顽强的毅力，在如今这个充满着各种诱惑的社会中还能有什么机会呢？想要在竞争激烈的环境中脱颖而出，就必须成为一个果敢而有坚定信念的人。

通过考察一个人的意志力，可以判断他是否拥有发展潜力，是否具备足够坚强的意志，能否坚忍地面对一切困难。而且，人们都会信任一个坚忍不拔、意志坚定的人。不管他做什么事情，还没有做到一半，人们就知道他一定会赢。因为每一个认识他的人都知道，他一定会善始善终。人们知道他是一个把前进路上的绊脚石作为自己上升阶梯的人；他是一个从不惧怕失败的人；他是一个从不惧怕批评的人；他是一个永远坚持目标，永不偏航，无论面对什么样的狂风暴雨都镇定自若的人。

无往不胜的神奇意志力

在一般情况下，大多数人都不相信自己的意志力无往不利，只有在紧要关头，人们才最终知道人的意志有多么重要。

对于知道如何运用意志力的人来说，没有什么是不可能的，只要他的意志力足够强健。

意志力是成功的向导

奥里森·马登说："一生的成败，全系于意志力的强弱。具有坚强意志力的人，遇到任何艰难障碍，都能克服困难，消除障碍。但意志薄弱的人，一遇到挫折，便思求退缩，最终归于失败。实际生活中有许多青年，他们很希望上进，但是意志薄弱，没有坚强的决心，没有破釜沉舟的信念，一遇挫折，立即后退，所以终遭失败。"

人类的意志力具有某种神秘的力量。它本是为人所熟知的东西，我们每天都能感受到它的存在。我们每个人都或多或少要受自己意志力的影响。

一个人若能自觉修炼和提升自己的意志力，他将获得无比巨大的力量。这种力量不仅能够完全地控制一个人的精神世界，而且能够引导人的心智达到前所未有的高度——此时，一个人从未设想能拥有的智能、天赋或能力都变成了现实。所有那些人们长久以来都无法看见的东西其实就存在于人的自身，而这把能够开启洞察力和征服力的能量之门的神奇钥匙就是意志力。

正如爱默生告诉我们的："只有当人和他的意志相互沟通，融为一体时，这个世界才有驱动力。"

作为一种自我引导的精神力量，意志力是引导我们成功的伟大力量。如果你拥有强大的意志力，那么你全身的能量都可以在它的召唤下聚合起来，从而实现你的成功。

赫伯特·斯宾塞在76岁的时候完成了他的巨著的第10卷，世界上很少有什么成就能超过耗尽一生创作出这样的宏伟作品。斯宾塞在写作过程中经历了无数挫折，尤其是在健康状况很差的情况下，他仍然朝着既定的目标努力工作，直到成功。

卡莱尔写作《法国革命史》时的不幸遭遇，已经广为人知。他把手稿的第一卷借给了邻居，让他先睹为快。这位邻居看了以后随手一放，结果被女仆拿去引火用了。这是个很大的打击，但卡莱尔并未泄气，他又花费了几个月的心血，将这份已经被付之一炬的手稿重写了一遍。

博物学家奥杜邦带着他的枪支和笔记本，用了两年时间在美洲丛林里搜寻各种鸟类，画下它们的形状。这一切完成后，他把资料都封存在一个看来很安全的箱子里，就去度假了。度假结束，他回到家中后，打开箱子一看，发现里面居然成了鼠窝，他辛辛苦苦画的图画被破坏殆尽。这真是一个沉重的打击。然而奥杜邦二话不说，拿起枪支、笔记，第二次进了丛林，重新一张一张地画，甚至比第一次画得还好。

一切伟大作家之所以能够成名，都有赖于他们的坚忍不拔。他们的作品并不是借着天才的灵感一蹴而就的，而是经过精心细致的雕琢，直到最后把一切不完美的痕迹都除掉，才能够表现得那么高贵典雅。

卢梭认为，自己那种流畅典雅的写作风格主要得益于不断地修改和润色。维吉尔的《埃涅伊特》用了11年时间才完成。霍桑、爱默生这些大作家的笔记，确实可以让我们一窥伟大作品背后的艰苦劳动，他们准备一本书要用上几年心血，而我们不用1个小时就可以把它读完。孟德斯鸠写作《论法的精神》用了20年，而我们用60分钟就可以把它读完。亚当·斯密写作《国富论》用了10年。古代雅典悲剧作家欧里庇得斯曾经受到对手的嘲笑，说他3天只能写出3行字，而那人却能写几百行。“你3天写的几百行是不会被人记住的，而我的3行却会永久流传。”欧里庇得斯回答道。

意大利诗人阿里奥斯托尝试了16种不同的形式写作他的《暴风雨》，而写作《疯狂的奥兰多》用了他整整10年时间，尽管这本定价仅为15便士（英国货币单位）的书只卖出了100本。柏克的《与一位贵族的通信》算得上是文学史上最恢宏庄严的一部作品。在校样的时候，柏克做了十分认真细致的修改，以致最后稿样到了出版商手里时，已经面目全非了，印刷工人甚至拒绝校正，于是全部重新排版印刷。亚当·塔克为了写作他的那部名著《自然之光》，也用去了18年时间。梭罗创作的新英格兰牧歌《康科德河和梅里马克河上的一星期》完全没有引起人的注意，虽然总共才印了1000册，最后却有700册退还给了作者。梭罗在日记里写道：“我的图书馆藏书一共有900本，其中700本是我自己写的。”虽然这样，他却依然笔耕不辍，锐气不减。

持之以恒是所有成就伟业者的共同个性特征。他们可能在其他方面有所欠缺，可能有许多缺点和古怪之处，但是对一个成功者来说，持之以恒的个性则是必备的。不管遇到多少反对，不管遭到多少挫折，成功者总会坚持下去。辛苦的工作不能使他作罢，阻碍不能使他气馁，劳动不能使他感到厌倦。无论身边来去的是什么东西，他总是坚持不懈。这是他天性的一部分，就像他无法停止呼吸一样，他也永不会放弃。

金钱、职位和权势，都无法与卓越的精神力量和坚忍的品质相比较。

不管你的工作是什么，都要以一种顽强的决心坚持下去。咬紧牙关，对自己说："我能行。"让"坚持目标、矢志不渝"成为你的座右铭。当你内心听到这句话时，就会像战马听到军号一样有效。

"坚持下去，直到结果的出现。"卡莱尔说，"在所有的战斗中，如果你坚持下去，每一个战士都能靠着他的坚持而获得成功。从总体上来说，坚持和力量完全是一回事。"

每一点进步都来之不易，任何伟大的成就也不是唾手可得的。许多著名作家的一生，就是坚定执着、顽强拼搏的一生。对于想成就一番事业的人来说，意志力是最好的助推器。谁能不停止一次又一次的尝试，谁就能一次又一次地靠向成功。

谱写生命的奇迹

生命对于每个人来说，都是一个过程，一个开始到结束的过程。生命可以很坚强，也可以非常脆弱，这取决于你的意志力。

按照常理，人的生命力应该比其他生物的生命力要顽强得多。可是事实却不尽如此。生活中，我们经常可以听到某人因为某种原因自杀，这时人的生命力是多么地脆弱呀！一个原本健康活泼、生龙活虎的生命，转眼就被轻易地结束了，这样的生命如此的不堪一击，你能说它是顽强的吗？

其实，这些人的生命之所以变得如此脆弱，关键在于他们失去了生的意志。生命力的顽强与否，完全取决于人的意志。

一个意志力顽强的人，生命力就会无比顽强，如张海迪、霍金等人，他们都是极其不幸的人，但他们却能笑对逆境，以顽强的意志力谱写生命的奇迹。

意志薄弱了，生命力就会脆弱得不堪一击。因此我们要培养顽强的意志，它能帮助我们战胜病魔，恢复生命。人吃五谷杂粮，不可避免会生病，不论什么样的病症，只要你有战胜它的顽强的意志和信心，具有永不放弃的乐观精神，即使是绝症也可能会取得好的治疗效果。这样的例子在生活中数不胜数。相反，如果连轻微的病痛都不敢面对，又怕打针又怕吃药，那么病情只会越来越重；或者总以为自己得了不治之症，吃不好睡不香，那样只会影响生活质量，甚至缩短寿命。所以，顽强的意志能给你健康的体魄，使你的生命力更加顽强。

顽强的意志能使你战胜重重困难，走向成功，使你的生命价值无限放大。因为有顽强的意志，你在前进路上遇到困难和险阻时，就不会被它们吓倒，你就会以大无畏的精神，勇往直前，坚持到底，那么你也一定会取得成功。

1967年夏天，美国跳水运动员乔妮·埃里克森在一次跳水事故中身负重伤。由于颈椎受损伤，她四肢瘫痪了。

乔妮哭了，她躺在病床上辗转反侧。她怎么也摆脱不了

那场噩梦，为什么跳板会滑？为什么她会恰好在那时跳下？不论家里人和亲友们如何安慰她，她总认为命运对她实在不公。出院后，她叫家人把她推到跳水池旁。她注视着那蓝莹莹的水波，仰望那高高的跳台。她再也不能站立在那洁白的跳板上了，那蓝莹莹的水波再也不会溅起朵朵美丽的水花拥抱她了。她又掩面哭了起来。从此她被迫结束了自己的跳水生涯，离开了那条通向跳水冠军领奖台的路。

她曾经绝望过。但现在，她拒绝了死神的召唤，开始冷静思索人生的意义和生命的价值。

她借来许多介绍前人如何成才的书籍，一本一本认真地读了起来。

她虽然双目健全，但读书还是很艰难的，只能用嘴衔根小竹片翻书，劳累、伤痛常常迫使她停下来。休息片刻后，她又坚持读下去。通过大量的阅读，她终于领悟到：我是残了，但许多人残了以后，却在另外一条道路上获得了成功，他们有的成了作家，有的创造了盲文，有的创作出美妙的音乐，我为什么不能？于是，她想到了自己中学时代曾喜欢画画。为什么不能在画画上有所成就呢？这位纤弱的姑娘变得坚强起来，变得自信起来了。她捡起了中学时代曾经用过的画笔，用嘴衔着，开始练习。

这是一个多么艰辛的过程啊。用嘴画画，她的家人连听也未曾听说过。

他们怕她因不成功而伤心，纷纷劝阻她："乔妮，别那么死心眼了，哪有用嘴画画的！我们会养活你的。"可是，他们的话反而激起了她学画的决心，“我怎么能让家人一辈子养活我呢？”她更加刻苦了，常常累得头晕目眩，汗水把双眼弄得火辣辣地痛，甚至有时委屈的泪水把画纸也打湿了。为了积累素材，她还常常乘车外出，拜访艺术大师。

好些年过去了，她的辛勤劳动没有白费，她的一幅风景油画在一次画展上展出后得到了美术界的好评。

不知为什么，乔妮又想到要学文学。她的家人及朋友们又劝她了：“乔妮，你绘画已经很不错了，还学什么文学！那会更苦了你自己的。”乔妮是那么倔强、自信，她没有说话。她想起一家刊物曾向她约稿，要她谈谈自己学绘画的经过和感受，她用了很大力气，可稿子还是没有写成。这件事对她刺激太大了，她深感自己写作水平差，必须一步一步来。这是一条满是荆棘的路，可是她仿佛看到艺术的桂冠在前面熠熠闪光，等待她去摘取。

是的，这是一个很美的梦，乔妮要圆这个梦。又经过许多艰辛的岁月，这个美丽的梦终于成了现实。1976年，她的自传《乔妮》出版了，轰动了文坛，她收到了数以万计的热情洋溢的信。两年又过去了，她的《再前进一步》一书又问世了，该书以作者的亲身经历告诉残疾人，应该怎样战胜病痛，立志成才。后来，这本书被搬上了银幕，影片的主角就是由她自己扮演的，她成了青年们的偶像，成了千千万万个青年自强不息、奋进不止的榜样。

一个人只有具有顽强的意志，他的生命才会充满活力，他的人生才会精彩纷呈，他的价值才会得到充分的体现，他的生活才会变得更加有意义。

强者总是选择用坚强的意志力去直面困难，并最终战胜困难。其实，人的意志力有着极大的力量，它能克服一切困难，不论所经历的时间有多长，付出的代价有多大，无坚不摧的意志力终能帮助人获得成功。正如马克思所说：“生活就像海洋，只有意志坚强的人，才能到达彼岸。”

一个能掌控自己意志力的人，是具有推动社会的伟大力量的人。这种巨大的力量可以帮助他实现他的期待，达到他的目标，实现他人生的价值。拿破仑曾说：“我成功，是因为我志在成功。”

意志力的**三重角色**

意志力永远是自我引导的精神力量。对于任何一个健康的人来说，意志力都扮演着三种重要的角色：强大的意志力是身体的主人，正确的意志力是心智功能的统帅，完善的意志力是个人道德的导师。

意志力是身体的主人

强大的意志力是身体的主人，它总是借助各种欲望或理念指挥我们的身躯，它可以引导一个人的身体去完成许多难以想象的事业。

卡耐基小时候是一个自卑、忧郁的少年，他苍白瘦弱，笨嘴拙舌，无论是他身上的破夹克，还是两只出奇大的耳朵，以及小时因意外失去的食指，都成为同学们嘲笑他的理由。

一次，卡耐基再也无法忍受同学们的嘲笑了，他哭着跑回家里："妈妈，我不想上学了，他们都嘲笑我，嘲笑我的衣服、我的耳朵、我的手指……"

母亲静静地看了他几分钟，缓缓说道："你为什么不想办法在其他方面超过他们，让他们因佩服而尊敬你呢？"

母亲的话启发了卡耐基，他不再自怨自艾，而是开始在学校寻找机会出人头地。他发现学校的演讲比赛非常吸引人，胜利者的名字不但广为人知，而且还往往被视为学校的英雄人物，这是一个超越别人的最好的机会。确定目标之后，卡耐基开始不懈地努力。卡耐基从小木讷口拙，为了能够流利地朗读，他常常在口中含上两块小的鹅卵石，然后高声朗读演讲稿，读了几遍后，才将鹅卵石取出来，之后再诵读，发现舌头轻松多了。

一次把石头取出来的时候，他发现石头上有红色的血迹，舌头也有点辣痛，原来，石头把舌头磨破了，然而他依然持之以恒地练习。

半年后，满怀信心的卡耐基参加了演讲比赛，却以失败而告终。后来，他又陆续参加了12次演讲比赛，仍是屡战屡败。最后一次比赛失败后，卡耐基觉得自己所有的美好梦想都破灭了，他开始怀疑自己，心情压抑，意志消沉。那段时间，他常常在河畔徘徊，想一死了之，但很快他又振作精神，开始重新面对生活。

河水没有夺走他的生命，河畔却成了他的演讲训练场。他经常在河畔一边踱步，一边背诵演讲词，并不时地做一些手势和面部表情训练。卡耐基为再次迎接挑战做着准备。

功夫不负有心人。1906年，他获得了勒伯第青年演说家奖。从此，在演讲的舞台上，卡耐基一路攀升，成了世界演讲大师。

作为身体的主人，意志力对于躯体的支配作用常常可以从对身体的控制行为中发挥出来。强大的意志力可以促成良好的行为习惯，这就是意志力对人体的支配作用的证据。尽管对一些人来说，某一种习惯可能已经成为自然而然的行为了，但这常常是意志力持久地发挥作用的结果，一旦你失去意志力的作用，习惯就会慢慢消失；而且意志力还可能引导着我们的某种行为，使其不断地固化为习惯——尽管人们很多时候意识不到这一点。

比如，歌手对自己的气息能够控制自如，是他训练有素的表现；钢琴师娴熟的指法，其实也是他坚持不懈练习的结果；技艺精湛的骑士能在各种条件险恶的情境下很好地控制自己的肢体，是因为他的大脑已经能对各种境况做出快速的、恰当的反应；雄辩的演说家能让自己的感受迅速通过肢体语言表达出来，也是同样的道理。

在所有的这些例子中，都是意志力在发挥着作用，是指向某一特定目标的意志力，将具体的行动与意愿协调了起来，从而最终实现了这一目标。事实上，无论是哪一项技能，无论它有多么复杂，其中每一个具体的动作都离不开意志力的参与。它们都需要意志力来做出合乎要求的解释和指导。因而，尽管人们可能并不会自觉地意识到意志力的统领作用，但意志力确实是身体的统帅，并掌握着人身的至高权力。

此外，意志力对身体的支配还可以通过压抑自我来创造奇迹。自豪和骄傲可以使人克制住疼痛的呻吟，爱会让身患绝症的人强忍住泪水，甚至在一些足以令人发狂的情况下，受到刺激的神经也可以被意志力牢牢地控制住。此外，在你全身心投入做一件事时，可以不顾肚子对饥饿的抗议；当你沉浸在阅读中时，如果你的意志力足够强大的话，外界的声响就仿佛被隔绝在耳膜之外。在某些非常特殊的情况下，人的一些非常明显的倾向也可以被改变，甚至变得完全不同，这同样是来自意志力的巨大作用。另外，人为了坚持自己的观点，不背叛自己的信仰，甚至可以付出很大的代价，这也是意志力在起作用。

意志力是心智的统帅

正确的意志力是心智的统帅。

最能说明这个问题的就是注意力的集中，而注意力的集中正是意志力作用的结果。在集中注意力时，思想就会将它的能量集中在一个物体或者一组物体上。比如把两本书放在眼前，我们可以大致领略两本书的文字，但当我们集中注意力，用心去感受其中一本书的内容时，那么，我们真的就只会关注那本书，而另外一本书由于意志力的作用而被忽略了。这个例子还可以很好地说明意志力可以引起人的抽象思维。人的思维在某种单一的行为中所显示出来的专注程度和力度，往往体现了意志力持久作用的结果。从这一点来说，意志力的强弱就体现在“集中注意力”的强弱上，或者说意志力的强弱表现在思考过程中，表现在人的自我控制能力的大小上。

古今中外，很多杰出的人物都具有这种强大的意志力，以至于他们在专注于自己的思想时，能够对周围的一切置若罔闻。

一天中午，贝多芬走进一家餐馆吃饭。当时餐馆里生意兴隆，侍者们忙得不可开交。一位侍者把贝多芬引领到座位后，就忙着去招呼其他客人了。于是贝多芬正好利用等待的空隙继续思考还没有完成的乐曲。

时间一分一秒地过去，贝多芬用手指轻轻地敲弹着餐桌的

边沿，回想着几天来一直在构思的那首曲子。渐渐地，餐馆里的嘈杂声被贝多芬心中流淌的音乐所取代。他沉浸在自己的思绪里，仿佛又置身于家中的那架钢琴前，黑白琴键在他眼前闪烁着迷人的光芒。他舒缓地抬起手腕，弹下去……优美的音乐马上流淌开来，贝多芬感受着乐曲中一切微小的细节，有哪一处需要修改，他就马上拿起笔，在乐谱上标注……很快，几天来一直进展得不是很顺利的乐曲，竟然完美地呈现出来了！

“太好了！”贝多芬兴奋地欢呼起来。这时，他才发现自己竟然还坐在餐馆里，手下弹奏着的不是钢琴，而是铺着雪白桌布的餐桌。餐馆里的人都被他突然的大喊吓了一跳，人们诧异地看着他，以为他精神不正常。

侍者也立刻注意到了这位被冷落很久的客人，他以为贝

多芬要大发雷霆，赶紧一边大声道歉，一边抓起菜单走过来："对不起，对不起，先生，我这就为您……"

"没关系，一共多少钱？请您快点给我结账！"贝多芬打断侍者的话，说道。他迫不及待地要赶回家去把刚刚构思好的乐曲记录下来。

"啊？"侍者大吃一惊，说，"可是，先生，您还没有吃呢！"

"哦？真的吗？我怎么觉得饱了呢？"贝多芬笑着说，"看来，音乐还能解除我的饥饿呢！"

同许多废寝忘食投身于事业的科学家、艺术家一样，贝多芬几乎把全部身心都投入到他所热爱的音乐事业中，所以才写出了震撼人心的《命运交响曲》《悲怆奏鸣曲》等一系列世界音乐史上的经典之作。这也向世人有力地证明了一点：只有排除干扰，将精力完全专注于一件事情上，才会产生伟大的思想结晶。

意志的力量同样还显著地表现在记忆这一行为上。在记忆的过程中，意志力常常会用其能量给人的精神充电。但一些事实也会由于兴趣本身的巨大影响，而铭刻在人的大脑中。正如人们所认为的那样，在受教育的过程中，大脑格外需要意志力的激励。小和尚念经般的反复诵读功课是什么也学不到的。注意力、集中的思维和兴趣的有益影响都必须积极地参与到记忆过程中去，这样才能保证工作和学习的高效率。

注意力高度集中时，智力和体力活动都极度紧张，无关的运动都停止了，身体的各个部分都处于静止状态，甚至有时抬起的手都忘了放下，呼吸变得轻微缓慢，吸气短促而呼气延长，常常还发生呼吸暂时停止的现象（即屏息），心脏跳动加速，牙关紧咬等。一般说来，注意力高度集中只能是短时间的。此时所记住的东西，往往能记很长的时间，甚至一辈子不忘。

生活中，也许有的人天生就拥有良好的记忆能力，然而真正持久、清晰的记忆却必须依赖意志力的驱动和坚持不懈的努力；需要人们有意识地、自觉地训练大脑，保持记忆的连续性和准确性。

记忆的最初是利用形象记住事物，记忆力与想象力紧密相连。就是说，在头脑中好像有个电影银幕，当看到文字或听到话语的时候，要立刻在这个银幕上描绘出形象来。只要经常练习，养成这种习惯，那么看到或听到的事物的形象，就能在很短的时间里映现在头脑中，因而就容易留下记忆。

当脑海中浮现形象的时候，最关键的一点，就是尽可能把它们换成具体的物品。例如，从“香烟”这个词想象出自己常吸的某品牌香烟的形象；要是领带，就想象出一条有着时兴花样的领带的形象；如果是围巾，就想象出你所喜爱的经常围着围巾的形象。

记忆总是与想象紧密联系在一起的。若大脑对于过去只是一片空白，则无法拼凑出想象的图像。想象有着一系列奇妙的特性，如强制性、目的性和控制力。

我们头脑中有时冒出的各种念头尽管新颖得令人叫绝，但是或多或少有些模糊和令人迷惑。然而，这种脑海中的丰富联想必须要靠意志力的积极作用，必须进行不懈的磨炼才能够培养起来。

持续的思考和不懈的实践，会使得一个人在脑海里对事物的看法、对事物联系的观察、对各种事物的关系，形成更为生动可信的印象。如果一个人无法在这些方面做得很出色，通常是由于意志力没有引导好自己的思想能力，使其对事物的分析达到具体入微的境地。在强有力的意志的驱使下，人能想起一大堆的事实、各种各样的事物及其相应的规律、一大群的人、一个地区的概貌，甚至能够想起曾经有过的快乐幻想，以及很多很多对现实生活和理想世界的观念与设想。

自古至今，每个人的想象力都是非常丰富的。

文学的发展离不开作家的想象。可以说，没有想象就没有艺术，没有文学。艺术的生命根源于艺术家的想象力。想象是人类精神财富的一部分，整个人类的文明进程都离不开想象。想象能十分强烈地促进人类发展的伟大天赋。不仅在艺术领域，其他的社会科学领域诸如哲学、宗教领域，都需要想象。就是在自然科学领域里，想象也同样是科学家进行科学研究所必需的一种素质。正是由于人类具有奇特的想象力，才有了今天绚烂多彩的文明社会。

由此可见，意志力统率着人的心智，人在意志力的推动下创造着辉煌的文明。当意志力无比强大的时候，人能不断取得胜利；当意志力衰弱之时，生活也将毫无生气。

意志力是道德的导师

完善的意志力是个人道德的导师。

罗曼·罗兰说："没有伟大的品格，就没有伟大的人，甚至也没有伟大的艺术家，伟大的行动者。"品格是导引一个人行动的航标，拥有良好的品质，我们才不至于在人性的丛林中迷失方向。对此，邓肯说："有德行的人之所以有德行，只不过受到的诱惑不足而已；这不是因为他们生活单调刻板，而是因为他们专心致志奔向一个目标而无暇旁顾。"的确如此，每个人都需要构筑一个清晰和自信的道德价值观体系。它将使你战胜可能经历的道德失落，并消除你摇摆不定的沮丧心情。它能把你支离破碎的生活连成一体，是你走向未来的指路明灯。

道德的本质是什么？人类对此进行了种种探讨，如柏拉图的"善的理念"，康德的"善的意志"之说，都记载着先人对道德本质探索的痕迹。我国宋代的儒学者也曾企图用一个代表封建伦常的"理"去直接解释道德现象的内在本质，认为人的心中只要有了"理"，其行为就一定是符合当时的道德秩序的。按照马克思和恩格斯的论述，道德是一种以正确理解的利益为道德基础的社会行为公约，它强调个人利益服从全人类利益，它以精神观念的形式存在于人们的思想活动中。这就是说，道德的前提是对整体幸福、对社会利益的追求，而不是对个人利益的追求。它强调个人对社会利益的服从和自我牺牲。因此，道德是人类理性意识的一种升华。

道德认识，就是对一定社会的道德行为准则及其执行意义的认识。道德认识过程是一个复杂的长期过程。它包括对道德概念和原则的理解，信念或观念的形成与巩固，以及运用这些观念去进行道德判断、分析情境、评定是非善恶等。道德认识的结果应导致道德观念的确定。

个人对道德观念和方法有了一个综合的了解，但这并不说明他是一个有道德的人。怎么会出现这种情况呢？这就像人们具有系统的批判思考能力，然而在实际生活中却不运用它们一样，因此，人们能掌握道德理论，却不一定能在生活之中具体地运用它。为了在生活中使你自己达到更高的道德境界，你需要用意志力约束自己的行为，努力过一种有道德的生活。

本杰明·富兰克林小时候很喜欢钓鱼。他把大部分闲暇时间都花在了那个磨坊附近的泥塘旁边。

一天，大家都站在泥塘里，本杰明对伙伴们说："站在这里太难受了。"

"就是嘛！"别的男孩子也说，"如果能换个地方多好啊！"

在泥塘附近的干地上，有许多用来建造新房地基的大石块。本杰明爬到石堆高处。"喂！"他说，"我有一个办法。站在那烂泥塘里太难受了，泥浆都快淹没到我的膝盖

了，你们也一样吧！我建议大家来建一个小小的码头。看到这些石块没有？它们都是工人们用来建房子的。我们把这些石块搬到水边，建一个码头。大家说怎样？我们要不要这样做？”

“要！要！”大家齐声大喊，“就这样定了吧！”

于是，他们像蚂蚁那样两三个人一起搬一块石头。最后，他们终于把所有的石块都搬来了，建成了一个小小的码头。

第二天，当工人们来做工时，惊奇地发现所有的石块都不翼而飞了。工头仔细地看了看地面，发现了许多小脚印，有的光着脚，有的穿着鞋，沿着这些脚印，他们很快就找到了失踪的石块。

“嘿，我明白是怎么回事了。”工头说，“那些小坏蛋，他们偷石头来建了一个小码头。”

他们立即跑到地方法官那儿去报告。法官下令把那些偷石头的家伙带进来。

幸好，失物的主人比工头仁慈一点，他是一位绅士，他本人十分尊敬本杰明的父亲。而且孩子们在这整个事件中体现出来的气魄也让他觉得非常有趣。因此，他轻易地放了他们。

但是，这些孩子们却要受到来自他们父母的教训和惩罚。在那个悲伤的夜晚，许多荆条都被打断了。至于本杰明，他更害怕父亲的训斥，而不是鞭打。事实上，他父亲的确是愤怒了。“本杰明，过来！”富兰克林先生用他那一贯低沉而严厉的声音命令道。本杰明走到父亲的面前。“本杰明，”父亲问，“你为什么要去动别人的东西？”

“唉，爸爸！”本杰明抬起了先前低垂的头，正视着父亲的眼睛，“要是我仅仅是为了自己，我绝不会那么做。但是，我们建码头是为了大家都方便。如果把那些石头用来建房子，只有房子的主人才能使用，而建成码头却能为许多人服务。”

“孩子，”富兰克林严肃地说，“你的做法对公众造成的损害比对石头主人的伤害更大。我的确相信，人类的所有苦难，无论是个人的还是公众的，都来源于人们忽视了一个真理，那就是罪恶只能产生罪恶。正当的目的只能通过正当的手段去达到。”

本杰明·富兰克林一生都无法忘记他和父亲的那次谈话。在他以后的人生道路上，他始终实践着父亲教给他的道理。实际上，他后来成了美国有史以来最杰出的政治家和外交官之一。

应该说，本杰明·富兰克林是幸运的，他的父亲告诉了他一个不平凡的道理：一个人只有真正为公众的利益担当起自己应有的使命时，他才能不断激励自己的意志，勇往直前，他的所作所为才会变得伟大而值得称颂。

的确如此，完善的意志力是个人道德的导师。虽然对于意志力的真正磨砺不可能离开高尚的品质和正直的观念——我们至少知道，忽视对良好道德的培养可能不会影响一个人造就强大的意志力，但若没有高层次的道德情操上的要求，则不可能培养出完善的意志力。意志力的最高境界就是一种合乎高尚道德要求而又强大的意志力。

“美德是对它自己的奖赏”这句格言包含了丰富的真理内涵，它是苏格拉底在其思考中提出的观点。他认为行恶将危害和腐蚀我们自己，正义的行动将使我们得到升华，非正义的行动将把我们摧毁。作为一个自由的人，你通过你的意志和你进行的选择，创造你自己，就像雕塑家通过无数次的雕刻而塑造形象一样。如果你把自己创造成了一个有道德的人，那么，也就意味着你把自己创造成了一个有德行和有价值的人。但是，如果你不选择把你自己创造成一个有道德的人，那么，你就会逐渐变得腐化和堕落。你失去了你的道德情感，成为道德上的无知者和盲人，你将会逐渐被精神的疾病所蹂躏和摧残。

意志过程的**三个阶段**

作为一种自我引导的精神力量，意志力是指引我们成功的伟大力量。意志力在很大程度上取决于一个人是否相信自己的能力，以及对所要做的事保持坚定的决心。如果你拥有强大的意志力，那么你全身的能量都可以在它的召唤下聚合起来，从而实现你的成功。

下定决心

下定决心是意志过程的第一个阶段。我国古代学者所提倡的“立志”，便含有下定决心的意思。如说“有志者事竟成”，意即下定决心去做好某一件事，就一定能取得成功。下定决心不是轻而易举的，它往往要经过一系列复杂的心理活动：认清客观条件，展开动机冲突分析，积极进行思考。只有明确情况，才会决心大；盲目下定的决心，即使决心再大，也是无济于事的。下定决心主要表现在两个方面：一是确定行动的目的。每一个意志行动都有其最终的目的，而这个最终目的并不是一下子就能定下的，它往往需要人们反复衡量、多次比较，然后才能以决心—决定的形式确定下来。这里要指出的是，决心是决定的内部基础，而决定则是决心的外部表现。二是选择达到目的的行动方法和方式。选择什么样的方式方法去实现目的，可能与知识、经验有关，也可能与动机、目的有关。但不论怎样，行动的方式方法的最终选择，也必须以决心—决定的形式才能确定下来。

坚定的决心是一种力量，坚定的决心是你战胜困难所必需的。拥有了坚定的信念与决心，就能赢得别人全部的信任，就能处处获得别人的帮助。而那种做事三心二意、没有干劲和毅力的人，就没有人愿意信任他或支持他，因为大家都知道他做事不可靠，随时都会面临失败。

坚忍的人从不会停下来想他到底能不能成功。他唯一要考虑的问题就是如何前进，如何走得更远，如何接近目标。无论途中有高山、有河流，还是有沼泽，他都会去攀登、去穿越。而所有其他方面的考虑，都是为了实现这个终极目标。

为了发明矿工用的安全灯，乔治·斯蒂芬森带着巨大的勇气来进行实验。他下决心要对安全灯进行全面的实验和检测，为此，他亲自到矿井中去，这使他的朋友们大为惊讶和不安。当斯蒂芬森问矿工们，哪里是最危险的坑道时，别人告诉他有一条坑道充满了瓦斯，随时有爆炸的危险。他们劝他赶紧回去，可他却义无反顾，立马到那里去检验自己的安全灯。而其他人看到这一情景，竟然不约而同地后退到安全距离以外。

斯蒂芬森慢慢地向前走去，也许前面就是失败，或者死亡，但在斯蒂芬森看来，失败比死亡更糟。而斯蒂芬森那勇敢的心没有为之战栗，他的手并没有因此而颤抖。到了最危险地段，他在瓦斯汹涌的坑道里持着自己的安全灯，静静地等待结果发生。一开始灯的火焰突然亮了一下，然后就开始明明灭灭地闪烁——火焰暗下去了——最后熄灭了。在这种可怕的气体中，斯蒂芬森的灯并没有产生任何容易引起爆炸的迹象。没有爆炸！显然，斯蒂芬森发明了一种可以在矿坑里使用的安全照明灯，这种灯不会遇到可燃气体就发生爆炸，他为成千上万的矿工们的安全做出了巨大贡献。

这就是最初的“实用的煤矿照明安全灯”的由来。

一旦下了决心，不留后路，竭尽全力，向前进取，那么即使遇千万困难，也不会退缩。如果抱着不达目的绝不罢休的决心，就会不怕牺牲，排除万难，去争取胜利，把犹豫、胆怯等妖魔全部赶走。在坚定的决心下，成功之敌必无藏身之地。

一个人有了决心，方能克服种种艰难，获得胜利，这样才能得到人们的敬仰。所以，有决心的人，必定是个最终的胜利者。只有有了决心，才能增强信心，才能充分发挥才智，从而在事业上做出伟大的成就。

如果你认真地考察过自己，对自己的体格、学问、专长、才能和志趣有一个深刻的把握，同时你也已经找到“性之相近、力之所能”的职业了，就不要再彷徨犹豫，更不要费尽心机去找比手头的工作更好的职业，而是应该立即坚定意志，集中精力于工作之上，全力以赴。唯有坚定的决心，才能引导你迈向成功。

如果你真的认为目前的工作是找错了，并且确信，如果换别的工作一定会比目前的处境更好，那么这时你就应该当机立断，马上辞去现在的工作。

许多人最终没有成功，不是因为他们能力不够、诚心不足或者是没有对成功的渴望，而是因为缺乏足够坚定的决心。这种人做事的时候往往虎头蛇尾、有始无终、东拼西凑、草草了事。他们总是怀疑自己目前所做的事情能否成功，永远都在考虑到底要做哪一种事，即使他们认定某种职业绝对有成功的把握，但做到一半他们又觉得还是另一个职业比较妥当。这种人最终还是难免以失败作为结局。对于这种人所做的事情，别人肯定无从信任，就是连他们自己也常常毫无把握。

一个人有了铁一般的决心，无形中就能给他人一种信用的保证，暗示着他做事一定会负责，不远处就有成功的希望。举例来说，一位建筑师设计好图纸后，如能完全依照图样，一步一步去施工，一座理想的大厦不久就会拔地而起。倘若这位建筑师一面施工，一面不停地改动那图纸，东改一下，西动一下，试想这所大厦还能盖成吗？所以说，做任何事情，下决心时固然应该考虑周详，但主意打定后，就千万不能有所动摇了，而应该按照拟定的计划，踏踏实实去做，一步一个脚印，不达目的誓不罢休。

成功者绝不可能是遇事迟疑不决、优柔寡断的人。成功者的特征是：绝不因任何困难而沮丧，咬定青山不放松，认定目标勇往直前。

通常，人们最信任的人就是那些拥有坚定的决心的人。他们也会遇到困难，碰到障碍和挫折，但即使失败，也不会败得一塌糊涂、败得一蹶不振。

只要有坚定的决心，即使才能平平的人也会有成功的一天；否则，即使是一个才识超群、能力非凡的人，也将遭受失败的命运。

一家全球闻名的保险公司总经理说过，在工作中，他所遇到的最大难题就是选择可靠的工作人员。因为每次招聘经过严格的考试后，难得有一两位候选人是合格的。

他的考试很特殊，目的在于测试应试者是不是一个有坚定的信念与决心的人。在面试中，他用种种消极的话语来测试应试者的信念与决心，告诉他们保险业的重重危机和实际工作中的巨大阻力，以此来试探他们。

很多人听了他的话之后，也就认为前途一片暗淡，因而打消了要去保险公司工作的念头。而只有极少数人在听了这位总经理对前景的种种惨淡描述后，仍然不为所动，决心依旧。同时，言谈举止之中能够做到处处谨慎大方，并能显出忠诚可靠、富有勇气的个性，这样的人才是这家大保险公司所需要的。

具有坚定的决心，这是公司对所有合格的应试者要求的条件，如果没有这个特征，无论才识如何渊博，都无法得到公司的认同。

永不屈服、百折不回的意志力是获得成功的基础，而坚定的信念与决心是意志力的第一大要素。库伊雷博士说过："许多青年人的失败都可以归咎于缺乏信念与决心。"的确，大多数青年颇有才学，也具备成就事业的能力，但他们的致命弱点是缺乏信念、没有决心，所以，终其一生，只能从事一些平庸安稳的工作。他们即使遭遇微不足道的困难与阻力，也会往后退缩，裹足不前。这样的人怎么可能成功呢？如果你想要获得成功，就必须为自己赢得美好的声誉，让你周围的人都知道：一件事到了你的手里，就一定会做成。而这首先需要你自己对做这件事拥有坚定的决心。

一旦你树立了坚定的决心，无论在哪里，你都能找到一个适合你的好职位。与之相反，如果你自己都看不起自己，只知糊里糊涂地生活，一味依赖别人，那么你迟早有一天会被人踢到一边。

决心称得上是世间最有价值的美德，只要凭着坚定的决心，一个人的力量就能发挥得淋漓尽致。

树立自信心

树立自信心是意志过程的第二个阶段。

自信心，是相信自己的愿望或预料一定能实现的心理状态。一个人如果没有自信心，就不能大有作为；一个民族如果没有自信心，则不能兴旺昌盛。人才的造就，事业的成功，都要经过千险万阻，而自信心是获得成功的精神支柱。

自信是人生价值的自我实现和对自我能力的坚定信赖。失去自信，就是心灵的自杀，它像潮湿了的火柴，再也不能点燃成功的火焰。

许多人的失败，不在于他们不能成功，而是因为他们不敢争取，或不敢不断争取。而自信则是成功的基石，它能使人强大，能使丑小鸭变成白天鹅。道理很简单，你只要对你所从

事的事业充满必胜的信心，就会采取相应的行动，并且百折不挠，直至成功。而没有自信，绝无行动，这样，再壮丽的理想也只不过是没有曝光的底片。

1956年10月20日，一位叫林德曼的精神病学专家独自一人驾着一叶小舟驶进了波涛汹涌的大西洋。在这之前，已经有不少勇士相继驾舟横渡大西洋，结果均遭失败，遇难者众多。林德曼认为，这些死难者首先不是从肉体上败下阵来的，而是死于精神上的崩溃，死于恐惧和绝望。一个人只要对自己抱有信心，就能保持精神和肌体的健康，并能够克服道路上的困难。为了验证自己的观点，他决定亲自驾船进行“实验”。

林德曼驾驶的船只有5米长，是目前所知载人横渡大西洋的最小的船。它设计得适合湖泊、没有急流的河流、平静的沿海水域，有一点像远洋航行的帆船。虽然如此，林德曼的小船顽强地抵抗了大西洋的浪涛，尽管曾两次倾覆，仍数次在飓风中死里逃生。出发前，林德曼装了60罐食物、96罐牛奶和72罐啤酒在这个27千克的小船上。食物和装备把船塞得太满了，没地方放得下一个炉子。旅程中食物不够时，他就只好抓鱼来生吃。在海上航行期间，他的体重减轻了20多千克。最终，林德曼用了72天成功横渡大西洋。

林德曼驾着这艘弱不禁风的小船横渡大西洋的时候没有做任何记录。他感兴趣的是人应对极限条件下的精神紧张的方式。他靠自我催眠和他发明的一种“心理卫生”系统来克服恐慌和想要自杀的绝望。独自在波涛中拼搏了近两个半月，不充足的食物，仅能伸直双腿的空间，这些给了林德曼一个机会去试验和改进他的方法。在航行中，林德曼遇到了难以想象的困难，多次濒临死亡，他的眼前甚至出现了幻觉，运动感也处于麻木状态，有时真有绝望之感。但只要这个念头一升起，他马上就大声自责：“懦夫，你想重蹈覆辙，葬身此地吗？不，我一定能够成功！”生的希望支持着林德曼，最后他终于成功了。他在讲述成功的体会时说：“我从内心深处相信一定会成功，这个信念在艰难中与我自身融为一体，它充满了周身的每一个细胞。”

林德曼的经历表明，人只要对自己保持坚定的信心，就能够闯过重重难关，并最终取胜。

在现实生活中，信心一旦与思考结合，就能激发潜意识来激活无限的智慧和力量，使每个人的欲求转化为物质、财富、事业等方面的有形价值。有人说：成大事的欲望是创造和拥有财富的源泉。人一旦产生了这一欲望并经由自我暗示和潜意识的激发后形成一种信心，这种信心便会转化为一种动力。它能够激发潜意识释放出无穷的热情、精力和智慧，进而帮助其获得巨大的财富与事业上的成就。所以，有人把信心比喻为一个人心理建筑的工程师。

在每一个成功者的背后，都有一股巨大的力量——信心——在支持和推动着他不断走向成功。

每个人都不能离开自信，它是你生命中的指路明灯。

自信心是引导人们走向胜利的阶梯。一般来说，自信心充足者的适应能力较强，反之，则适应能力较弱。但很多人都缺乏自信，因而终生默默无闻。

曾经有人做过这样一个调查：你自己认为最难解决的私人问题是什么？600个大学生中，75%的人在答卷上选择“信心不足”这个答案。

十分巧合的是，这个世界上至少有2/3的人营养不良，也就是说，世界上信心不足的人数和营养不良的人数几乎一样多。营养不良，使人身体无法正常发育；自信心不足，也会带来精神上的发育不良。

缺乏自信心，是人生的一大悲哀。这种悲哀在于，他们把“自我”丢失了。一个人丢失了“自我”，便没有了灵魂，没有了动力，没有了生活的乐趣。

当自信心融合在思想里时，潜意识便会立即拾起这种震撼，把它变成等量的精神力量，再转送到无限智慧的领域里促成成功思想的物质化。可见，自信心对成功是何等重要。说白

一点，缺乏自信心的人将一事无成。

自信的建立并非像有些人想象的那样困难，它是一个认识自我、肯定自我的过程。只要你总想着自己的长处，总想着自己已经成功的经验，你的自信心便会逐渐在你的心中复苏、生根，并逐渐主导你的潜意识。经过一段时间的努力，自信心便会融入你的性格。

保持恒心

保持恒心是意志过程的第三个阶段。我国古代学者更强调恒心的价值。如荀子云："锲而舍之，朽木不折；锲而不舍，金石可镂。"在意志过程中，恒心阶段具有更为本质的意义。因为光有决心和信心，而没有坚持到底的恒心，自然毫无意义：决心成了水中之月，信心也成了闪烁流星。恒心的坚持在于，一方面要善于抵制不符合行动目的的主观因素的干扰，做到面临重重诱惑而不为所动；另一方面要善于长久地维持已经开始的符合目的的行动，做到无论从事什么工作，都有始有终。具有恒心的人，不论前进的道路上如何险阻重重，都不会放弃对目标的执着追求；不论行动的过程中如何枝节横生，总是目不旁顾，坚持既定的方向。

凡是用恒心当作资本从事事业者，其成功的可能，比那些以金钱为资本从事事业者要大得多。人们的成功史，每时每刻都在证明拥有恒心可以使人脱离贫穷，可以使弱者变成强者，变无用为有用。

著名的发明家爱迪生也是一个具有恒心的人。每当他发明一件东西的时候，他都要忍受别人的讥笑和指责，因为他的观念太新了，别人无法接受，甚至有不少人把他的新奇发明视为洪水猛兽。但是，爱迪生能够忍受任何的讥笑，他努力地为自己的发明寻找依据，并争取别人参与试验和试用。相传他在发明电灯的过程中，为寻找适合做灯丝的材料，曾先后试验过1000种材料。当别人嘲笑他的时候，他却回答："在失败999次的同时，我也找到了999种不能用电来发光的材料。"

"继续吧！继续吧！没有任何东西可以取代恒心。只凭聪明的人，不能够成功，因为聪明而不能成功的人实在太多了。"发展了麦当劳连锁快餐的韦郭先生，他曾经讲过一些关于恒心的话，他说："只凭天才的人不能够成功，因为怀才不遇的人在这个世界上也着实不少。教育也并不能够取代恒心，在今日的社会中，不是有很多自暴自弃的读书人吗？只有恒心，才是成功的唯一要素。"

当人们竭尽全力却依然要面临失败的结局，当其他各种能力都已束手无策、宣告绝望之时，恒心便悄然来临，帮助人们取得胜利、获得成功。

依靠无坚不摧的恒心而做成的事业是神奇的。当一切力量都已枯竭了、一切才能宣告失败时，恒心却能依然坚守阵地。依靠恒心，终能克服许多困难，甚至最后做成许多原本已经不抱希望的事情。

当人人都停滞不前的时候，只有具有恒心的人才会坚持去做；人人都因感到绝望而放弃的信仰，只有具有恒心的人才会坚持着，继续为自己的意见辩护。所以，具有这种卓越品质的人，最终都能获得良好的声誉和可观的收益。

✿ 意志力在行动中的表现

每一点进步都来之不易，任何伟大的成就也不是唾手可得的。许多成功人士的一生，就是坚定执着、顽强拼搏的一生。对于想成就一番大事的人来说，意志是最好的助推器。谁能不退缩地进行一次又一次地尝试，谁就能一步步地接近成功。

目标确定中的意志

如果说动机是激励人去行动的原因，那么，目的则是行动所要达到的结果。

在许多场合，人都不是只有一种目的，而是同时具有两种或多种目的。这些目的可能相互冲突，相互矛盾。相互对立的目的也会引起心理冲突，只有进行认真的斟酌权衡，从中进行

选择，才能确定好行动目的。因此说，目的的确定也不是一件容易的事，也需要意志力的帮助与支持。

卢西亚诺·帕瓦罗蒂出生在一个普通的意大利家庭，他的父亲是一个平凡的面包师，同时还是一个狂热的歌唱爱好者。当帕瓦罗蒂还是个孩子时，他就开始教帕瓦罗蒂学习唱歌。

“孩子，从现在开始你就要刻苦练习，培养嗓子的功底，只有这样，将来才能成为一个出色的歌唱家。”父亲时常这样鼓励帕瓦罗蒂。

后来，帕瓦罗蒂渐渐长大，歌唱才华也越发显露出来。于是父亲带着他来到蒙得纳市，找到当时十分有名的专业歌手阿利戈·波拉，请他收帕瓦罗蒂做学生。阿利戈·波拉在听帕瓦罗蒂的试唱时，听出了帕瓦罗蒂罕见的高音才华，立刻答应收他为徒。那时，帕瓦罗蒂还在一所师范学院上学，学习成绩十分优异。

在毕业时，帕瓦罗蒂彷徨了，接下来的路该怎么走？按部就班当一名音乐教师，还是应当为成为歌唱家而奋力一搏？他找到父亲，征求意见。

父亲盯着他看了好一阵，然后回答说：“卢西亚诺，如果你想同时坐两把椅子，你只会掉到两把椅子之间的地上。在生活中，你应该选定一把椅子。”

经过痛苦的思考之后，帕瓦罗蒂终于做出了选择——将歌唱作为他一生为之奋斗的事业。

对帕瓦罗蒂来说，更艰难的是选择之后的努力，是种种无法预知的困难；是面对无法预知的前程时内心的迷茫与焦灼；

是独自承担努力过程中一次次的挫折与失败，以及努力了也未必如愿以偿的未卜的前程。经过7年的刻苦学习，帕瓦罗蒂才第一次正式登台演出。此后又用了7年的时间，他才得以进入大都会歌剧院。14年间，帕瓦罗蒂顶住了一次次失败所带来的莫大痛苦，他不断地鼓励自己：坚持到底！

终于，凭借着浑厚而明亮的歌喉和足以划破长空的高音C，凭借着坚持不懈的努力，帕瓦罗蒂征服了全世界。

当教师和当歌唱家，是为了从事歌唱事业这个同一动机下的不同目的。帕瓦罗蒂在二者之间艰难地做出抉择，最终以成为歌唱家为自己的奋斗目标，表现出了良好的意志品质。

在下述两种情况下，目的的确定都需要较大的意志努力。

一种情况是，在并存的目的中，如果每种目的都有吸引人之处，或者说它们对于个人来说都是必要的，但由于主客观条件所限，只能实现其一。在这种情况下，各种不同目的之间就会发生冲突，进行选择就会出现困难。不同目的越是同等重要，个人对于每种目的所抱的态度越接近，选择的困难就越大。这种情况下就需要靠意志努力做出果断的选择。

另一种情况是，在多种并存的目的中，有一种目的对个人有益，使个人的需要能得到满足，而另一种目的对个人来说无关紧要，也引不起人的兴趣，但它对社会却是有益的。这时，在目的的选择上困难更大，需要更大的意志努力才能克服内部障碍。也正是在这种情况下，更明显地表现出一个人的意志品质。一个意志坚强的人，能够使自己的意志服从客观需要，服从具有社会意义的目的。

有时候，可供选择的多种目的，可能彼此之间并无冲突。它们对人的活动都有一定的激励作用，但它们却有远近和从属之别，这就需要根据情况做出合理的抉择。

在目的的确定中，还需要区分两种目的。一种是有效的目的，即经过自己或依靠群体的努力能够实现的目的；一种是无效的目的，即经过自己的努力乃至群体的努力而无法实现的目的。目的的有效性与无效性也是相对的。比如，想像鸟儿一样飞翔于蓝天，对于古代人来说是一种无效的目的，而对于科技发达的今天的人来说则是一种有效的目的。再比如，想凭个人的主观意愿将社会建成丰衣足食、国富民强的盛世局面是无效的，但如果努力的方式符合历史发展的规律，又能把它化为众人的力量，就会产生积极的效果。当然，有些目的如果违背客观规律，比如希望长生不老，像神话中的神仙那样呼风唤雨，不刻苦学习就能学富五车、才高八斗等，终归是无效的。然而，现实中有这样一种人，他们由于缺乏实践经验，缺乏对客观规律及自身力量的全面而深刻的认识，加上富于幻想，常常会产生一些无效的目的。尽管这种目的也推动他们去行动，但往往耗费了大量的时间和精力仍难以实现，其结果是挫伤意志力。因而，我们在确定目的时，应特别注意目的的有效性。

执行计划时的意志

在计划的执行过程中，人的意志是在两种情况下得以体现的。一种情况是，在做出决定阶段所确立的目的和计划是合理的，是符合实际情况的，只是在行动中遇到这样那样的困难，这时克服重重困难，坚决执行预定计划，是意志坚强的表现。

一种情况是，人在实践活动中发现，在做出决定阶段所确定的目的和计划是不切实际的，那么，在行动中及时放弃或修正先前的不切实际的目的和计划，执行新的计划，也是意志坚强的表现，不能把这看作是意志软弱。相反，在计划的执行中，轻易地放弃预定的符合实际情况的合理的目的和计划，是意志薄弱的表现；而固执地坚持不符合实际情况的预定的目的和计划，也是意志薄弱的表现。

在古今中外的历史上，大凡有所成就、有所建树的人，都能够排除万难，坚忍不拔地执行预定计划，他们“生命不息，奋斗不止”的精神，为我们树立了光辉的典范。

齐白石先生“不教一日闲过”的精神给世人留下了深刻的印象。

在生命漫长的海岸线上，我们可以看见许多搁浅在岩石或暗礁上的船只，它们建造得很完美，而且装备得也不错，但就是无力航行。我们看到有些人的生命之舟搁浅在岸边，破败不堪，原因就在于，他们缺乏一种坚决执行预定计划的意志力。

因此，在事业的路途中，你只有充分发挥自己的天赋和本能，才能找到一条连接成功的通天大道。一个下定决心就不再动摇的人，无形之中能给人一种最可靠的保证，他做起事来一定肯于负责，一定有成功的希望。因此，我们做任何事，事先应确定一个尽善的主意，一旦主意打定之后，就千万不能再犹豫了，应该遵照已经定好的计划，坚持下去，不达目的绝不罢休。

战胜困难时的意志

人的一生中不可能一帆风顺，不遇艰难险阻。问题是，有的人在面临困难时，无所畏惧，百折不挠，将困难视为生活的一种考验，并从中锻炼自己的意志力；而有些人在遇到困难时，首先就会畏惧退缩，并且抱怨，他们把困难当作一种无法逾越的障碍，没有克服困难的意志力。一个不成熟的人总是把自己与众不同的地方看成是缺陷、是障碍，然后期望自己能享受特别的待遇。成熟的人则不然，他们会先认清自己的特别之处，然后决定是继续保持，还是应加以改进。

面对困难的态度十分重要。困难就像纸老虎，如果你害怕它，畏缩不前，不敢正视，它就会吃掉你；但是，如果你毫不畏惧，敢于正视，它就会落荒而逃。对于懦弱和犹豫的人来说，困难是可怕的，你越犹豫，困难就越发可怕，越发不可逾越；但当你无所畏惧时，困难将会消失。

一个人除非学会清除前进路上的绊脚石，不惜一切代价去克服成功路上的障碍，否则他将一事无成。通往成功路上的最大障碍就是自己。自私自利、贪图享乐是所有进步的阻碍，懦弱、怀疑和恐惧是最大的敌人。警惕你的弱点，征服自己，就会征服一切。

人生充满了各种各样的困境，比如，贫穷、自身缺陷等。

美国总统赫伯特·胡佛是艾奥瓦州一个铁匠的儿子，后来又成了孤儿；IBM的董事长托马斯·沃森，年轻时曾担任过簿记员，每星期只赚两美元。但是贫穷并没有成为他们成功的障碍。他们把所有的精力都用在工作上面，因此根本没有时间去自怜。

罗伯特·路易斯·史蒂文森由于不愿向身体的缺陷屈服，因

此他的文学作品更精彩、更丰厚。他一生多病，却不愿让疾病影响他自己的生活和工作。与他交往的人，都认为他十分开朗、有精力，并且他所写的每一行文字也充分流露出这种精神。

埃及著名文学家塔哈·侯赛因，号称“阿拉伯文学之柱”，他代表了20世纪30年代以来阿拉伯文学的新方向。但就是这样一位伟大文豪，竟是一位双目失明的人。塔哈由于患眼疾，在三四岁时就双目失明。但性格倔强的小塔哈，没有向命运屈服，他以惊人的毅力，顽强地闯出了一条光明之路。他刻苦认真地学习，课余时间从不荒废。他经常到邻居中间，学习来自民间的淳朴、生动的语言。他听别人朗诵诗歌，就默默在心里记下，并请别人帮助自己朗读。这一切为他进入大学进一步深造打下了坚实的基础。塔哈凭着自己的努力，进入了著名的埃及大学，毕业时获得了埃及历史上第一个博士学位，得到国王的亲准，到法国巴黎留学，后又在法国获得了博士学位。

塔哈通过个人不懈的努力和奋斗，为阿拉伯文学宝库留下了不朽的伟大诗篇。

爱尔兰著名作家、诗人斯蒂·布朗一生中用左脚趾写成了5部巨著，其间的艰辛不言而喻。布朗生下来就全身瘫痪，头、四肢不能动弹，不会说话，长到5岁还不会走路。但5岁的小布朗会用左脚趾夹着粉笔在地上乱画了。在母亲的耐心教导下，布朗就学会了26个字母，并对文学产生了浓厚的兴趣。

布朗努力克服因身体残疾带来的不便，用超出常人的毅力，进行刻苦顽强的磨炼，学会了用左脚打字、画画，也开始了作文和写诗。他写作时，自己坐在高椅上，把打字机放在地上，用左脚上纸、下纸、打字、整理稿纸。经过艰苦的努力，他终于创作出了大量的优秀文学作品。尤其是他的自传体小说《生不逢辰》面世后，轰动了世界文坛，被译成了15种文字，广泛流传，并且拍成电影，鼓舞着世界人民。这位一生都在与病魔做着顽强斗争的伟大诗人和作家，在他短暂的一生中，一直都在写作。直到最后他完成了小说《锦绣前程》，更为我们留下了宝贵的精神财富。

这些事例都告诉我们，困难并不能成为借口。贝多芬说过“我要扼住命运的咽喉”，命运其实就掌握在自己手中。只要凭着坚强的意志，就一定能够克服困难，成就伟业。向困难屈服的人必定一事无成。很多人不明白这一点，一个人的成就与他战胜困难的能力成正比。他战胜的困难越多，取得的成就越大。

成就平平的人往往是善于发现困难的天才，善于在每一项任务中都看到困难。他们莫名其妙地担心，使自己丧尽勇气。一旦开始行动，就开始寻找困难，时时刻刻等待困难出现。当然，最终他们发现了困难，并且为困难所击败。他们把一个小困难想象得比登天还难，一味悲观叹息，直到失去克服困难的机会，一次又一次陷入恶性循环，最终一事无成。

意志坚定、行动积极、决策果断、目标明确的人能排除万难，勇敢地向着自己的目标前进，去争取胜利。成就大业的人，面对困难时从不犹豫徘徊，从不怀疑是否能克服困难，他们总是能紧紧抓住自己的目标，做坚持不懈的努力。对他们来说，暂时的困难微不足道。

PART

02

意志力可以培养吗

只有通过夜以继日、坚持不懈的努力，我们才能培养出坚强的意志力，它可以面对一切困难的挑战。这种自我训练的过程是循序渐进的，而最终使意志力达到较高境界所需的时间也因人而异。但是，培养这种坚强的意志力所花费的血汗和代价，与这种意志力对我们的人生所具有的巨大价值相比，又是多么的微不足道。

意志力训练提升个人素质

一个有心修炼和提升自己意志力的人，将获得无比巨大的力量，这种力量不仅能够完全地控制一个人的精神世界，而且

能够引导人的心智达到前所未有的高度——此时，一个人从未设想能拥有的智能、天赋或能力都变成了现实。

人需要培养意志力

意志力对于人的发展至关重要，人需要培养自己的意志力。

我们可以通过有意识地运用各种激励方法和教育而使意志力得到锻炼和加强，并且还可以通过完成每个具体行为目标来培养意志力。强大的愿望潜藏在每个人的内心深处，但是在受到召唤之前，它默默地沉睡在那里，人们忽视了它的存在。正因为如此，对个人意志力的科学训练总会产生奇迹。

生活中，许多人的意志力都亟待加强，然而令人不可思议的是，很少有作品对这个问题进行专门论述。在现代教育体系中，人们很少重视对意志力的培养这一问题。在关于教育学和心理学的著作中，时常有文章指出意志力培养的重要性，但是关于个人该如何培养意志力的论述，却显得苍白无力，言之甚少。培养意志力的重要性确实非同寻常，因为它往往能够决定一个人的命运，甚至它的影响要超过智力的影响。

一个铁块的最佳用途是什么？第一个人是个技艺不纯熟的铁匠，而且没有要提高技艺的雄心壮志。在他的眼中，这个铁块的最佳用途莫过于把它制成马掌，他为此竟还自鸣得意。他认为这个粗铁块每千克只值四五分钱，所以不值得花太多的时间和精力去加工它。他强健的肌肉和三脚猫的技术已经把这块铁的价值从1元提高到10元了，对此他已经很满意了。

此时，来了一个磨刀匠，他受过一点更好的训练，有一点雄心和更高一点的眼光，他对铁匠说："这就是你在那块铁里见到的一切吗？给我一块铁，我来告诉你，头脑、技艺和辛劳能把它变成什么。"他对这块粗铁看得更深些，他研究过很多锻冶的工序，他有工具，有压磨抛光的轮子，有烧制的炉子。于是，铁被熔化掉，熔炼成钢，然后被取出来，经过锻冶，被加热到白热状态，然后投入冷水或石油中以增强韧度，最后细致耐心地进行压磨抛光。当所有这些都完成之后，奇迹出现了，他竟然制成了价值2000元的刀片。铁匠惊讶万分，因为自己只能做出价值仅10元的粗制马掌。经过提炼加工，这块铁的价值已被大大提高了。

另一个工匠看了磨刀匠的出色成果后说："如果依你的技术做不出更好的产品，那么能做成刀片也已经相当不错了。但是你应该明白这块铁的价值你连一半都还没挖掘出来，它还有更好的用途。我研究过铁，知道它里面藏着什么，知道能用它做出什么来。"

与前两个工匠相比，这个匠人的技艺更精湛，眼光也更犀利，他受过更好的训练，有更高的理想和更坚韧的意志力，他能更深入地看到这块铁的分子——不再囿于马掌和刀片。他用显微镜般精确的双眼把生铁变成了最精致的绣花针。他已使磨刀匠的产品的价值翻了数倍，他认为他已经榨尽了这块铁的价值。当然，制作肉眼看不见的针头需要有比制造刀片更精细的工序和更高超的技艺。

但是，这时又来了一个技艺更高超的工匠，他的头脑更灵活，手艺更精湛，更有耐心，而且受过顶级训练，他对马掌、刀片、绣花针不屑一顾，他用这块铁做成了精细的钟表发条。别的工匠只能看到价值仅几千元的刀片或绣花针，他那双犀利的眼睛却看到了价值10万元的产品。

也许你会认为故事应该结束了，然而，故事还没有结束，又一个更出色的工匠出现了。他告诉我们，这块生铁还没有物尽其用，他可以让这块铁造出更有价值的东西。在他的眼里，即使钟表发条也算不上上乘之作。他知道用这种生铁可以制成一种弹性物质，而一般粗通冶金学的人是无能为力的。他知道，如果锻铁时再细心些，它就不会再坚硬锋利，而会变成一种特殊的金属，富含许多新的品质。

这个工匠用一种犀利的、几近明察秋毫的眼光看出，钟表发条的每一道制作工序还可以改进；每一个加工步骤还能更完善；金属质地还可以精益求精，它的每一条纤维、每一个纹理都能做得更完善。于是，他采用了许多精加工和细致锻冶的工序，成功地把他的产品变成了几乎看不见的精细的游丝线圈。一番艰苦劳作之后，他梦想成真，把仅值1元的铁块变成了价值100万元的产品，同样重量的黄金的价格都比不上它。

但是，铁块的价值还没有完全被发掘，还有一个工人，他的工艺水平已是登峰造极。他拿来一块钢，精雕细刻之后所呈现出的东西使钟表发条和游丝线圈都黯然失色。待他的工作完成之后，你见到了牙医常用来钩出最细微牙神经的精致钩状物。1千克这种柔细的带钩钢丝，如果能收集到的话，要比黄金贵几百倍。

此刻，你一定会对铁块的潜力产生新的认识吧。当铁块被当作废铁被孤零零地扔弃在垃圾堆里时，你是否曾经思量过它有着未被开发的巨大的价值？其实，故事中的铁块就是你自己，故事中的工匠也是你自己。一个人要成为有多大价值的人才，取决于你对自己的锻造。一块质地粗糙的铁块经过千锤百炼之后，会变得更硬更纯更有韧性，成为非常有价值的可用之材。而一个由肉体、思想、道德和精神力量完美结合在一起的人，同样经过千锤百炼之后，他又会产生多么大的价值呢？你也要学工匠把你自己这块材料加工成器，自觉地接受生活中各种痛苦的考验，生活中逆境的打击、贫困与痛苦中的挣扎、灾难与丧失之痛的刺激、艰苦环境的压迫、忧患焦虑的折磨、令人心寒的冷嘲热讽、经年累月枯燥的教育求索和纪律约束带来的劳累，你经受住并与之斗争，你在各种挑战中，独具匠心、锲而不舍地锻造自己，最终，生活的各种磨砺只会促使你更强大，更魅力非凡，更超凡脱俗。

那些逃避考验与磨难的人是懦夫，是庸人，是无药可救的失败者。一块铁经过日晒雨淋就会生锈，变得毫无价值；人的意志也一样，如果不经常努力去完善它、考验它、增强它的韧性，它也会腐蚀掉。

做一个像马掌一样普通的铁块并不是难事，但是要提高人生这个产品的价值就绝非等闲之事了。很多人都认为自己的天赋低劣，不如别人。但只要你愿意，通过耐心苦干、学习和斗争，就可以把自己从粗笨的马掌千锤百炼成精细的游丝。只要持之以恒、坚忍不拔，就可以把原材料的价值提升至令人难以置信的高度。

操控你的意志力

一个有着坚强意志的人，便有无穷的力量。不论做什么事都要有坚强的意志，应当坚信任何事情只有付出极大的努力才能获得成功。

人的意志力有着极大的力量，它能克服一切困难，不论所经历的时间有多长，付出的代价有多大，无坚不摧的意志力终能帮助人们到达成功的彼岸。

一个能控制自己意志力的人，也就拥有了自我引导的伟大力量。这种巨大的力量可以实现他的期待，完成他的目标。如果他的意志力坚固得跟钻石一样，并以这种意志力引导自己朝着目标前进，那么他所面对的一切困难，都会迎刃而解。

如果你见到一个年轻人，他用斩钉截铁的态度去实施他的计划，而丝毫没有“如果”“或者”“但是”“可能”的念头，那么这样的年轻人，就拥有了强大的意志力，成功也必定会属于他。

凡有明确目标，并能照着既定程序去做的人，便能坚定自己的意志力，而这种意志力足以支撑他的成功。

人人都应该去争取理想的自由，因为只有自由地张扬自己的理想，才能创造出宏大、完美的成就。如果一个人不去争取理想的自由，不以实现最高人生目的为要务，那么不论他多么尽心尽职，多么发奋努力，他的一生也不会有大的成就。

如果一个人无法控制自己的意志力，那么他就很难获得持之以恒的信心，也就失去了发明与创造的可能性。有许多年轻人最初很热心于他们自己的事业，但是由于缺乏意志力与恒心，竟然在一夜之间就放弃了自己原有的事业，而去进行别的事业。他们常常对自己所处的位置、所拥有的才能表示怀疑。他们不知道他们的才能怎样加以利用才会最有价值。面对困难，他们常常感到灰心，或者是沮丧。当他们听到某人成就了某项事业，他们便开始埋怨自己，为何自己不也去做同样的事业，而不检讨自己由于意志力不坚定，浪费了多少成就事业的机会。

可以肯定地说，如果一个人经常放弃他一贯期待的目标，经常松懈自己的意志力，他就绝不会成为一个成功者。

要使自己的生命具有特殊意义，要与众不同，就要做高尚的事情。无论历时多么久远，无论面临多少艰难曲折，绝不可放弃成功的志向和希望。

任何想要获得成功的人都必须谨记下面的格言：有志者，事竟成，破釜沉舟，百二秦关终属楚；苦心人，天不负，卧薪尝胆，三千越甲可吞吴。

“噢，好样的，那些有着强健意志的人们！”丁尼生这样写道，所有时代和每个国家的诗人们都曾唱颂过同样的赞歌。丁尼生说出了人类对意志力的崇敬和爱慕。他还说道：“充满了活力的意志，你将永恒，而那些没有你的人只能为你震惊。”

人类的意志是一件很奇怪、很微妙、无法触摸，但却非常真实的东西，它与每个人最深处的自我有着紧密的联系。

人类的意志是一种活生生的力量，和电、磁或其他任何自然的力量一样。意志和能量、引力一样真实。从原子到人，愿望和意志都是存在的，首先是做某事的欲望，然后是要做成它的意志。这是一个不变的法则，存在于所有不同形状、不同级别的事物之中。

对于知道如何运用意志力的人来说，没有什么是不可能的，只要他的意志足够强健。意志力在很大程度上取决于一个人是否相信自己的能力，或者说行动取决于信心。在正常情况下，一般人不相信自己有独立的意志。只有当出现了新的、出乎意料的要求，当有必要运用意志的时候，许多人才意识到他们有这样一种东西叫作意志。对许多人来说，甚至连这样的情况也不会发生。

意志不是固执。有着坚强意志的人知道何时撤退也知道何时进攻，他从不站在原地。如果条件允许他会后退一步，但后退只是为了下一次更好的开始，因为他总有一个明确的目标在心头。当意志让他前进时，他会像一艘强劲的汽船一样迎头赶上，强大而有力，不会为任何事而停下来。这一种精神状态在慈善家兼作家霍华德的引文中有最好的描述：

“他决心的力量是如此之大，只有在某些特别的情况下才有所表现。如果这不是某种习惯的行为的话，这一种力量会看起来太过强烈、鲁莽，但是因其并不是断断续续的行为，它才具有了某种沉静的力量。它不会超过平静坚定的界限，更不会煽动起混乱。那是一种强烈的平静，由于人类精神控制着它不会更强烈，由于个人的性格它也不会更平静，而是在其中达成一种统一。”

他相信所有个人力量的基础存在于意志，如果有人想在这个世界上取得任何成就的话，他就必须有坚强的意志。要有坚强的意志，最好的办法就是意识到你缺少意志力，然后不停地对自己说：“我可以、我将做成这件事。”反复诵读从最好的文学作品中摘录出来的有关意志力的部分，一点一点在你内心建立起一种不可阻挡的力量，它将能克服想把你从你生命目标拉开的任何诱惑。

有志于在经济上取得成功的人应该有一种特质，也就是一种心理特质，即“我能做到，我将做到”的心理状态。这一特质是两种重要因素的组合。第一是相信自己的能力、力量，这将给人以信心，从而在心理上为意志力的出现铺平道路。第二是坚定自己的意志，当你将所有的力量、决心倾入其中，说“我将做到”的时候，你的意志就会变成一种强大的动态力量，扫清前进道路上的所有障碍。

这一意志力的外现不仅能激活人类大脑休眠着的潜力，还能将所有保存着的气力、精神集中到要完成的任务上。事实上，意志力所能做到的比这还要多，它能以一种强大的力量感染它周围的人，迫使他们对它关注，承认它的存在。在人与人的竞争中有着最坚强意志的人将获得胜利。竞争可能很短，也可能很长，但结局总是一样的：有着坚强意志力的人将获胜。但苏醒的意志力所能做的还不只这些，它还可以隔着很远的距离把人吸引到拥有强烈意志力的人身边。在自然法则的作用下，事物会被推进一个强大意志力构成的中心。环顾你的四周，你会看到有着强大意志力的人建起了一个强大的磁

场，伸向四面八方，影响着一个又一个人，吸引着其他的人加入那一意志掀起的运动里。他们能激起巨大的意志的旋涡或是旋风，远近的人都能感受得到。而且事实上所有有着强大意志力的人都不同程度地这样做了，只是依据他们意志力的大小而有所不同。

✿ 意志力训练的**基本原则**

一支普通的竹子，若不历经千雕万琢的艰辛，怎能成为一支演奏悠扬音乐的笛子？一个人的成长，若非经历无数次的磨砺，又哪能培养出坚忍的意志和健全的性情！

注意力是意志力提升的先决条件

要想对意志力进行科学的训练，就必须以注意力的训练作为开端。注意力是精神发展的动力之一。注意力是我们获取精神生活的原始素材，是最普通的探索工具。然而，能充分注意到自己的感觉、又能很好地利用自己感觉器官的人确实是太少了。这是被人们忽视的一大领域。

注意力是有目的地将心理活动长时间地集中于某一事物或某些事物上的能力，它是智商的重要构成部分。成功者往往具有更好的注意力，对人生和事业更专注、更执着。良好的注意力首先表现在注意力的范围上，即注意力在同一时间内所能清楚地抓住对象的数量，也就是在同一时间里能同时注意到多少问题的出现。善于控制自己的注意力，这样它就能根据我们的需要，具有一定的指向性、集中性和稳定性，继而提高我们的智能水平。注意力的集中与稳定是深入认识客观事物、提高工作效率的必要条件。

然而，我们生活在一个丰富多彩、纷繁复杂的世界上，各种对感官刺激的事物纷至沓来，让我们目不暇接。它们分散了我们的注意力，妨碍了大脑皮质优势兴奋中心的形成和稳定，从而影响了我们对某一特定事物清楚、深入地认识。因此，我们必须加强注意力的调控能力。

歌德这样说：“你最适合站在哪里，你就应该站在哪里。”这句话可以作为对那些三心二意者的最好忠告。

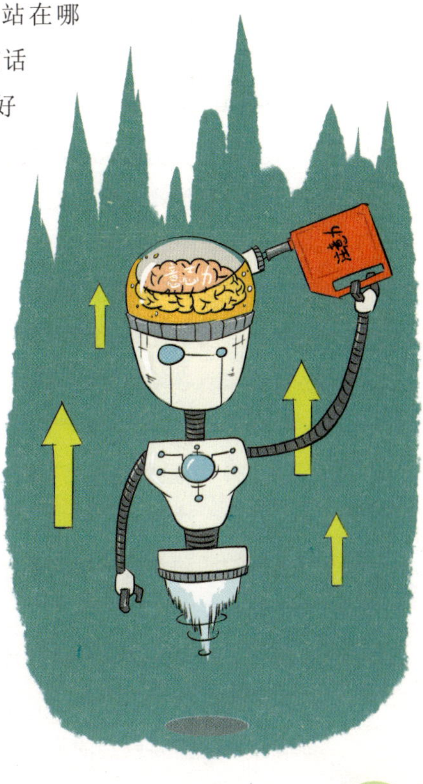

无论是谁，如果不趁年富力强的黄金时代去养成善于集中精力的好习惯，那么他以后一定不会有什么大成就。世界上最大的浪费，就是把一个人宝贵的精力无谓地分散到许多不同的事情上。一个人的时间有限、能力有限、资源有限，想要样样都精、门门都通，绝不可能办到。如果你想在任何一个方面做出什么成就，就一定要牢记这条法则。

那些富有经验的园丁往往习惯把树木上许多能开花结果的枝条剪去，一般人都觉得很可惜。但是，园丁们知道，为了使树木能茁壮成长，为了让以后的果实结得更饱满，就必须要忍痛将这些旁枝剪去。若要保留这些枝条，那么将来的总收成肯定要减少无数。人也是这样，人若过多地分散了自己的精力，就会浮光掠影，一无所长。只有将注意力集中于一个点，并不断地努力下去，才能最终有所收获。

我们该如何培养自己的专注力?

（1）提高参加活动（工作或学习）的自觉性，明确活动的目的和任务。如果一个人对自己所从事的活动的社会意义与个人意义有明确的认识，对这一活动的具体目的与任务有明确的了解，那他就一定能提高注意力集中的水平，使自己专心致志、聚精会神地去从事这一活动。

（2）选择清除头脑中分散注意力、产生压力的想法，使自己完全沉浸于此时此刻，集中注意力于一些平静的工作上，以便专心于所必须解决的问题，清晰地思考，富有创造力，做一些有质量的决定，较大程度地提高自身的效率。

（3）增强兴趣，激发情感，使自己津津有味、乐此不疲地进行活动。注意力与兴趣、情感的关系非常密切，一个对自己所从事的活动具有浓厚兴趣和热烈情感的人，他在活动时就一定能全神贯注、专心致志。

（4）一次只专心地做一件事，全身心投入并积极地希望它成功，这样你就不会感到精疲力竭。不要让你的思维转到别的事情、别的需要或别的想法上去。专心于你已经决定去做的那个重要项目，放弃其他所有的事。

你可以把你需要做的事想象成是一大排抽屉中的一个小抽屉。你的工作只是一次拉开一个抽屉，令人满意地完成抽屉内的工作，然后将抽屉推回去。不要总想着所有的抽屉，将精力集中于你已经打开的那个抽屉。一旦你把一个抽屉推回去了，就不要再去想它，这样，你就不会因为干扰而分心了。

（5）养成深入思考的习惯。一个肯开动脑筋、积极思考的人，他就会为活动所吸引，从而使自己沉湎于活动之中；反之，一个浅尝辄止、懒于思考的人，他在活动中，就会如蜻蜓点水，无法使自己的注意力保持高度的集中。因此，我们为了引起并保持专心的注意状态，就必须使自己养成深入思考的习惯。

（6）保持身体健康，使自己有足够的活力和精力去进行活动。我国著名数学家张素诚说："要做到专心，就要身体好。身体不好，常想找医生看病，就专心不了。"

（7）注意适时休息。研究表明，如果人们在一天中经常得到能够缓解压力的休息，那么我们的工作效率将会高得多。事实上，我们必须通过休息来加快速度和改进自己的工作。同时，通过转移我们的注意力，能使我们从旧框框中解脱出来，解放我们成就事业的创造力。

重新控制思维的一种方法是停止工作，让大脑得到休息。

一旦你感到大脑有点僵化，不能很好地思考问题或不能集中注意力时，停止你手中的工作，让大脑得到片刻休息。站起来，走一会儿，喝杯水，跟别人交谈几句，呼吸一些新鲜空气，或者躲到一个安静的地方，参加一项与你的工作毫不相同的活动，让你的大脑完全沉浸在轻松有趣的活动之中。这么做能打断精神压力慢慢地积聚起来的危险过程，缓和大脑的紧张程度，恢复大脑的思考能力。

运用自我激励的力量

自我激励，即激发自己，鼓励自己，自己激发自己的动机，充实动力源，使自己的精神振作起来。自我激励之所以能够培养意志力，在于自我激励能够激发你成功的信心与欲望，从而使你具备一往无前的动机。

自我激励是激励的一种。有没有激励，人朝目标前进的动力是很不一样的。美国心理学家詹姆士的研究表明，一个没有受到激励的人，仅能发挥其能力的20%～30%，而当他受到激励时，其能力可以发挥出90%，相当于前者的3～4倍。可见，自我

激励不仅对培养意志力，而且对开发潜能也大有影响。

在现代社会中，学会自我激励是很重要的，这是因为剧变的社会既为人们创造了大量的发展机会，也为人们设置了种种的“陷阱”。当人们处于顺境时，一般容易兴高采烈，甚至忘乎所以；而当人们陷于逆境时，往往不知所措、消极悲观。想干一番事业，干出一点成绩来，就会有许多意想不到的事情发生。挫折、打击会突然降临到你的头上，流言蜚语、造谣中伤会接踵而来，如果碰到一些很会耍心计、玩权术的顶头上司，那么难堪的小鞋、莫名其妙的打击，就会一个接一个。此时，尤其需要自励，使自己保持一颗平常心，重新取得心理平衡，使精神振作起来，保持自己旺盛的斗志。

对于那些意志力不是很强，稍有一点风吹草动、稍稍遭到失败就无法忍受的人，特别需要使用自我激励这种辅助手段来培养意志力。

怎样运用自我激励来培养意志力?

必须学会正确认识自己。认识自己就是认识自己的长处和短处，不将长处当短处，不将短处当长处，绝不护短，绝不自己原谅自己。只有知道了自己遭到失败、挫折的原因在哪儿，才会有的放矢地重新起步，也才有可能培养你的意志力。

怎样认识自己的短处呢？认真反省是一个关键。

自我激励的重要因素是要自己看得起自己。许多人有这样一个毛病：风平浪静时，自是、自爱甚至自负得不得了，而一遇到问题，就妄自菲薄、自暴自弃、消极颓废，有时甚至还想用一些激化矛盾的方式进行对抗。为什么会这样？其实就是因为自己的内心过于自卑、容易自馁，认为自己这也不行那也不行，什么都干不了。因此一定要自尊，要采取切实的措施自己帮助自己，这是自我激励得以实现的重要手段。也就是说，在遇到挫折失败之后，在认真吸取教训的基础上，重新设定奋斗目标，采取一些切实可行的措施，拟定可行性的计划，用一点一点的成功来激励自己，用社会的承认来增强信心，脚踏实地，一步一步前进。

只要你认真地抱着希望，“我希望自己能成功”，或是“我希望自己成为首屈一指的人”，你就一定能找到成功的方法，这就是“贾金斯法则”。

贾金斯博士说：“睡眠之前留在脑海中的知识或意识，会成为潜意识，深刻地留在自己的脑海中，并可转化成行动力。”

这个原则经常被我们应用在生活之中。例如，明天要去旅行，必须早上5点钟起床，可是家里又没有闹钟，在这种情况之下，怀着一颗忐忑不安的心入睡，生怕自己睡过了头。结果，早上果然5点钟准时起床。在我们的日常生活中，这种靠着潜意识控制自己生理时钟的例子，一年总有几次。

再例如，有些人每晚临睡前一定要看一点书，这就是利用心理学上的记忆原则来增强记忆。如果你认为自己的意志薄弱，那就对自己说：“我一定可以加强自己的意志。”例如，你看到一位很有希望的顾客，你就假想自己很成功地和这位顾客签约的情景。只要你有信心，这种自信心就能让你成为很有魅力的人。这样，每晚就寝前想一次，你就能锻炼意志力。

但是，运用这个方法时要注意下面几点。

（1）做好睡眠的准备之后再上床。

（2）声音不可太大。不要一边听收音机，一边行动。

（3）读书或自我期许之后就睡觉。

（4）上了床之后就不要再下床做别的事。

现在就剩下实行了。不，应该说是持续地实行。首先要让自己具有清楚的意志，然后不断地实行，这样你就能够不断地进行自我激励，你的人生就能逐渐步向成功之路。

另外，自我暗示也是一种典型的自我激励的方法，是培养意志力的很好的辅助手段。

所谓“人若败之，必先自败”。许多具有真才实学的人终其一生却少有所成，其原因在于他们深为令人泄气的自我暗示所害。无论他们想开始做什么事，他们总是胡思乱想着可能招致的失败，他们总是想象着失败之后随之而来的羞辱，一直到他们完全丧失意志力和创造力为止。

对一个人来说，可能发生的最坏的事情莫过于他的脑子里总认为自己生来就是个不幸的人，命运之神总是跟他过不去。其实，在我们自己的思想王国之外，根本就没有什么命运女神。我们就是自己的命运女神，我们自己控制、主宰着自己的命运。

在每个地方，尽管都有一些人抱怨他们的环境不好，他们没有机会施展自己的才华，但是，就是在相同的条件下，有一些人却设法取得了成功，使自己脱颖而出，天下闻名。这两种人最大的区别就在于自我暗示的不同，前者始终抱着必败的心态，而后者则始终坚信自己会成功。

成功是不可能来自自认为失败的自我暗示的，就好像玫瑰是不可能来自长满蓟草的土壤一样。当一个人非常担心失败或贫困时，当他总是想着可能会失败或贫困时，他的潜意识里就会形成这种失败思想的印象，因而，他就会使自己处于越来越不利的地位。换句话说，他的思想、他的心态使得他试图做成的事情变得不可能了。

我们的不幸，或是我们自己认为的所谓“残酷的命运”，其实与我们的自我暗示有莫大的关系。我们经常看到有些能力并不十分突出的人却干得非常不错，而我们自己的境况反不如他们，甚至一败涂地，我们往往认为有某种神秘的力量在帮他们，而在我们身上总有某种东西在拖我们的后腿。但是，实际上却是我们的思想、我们的心态出了问题。

可以这么说，我们面临的问题便是我们根本不知道该如何提高自己。我们对自己不够严格，我们对自己的要求不够高。我们应该期待自己有更加光辉灿烂的未来，应该认为自己是具有超凡潜质的卓越人物。总之，我们一定要对自己有很高的评价。

无论别人如何评价你的能力，你绝不能怀疑自己能成就一番事业的能力，你应对自己能成为杰出人物怀有充分的信心。而运用自我暗示，能够很成功地增强你的信心。

个人的自我暗示中蕴藏着一笔很大的财富，蕴藏着一笔极大的资本。你在立身行事时，要不断地暗示自己一定会成功，会获得发展、进步。光是这种发展的声音，光是这种积极进取的声音，光是这种能有所成就的声音，光是这种在社会中举足轻重的声音，就足以激起你无限的潜力。

与情绪的影响力相比，自我暗示更能掌握情绪的控制，尤其不会受到消极想法所左右。当然，在心情平静时，情绪很容易控制；但是当你心情恶劣、充满不安的感觉时，情绪就很难做到有效地控制——除非你经由持续的练习和训练！而在自我暗示的状态下，你才有能力练习控制情绪。再者，由于情绪在追求理想时所扮演的角色十分重要，因此学会情绪的控制，在你个人的事业上，将产生重大的影响力。

有这样一段故事：

一位从纽约到芝加哥的旅客看了一下他的手表，然后告诉他芝加哥的朋友说已经12点了，其实表上的时间要比芝加哥的时间早一个小时。但这位在芝加哥的人没有想到芝加哥和纽约之间的时差，听说已经12点了，就对这位纽约客人说他已经饿了，他要去吃中午饭。

这个故事很有趣，同时也告诉我们自我暗示的作用。只要你给自己一个暗示，那么你的行为就将遵循这一暗示的指导。

一位年轻的歌手受邀参加试唱会，她一直期盼能有这个机会，但是她过去已经参加过3次了，每次都因为害怕失败，最终败得很惨。这位年轻的女士嗓子很好，但是，过去她一直对自己说："轮到我演唱的时候，便担心观众也许会不喜欢我。我会努力，但是我心中充满了畏惧和忧虑不安。"这样消极的自我暗示肯定不能帮助她演唱成功。

她以下面的方法克服了这种消极的自我暗示。她把自己关在房中，一天3次，舒服地坐在一张太师椅中，放松她的身体，闭上她的眼睛，尽可能使她的心灵和身体平静下来。因为身体停止活动，可以形成心理的不抵抗，而使心理更容易去接受暗示。然后她对自己说：“我唱得很好，我泰然自若，沉着安详，有信心而镇静。”以此来反击畏惧的提示。她每次都带着感情，缓慢而静静地重复说上5～10次。她每天必定“坐”3次，再加上睡前的一次。一个星期过去以后，她真的完全泰然自若、充满了信心。当试唱会来临的时候，她唱得好极了。

许多抱怨自己脾气暴躁的人，被证明极易接受自我暗示，而且能够获得很好的效果。办法是，大约花1个月的时间，每天早晨、中午和晚上临睡之前，对自己说下面的话：“从今以后，我将变得更具有幽默感。每天我将变得更可爱，更容易谅解别人。从现在起，我将要成为周围人愉悦和友善的中心，我以幽默感染他们。这种快乐、欢愉和幸福的心情，日渐成为我正常而自然的心理状态。我时时心存感恩。”

和自我激励一样，自我暗示可以给自我以信心，同时暗示的内容本身就是你前进的动力与方向，所以自我暗示可以让你鼓起勇气，一往无前，由此你获得了战胜自我，特别是战胜内心恐惧感的强大意志力。

严格地进行自我修炼

生物学上有一个很著名的实验，被称为“温水效应”：

如果你把一只青蛙扔进开水里，它因突然受到巨大的痛苦刺激，便会用力一搏，跃出水面，置之死地而后生；但如果你把它放在一盆凉水里，并使水逐渐升温，由于青蛙慢慢适应了那惬意的温水，所以达到一定热度时，青蛙并不会再跃出水面，它就在这舒适之中被烫死了。

实验告诉人们一个极浅显的道理：让你感到舒适满足的东西，往往正是导致你失败的原因。青蛙如此，人又何尝不是这样？正所谓“忧劳可以兴国，逸豫可以亡身”。舒适的生活往往使人丧失毅力以及应对挫折的能力。当危机突然来临，人们往往就会不堪一击。因此，我们无论在何种情况下，都应保持一种危机意识，并自觉地磨炼自己的意志力。

苏秦“合纵”的成功来自他的真才实学。但这种真才实学不付出努力是很难取得的。尽管苏秦当时已有家室，年龄也不算小了，但他能够发愤图强，克服万难，并不惜用“锥刺股”的方法来刺激自己保持一颗清醒的头脑去学习，他严格要求自己的精神，实在值得大家学习。

生活中，拥有坚强意志的人，并不是天生就具有强大的

意志力的，而是经过严格修炼而来的。锻炼意志力必须讲究三严：严肃、严格、严厉。首先，对锻炼意志力必须怀着严肃的态度。同时还必须严格要求自己，如果对自己放松要求，一味放纵自己，意志力锻炼又从何谈起呢？再者，要严厉地对待自己，一旦意志薄弱，要严厉地惩罚自己。只有做到“三严”，才能真正锻炼出钢铁般的意志。

没有严格要求，就不可能有意志力的锻炼和铸造。任何一项培养意志力的练习和锻炼，都要以严格要求为前提。没有严格要求，即使进行锻炼，其效果也会大打折扣。那些“下次再努力吧”“明天再也不这样了”的借口，都是培养意志力的大敌。

原女排教练袁伟民在训练女排时就有个“狠”劲。平时，他非常关心、爱护女排队员，待她们和蔼、亲切，对她们的生活关心备至。可一上了训练场，他的要求便非常严格。女队员累得浑身出汗如水洗一般，他又扔过去一个球，“继续练！”女队员累得趴在地上起不来了，他又扔过去一个球，“还得练！”他知道，不这样练是练不出世界冠军的，也正是凭着这股狠劲，我们的女排姑娘们才在世界运动赛场上取得了骄人的成绩。

意志力锻炼要秉持严格的原则，并在实际行动中坚持下去。

因为在意志力的锻炼过程中，常有与既定目的不符合的、具有诱惑力事物的吸引，这就要求我们学会控制自己的感情，排除主客观因素的干扰，目不旁顾，使自己的行动按照预定方向和轨道坚持到底。而任何见异思迁、半途而废的行为，都只会使意志力锻炼前功尽弃，徒劳无功。

当然，我们对意志力的培养也不必一味强调苦练，而要把“苦练”与“趣味”结合起来，才能激发出更大的热情，将意志力锻炼坚持下去，并取得良好的效果。

训练效果源自合理的安排

训练的效果在很大程度上取决于合理的活动安排。这就要求不仅要有科学系统的训练，还要注意休息，做到劳逸结合。

意志力训练要循序渐进。

意志力训练应按照意志发展的特点，针对不同的年龄阶段，在循序渐进的过程中使意志力得到锻炼。

任何良好的意志品质的形成，都不是一朝一夕的事，总有一个逐步发展、逐渐巩固的过程。因此，意志力的锻炼不可能一蹴而就。另外，各年龄阶段的人，都有各自阶段的生理心理特点，也就是在意志发展上呈现出不同的年龄特征。意志的年龄特征是分阶段的，各阶段是相互衔接由低到高逐步发展的。这也决定了意志力培养要循序渐进。

因此，我们应当针对自己的年龄特征、个性特性和意志发展的阶段，选择相应的锻炼方式。应保持意志锻炼的活动的难易适中，太容易了不能达到锻炼意志的目的；太难了，则不仅有损于身心健康，还会降低自信心。按照循序渐进原则，难度应逐步增高，就像爬坡一样，一步步地向高处攀爬。

有这样一个两只虫子的故事。

第一只虫子跋山涉水，终于来到一株苹果树下。它抬头看见树上长满了红红的、可口的苹果，馋得口水直流。当它看到其他虫子往上爬时，自己也就着急地跟着往上爬。但它没有目的，也没有终点，更不知自己到底想要哪一个苹果，也没想过怎样去摘取苹果。它的最后结局呢？也许找到了一个大苹果，幸福地生活着；也可能在树叶中迷了路，一无所获。

第二只虫子可不是一只普通的虫，它做事有自己的规划。它知道自己要什么苹果，也知道苹果是怎么长大的。因此它没有忘记带着望远镜观察苹果，它的目标并不是一个大苹果，而是一朵含苞待放的苹果花。它计算着自己的行程，估计当它到达的时候，这朵花正好长成一个成熟的大苹果，它就能得到自己满意的苹果了。结果它如愿以偿，得到了一个又大又甜的苹果，从此过着幸福快乐的日子。

遵循“循序渐进”法则锻炼意志力，可以从身边的小事做起。例如，早上闹钟响了，却不愿意起床，这时你要命令自己立即起来。这就是对自己懒惰的挑战，去赢得对自己的一个小小的胜利，增强信心。这样，从生活中的小事着手，循序渐进，久而久之，你的意志就会变得非常坚强。

实行全面综合的系统性训练

一个人良好意志品质的形成，是与其知识技能、道德品质以及健康体魄的发展分不开的。坚持系统性原则，就是把意志力锻炼与日常的学习生活有机地联系起来，不能单纯地进行所谓意志力锻炼，而是把意志力锻炼作为德智体全面发展的有机组织部分。

首先，一个人的意志发展与其思维和语言的发展有密切关系。运用思维和语言的力量，可以对意志产生一种激励作用，加强语言和思维训练，这对意志的发展是大有裨益的。

其次，良好的意志品质与一个人的道德品质密切相关。一个人若想树立远大而崇高的抱负，能使个人行为服从于社会道德准则，才是意志坚强的人。而且，人的有些意志行动，本身就是道德行为，从这个角度说，道德意志又是一个人品德的有机成分。

再次，意志力锻炼与身体锻炼相互联系。我们看到的事实是，在相似条件下，体魄健全的人往往更能保持坚强的毅力，并将行动坚持到底。锻炼身体的过程也是锤炼意志力的过程。

制订出科学有序的计划

计划要前紧后松，先难后易。首先，计划应分阶段进行。一个长达一个月的计划，分成四周进行，每周分别明确任务、明确目标，非常便于检查进度。阶段数以三至五个为宜，如果每个阶段里的时间都很长，大阶段里可以套小阶段，每个阶段总结一下计划完成情况，提前的可以小庆祝一下，拖后了则要尽快弥补。“周”和“月”这两个单位实在是很好用的，不过也要见机行事。

其次，计划要有修改和弥补的余地，并且这个余地不能影响计划整体的实现进度。如果你的时间紧，就要自己加把劲，把计划订得更紧一点，好留一点时间在最后一两天，复习完了还能看看有没有什么遗漏。工作更是如此，要有了解全局的能力。

再次，注意劳逸结合。当紧张地行动了一段时间之后，可以听一些使你放松的音乐，或从事一些别的轻松有趣的活动，这有助于你保持一种积极的、富有成效的心理状态。当你休息一阵再继续努力，你会发现你干起来更有劲头，精力也更充沛了。

✿ 意志力提高的**基本方法**

水滴可以穿石，绳锯可以断木。如果三心二意，哪怕是天才，也势必一事无成；只有仰仗坚忍不拔的意志，日积月累，才能看到梦想成真之日。勤快的人能笑到最后，耐跑的马才会脱颖而出。

用认知引导意志力

为什么把“用认知引导意志力”作为意志力锻炼的一个基本方法？让我们先来看看下面这则人物故事。

巴尔扎克的父母一心想让巴尔扎克在法律界出人头地，于是在巴尔扎克中学毕业后，他们便强迫巴尔扎克到巴黎的一所大学学习法律，并让巴尔扎克早早地去律师事务所实习。可是，巴尔扎克对法律这在当时又有名声又赚钱的专业并不感兴趣，他真正喜欢的是文学，他希望能用自己的笔描绘人

世百态，鞭笞社会的丑恶现象。尤其是在律师事务所实习期间饱览了巴黎社会种种腐朽不堪的面貌后，他更加坚定了做一个文人的决心。

巴尔扎克的父母见儿子决心已定，也不好强行阻挡，便跟巴尔扎克签订了一份协议：必须在两年内成名，否则就要服从父母的安排，继续攻读法律。巴尔扎克的父母虽然表面上与儿子签订了协议，却对巴尔扎克的生活费用一扣再扣，让这位过惯了好日子的年轻人不得不放下架子，住到贫民窟的阁楼去。他们认为这样，巴尔扎克尝到苦头后，就会知难而退了。可是，巴尔扎克是一个意志坚定的人，他执着地追求着理想，他在半饥半饱的状态下夜以继日地创作。半年过后，巴尔扎克饱含心血和激情的处女作——诗体悲剧《克伦威尔》脱稿了，可是，上演后观众的全盘否定，给这位满怀期望的青年当头一击！

首战失利的巴尔扎克一边顶着家中的压力，一边承受着自尊心的敲打。另外，这时他想从印刷出版业中赚一笔钱的梦想也破灭了，而且还身负巨额债务。处在这样的关头，是退缩，还是坚持？巴尔扎克很快从困境中抬起头来，毅然在拿破仑像的立脚点写下了那句著名的座右铭：我要用笔完成他用剑未能完成的事业。

就这样，饱尝磨难的巴尔扎克凭借着坚忍不拔的斗志，踏上了严肃的、真正意义上的文学道路。从19世纪30年代到19世纪50年代这段时间里，巴尔扎克每天工作18个小时。贫穷、饥饿、债务、孤独一直围绕着他、纠缠着他，但这些全被他抛到九霄云外，他全身心地投入到写作中。随着一部部反映社会现实的气势恢宏的经典巨著的问世，巴尔扎克终于成为举世瞩目的伟大文学家。

巴尔扎克顽强的意志源于什么？源于对真理的认识和追求。

由巴尔扎克的事迹，我们可以看出意志与认知过程密切相关，意志的产生是以认知活动为前提的。

（1）意志的自觉目的性取决于认知活动。人的任何目的都不是凭空产生的，它是人认知活动的结果。人只有认识了客观世界的运行规律，认识了自身的需要和客观规律之间的关系，才能自觉地提出和确定切合实际的行动目的。

（2）意志过程的调节依赖认知。在意志行动过程中，要随时认识形势的不断变化，分析主客观条件，根据新的认识调节自己的行动，以矫正偏差，加速意志行动的过程，以最终实现目的。

（3）实现目的的方法等也只有通过认知活动才能形成。目的的实现，必须有一定的方式和方法以及有关步骤等才行，这些方法也只有在认知活动中才能掌握。人的认知越丰富越深入，选择的方式和方法也就越合理。人为了确定目的，为了选择方法和步骤，必须要依据相关的认识，从实际情况出发，拟定合理有效的活动方案，编制切实可行的行动计划，并对这一切进行反复的权衡和斟酌。

（4）困难的克服也与认知有关。人只有对困难的性质有了清楚的了解，并具备了相应的知识，才有可能采取相应的办法去克服它。如果对困难的性质没有清楚透彻的认知，头脑中没有相应的方案，人们对困难的克服只能是盲目的，因而也就很难收到应有的效果。

既然人的意志是在认知基础上产生的，所以在意志锻炼中，我们就理所当然地应以认知引导作为首先的基本方法。

我们应该怎样运用认知引导法来锻炼意志力呢？

（1）增加自己的科学文化知识。人只有掌握知识、运用知识，才能认识客观规律，有效地影响客观世界，充分实现意志的能动作用，从而形成良好的意志品质。相反，愚昧无知的人，满足于现有的一丁点肤浅认识，他们看不到自己的责任与使命，没有上进的意识与动力，他们很容易安于现状，不思进取。

所以，我们应该多读书，认识世界，认识人生，增强才干，增强力量，成为意志坚强的人。要切记，人改造客观世界的能力，是与人对

客观世界的认识程度成正比的。

（2）形成科学的世界观。世界观是人的认知活动的定向工具，是人的行为的最高调节器。用科学的世界观武装自己，是锻炼自己具有良好的意志品质的基本条件。因为只有树立科学的世界观，才能正确地确立自己的行动目的，并对思想和行为做出实事求是的正确评价，明辨是非、善恶和荣辱。只有树立起科学的世界观，才能具有高度的责任感和使命感，才能在行动中自觉地遵照社会的发展规律，激励自己强大的意志力，去做出有利于社会发展的事情来。

（3）掌握有关意志力锻炼的专门知识。掌握专门的意志力锻炼的知识，有助于引导自己积极主动地锻炼意志力。

比如可以阅读一些人物传记，获得意志力锻炼的感性知识，或是掌握意志力的相关理论知识。这些理性和感性的知识，都会提高我们意志力锻炼的效果。

用情感激励意志力

情感是人对客观事物是否符合自己的需要而产生的态度体验。就是说，情感是由客观事物与我们需要的关系决定的。在活动中，人的需要得到满足，就产生肯定的情感，从而对人的行为产生激励作用。强烈而深刻的感情可以给人以巨大的意志力量，从而推动人去克服前路上的一切困难。

宋代大将军李卫，一次带兵杀赴疆场，不料自己的军队势单力薄，他们寡不敌众，被敌军围困在一座小山顶上。

李卫眼见大家士气低落，心想怎么作战呢？于是有一天，将军集合所有将士，在一座寺庙前面，告诉他们：“各位部将，我们今天就要出阵了，究竟打胜仗还是败仗？我们请求神明帮我们做决定吧。我这里有9枚铜钱，把它们丢到地下，如果都是正面朝上，表示神明指示此战必定胜利；如果反面朝上，就表示这场战争将会失败。”

听了这番话，部将与士兵虔诚祈祷磕头礼拜，求神明指示。

将军将铜钱朝空中丢掷，结果，所有铜钱都是正面朝上，大家一看非常欢喜振奋，认为是神明指示这场战争必定胜利。

于是，每个士兵都士气高昂、信心十足，他们奋勇作战，果真突出重围，打了胜仗。班师回朝后，有部将就对李卫说，真感谢神明指示我们今天打了胜仗。这时李卫才据实以告：“不必感谢神明，其实应该感谢这9枚铜钱。”他把身边的这9枚铜钱掏出来给部将看，才发现原来所有铜钱的两面都是正面。

在这场战斗中，聪明的将军巧妙地运用了铜钱来鼓舞战士们必胜的士气，靠着这股强大的激情，他们最终赢得了战争的胜利。

应该怎样利用情感激励法来锻炼意志力呢？

（1）培养理智感。理智感是人在智力活动过程中认识、探求或维护真理的需要是否获得满足，而产生的情感体验。这种情感在人的认知活动中有着巨大作用。没有这种理智感的参与，就不可能使认知得到深入。理智感是认知活动的强大动力，它激励人积极地从事各种智力活动，并激发出强大的意志力去克服活动中的困难。

（2）培养道德感。道德感是由道德生活的需要与道德观点是否得到满足而产生的内心体验。道德感从社会生活的各个方面表现出来。它表现在对待祖国、集体、人与人的关系上，也表现在工作、事业、学习等诸方面。杜甫云：“会当凌绝顶，一览众山小。”说的就是一种远大的道德情感。古往今来，众多为人类做出重大贡献的英雄豪杰，在他们身上，无不凝聚着这些崇高的道德感。正是这些高尚炽热的情感，推动他们为理想做出了艰苦卓绝的努力。

（3）培养美感。美感是由审美的需要是否获得满足而产生的情感体验。美感绝不是仅仅有助于人的艺术鉴赏，美感对人的社会生活及其社会行为也具有积极作用。

比如爬山、游泳、打球，可以强健我们的筋骨，锻炼我

们的意志；看戏、看电影、游览参观，可以活跃我们的精神，开阔我们的视野；吟诗、读书、绘画，可以丰富我们的知识，陶冶我们的情操；雄浑豪放的音乐，使人精神振奋，斗志昂扬，意气风发；轻松愉快的曲调，能使人心旷神怡；棋类活动、扑克游戏对人的智力、耐心、判断力的发展都有促进作用，等等。一个人的业余生活越是丰富多彩，生活就越会充实和愉快。喜悠悠、乐陶陶、美滋滋的愉快心境，常产生于自己所喜爱的业余活动之中。越是烦闷、困苦之时，越需要有益身心的健康情趣和娱乐。充满情趣的生活，更能使我们感到生活的美好，感到生活充满阳光，从而更加热爱生活，振奋斗志。革命导师马克思、恩格斯、列宁，在把毕生精力献给人类解放事业的同时，生活情趣也都是十分广泛而高雅的。他们都喜欢诗歌、小说，爱好下棋。马克思是一位跳棋能手，恩格斯则是一位高明的骑手，假日里经常骑马跨越壕沟和篱笆。列宁的国际象棋棋艺能与名家对弈。那些在科学上有重大建树的伟大科学家们，也并非整天埋在书堆里。爱因斯坦爱好拉小提琴，喜欢划船。居里夫人爱好旅行、游泳、骑自行车。巴甫洛夫喜欢读小说、集邮、画画、种花。我国科学家钱三强喜欢读古典文学、唱歌、打乒乓球和篮球。苏步青爱好写诗，喜欢音乐、戏曲和欣赏舞蹈。华罗庚喜欢写诗填词，等等。充满美感的业余生活，不仅不会瓦解人的斗志，相反，能够活跃人们的情绪，调节神经系统，使人的精力更充沛，性格更健康而坚强，因而，对于人生是十分有利的。

从情感的两极性来激发意志力

情感的一个基本性质是它的两极性，如满意与不满、快乐与痛苦、狂欢与盛怒等，一面是肯定的态度体验，一面是否定的态度体验，这就是两极性。从意志的激发来说，两极的情感即肯定的情感与否定的情感，都能具有激励作用。

公元前494年，吴王夫差为给父亲报仇，亲自带领人马攻打越国。越国连吃败仗，抵挡不住，遂向吴王求和，答应向吴国称臣。勾践夫妇留在吴国伺候吴王，为吴王当马夫，忍辱负重，委曲求全，终使吴王放他回国。回国后，越王立志报仇雪恨，睡在柴草上。为了磨炼自己的意志，他在身边放一苦胆，每天尝一口。在他的感召下，众大臣励精图治，使越国很快富强起来，终于灭了吴国。

首先，肯定的情感可以起“增力”作用。如自信会使人精神焕发，干劲倍增，也就增强了克服困难的勇气和力量。其次，否定的情感有时也具有“增力”作用。如不满、愤怒、痛苦等，常常极大地激发出人的力量，促使人不畏艰险，不惧困难，奋发图强。因此，我们尤其应注意通过情感两极的体验来激发意志力量。

注意提高情感的效能

我们已经明确，人类的情感是有其效能的。但是，这并不是说任何人的任何一种具体情感体验，都有实际的足够效能。不同情感的效能有高低差别。高效能的情感体验，可以激励人的行动，鼓舞士气，增强信心，排除困难，给人一种动力；低效能的情感体验，往往只是陶醉或沉溺其中，不能把情感转化为行动的力量，没有激励作用。比如郁郁寡欢、灰心丧气就是低效能的情感体验，并不能对意志行动有推动作用。因此，应克服消极情感，学会由情感走向行动，使情感具有激励作用。

为了在自己的内心激发出一种积极向上的情感，你可以运用自我沟通的力量。

一旦你开始从事一件事情时，你就不妨对自己说："现在，我做这件事是最恰当不过了，我必定会取得成功。"你在自我沟通时要不断地对自己说一些催人奋发、鼓舞人心，使人勇敢、坚毅起来的话语，这样，你就会惊异地发现，这种自我沟通会迅速地使你重新鼓起勇气，使你重新振作起来，使你重新拾起已经丢掉的意志力。

在实践活动中锻炼意志力

美国著名小说家杰克·伦敦，在谈到自己的成功经验时说："意志不是与生俱来的，而是在参与实践的斗争中磨炼出来。"

的确如此，人的优良意志品质并不是主观上想要就能自然

产生的，也不是闭门修养的方法所能奏效的，主要是靠在实践中培养。为了学会游泳，就必须下到水里去。为了培养良好的意志力，你就得置身于需要并能产生这种意志品质的实践之中。

我国学者自古就对实际锻炼给予了充分的重视。孔子特别重视“躬行”，主张凡事要躬行。荀子说：“学至于行之而止矣。”墨子说：“士虽有学而行为本焉。”朱熹更强调实践“洒扫、应对、进退之节”，认为实践是“爱亲、敬长、隆师、亲友之道”，是“修身、齐家、治国、平天下之本”。古代人讲究道德教育要“入乎耳，著乎心，布乎四体，形乎动静”。孟子有段名言：“天将降大任于斯人也，必先苦其心志，劳其筋骨，饿其体肤，空乏其身，行拂乱其所为，所以动心忍性，增益其所不能。”这段话的大意是：要想让一个人挑起重担，必须让身心和意志受到磨难，让他的筋骨受些劳累，让他的肠胃挨些饥饿，让他的身体空虚困乏起来，让他做的事不能轻易达到目的，这是为了激励他的意志，磨炼他的耐性，增强他的各种能力。总之，就是让人在艰苦磨炼的实践中培养艰苦奋斗、自强不息的精神和担当重任的本领。墨家也很重视

实际锻炼，鼓励人在实践中磨炼自强不息的精神，墨子说："强必荣，不强必辱；强必富，不强必穷；强必饱，不强必饥……"

可见我国古代就有让孩子在实践中磨炼成才的传统。中华民族历来唾弃养尊处优、肩不能担、手不能提的"纨绔子弟"，鄙视生平无大志、碌碌无为的庸人。

通常说来，一个人的经历越是充满风浪，越能锻炼意志品质。平静的生活是使人安心的，但可惜的是，一潭死水的生活只是培养没出息者的温床，只能塑造出软弱、平庸之辈。在生活中，经历过大风大浪的磨炼，或在改革中经受了惊涛骇浪考验的人，意志往往是坚强的。而在生活中没有干什么大事业、没有经历过风浪考验的人，则常常表现得脆弱和软弱，遇到一点不大的挫折也能使他惊慌失措。波澜壮阔的伟大人生，要靠波澜壮阔的伟大实践来塑造。坚强无畏的意志，只会产生于久经生活磨炼和考验的那些人身上。

如果你要想培养自己坚毅果敢的意志力，就应该尽可能多让自己参与实践活动，无论是学习、做家务，还是社会活动，都可以磨炼你的意志。

不过，无论是在哪一种实践活动中磨炼意志，我们都应注意以下几点：

（1）明确恰当的要求。也就是要明确意志力锻炼的目标，以激发锻炼的积极性。给自己提出的要求：一是应当合理，二是应当简短，三是应当坚决，四是应当有系统性和连贯性，呈渐进的阶梯式。这样可以推动自己步步向前。

（2）把握好任务的难度。太容易的活动没有锻炼意志的意义，太困难的活动也会挫伤意志力锻炼的积极性。所谓把握好难度，就是说需要完成的任务，应该既是困难的，又是力所能及的。

（3）尽量自主解决困难。在活动中遇到困难时，可以接受帮助和指导，但不要让别人代替自己克服困难。

（4）了解活动的结果。心理学的研究告诉我们，在练习活动中，是否知道练习过程中每一步的结果，最后的效果是不一样的。知道结果的效果好。所以，我们的意志力锻炼活动中，应该了解每次锻炼活动的结果，这有助于增强锻炼的自觉性和积极性，提高意志力锻炼的效果。

（5）利用活动的群体效应。意志力锻炼的各种活动，可以群体方式进行，在群体中，相互作用会影响活动者的意志力。

PART

03

驱动意志力的能量来自哪里

有意识地优化你的意志品质

人的意志力有着极大的力量，它能克服一切困难，不论所经历的时间有多长、付出的代价有多大，无坚不摧的意志力终将帮助人到达成功的彼岸。

意志品质的基本内涵

意志品质，就是人在意志行动中表现出来的较为稳定鲜明的心理特征。我们平时说的“意志坚强”“意志薄弱”，固然是就意志品质而言的，但这种区分过于笼统，没有揭示出意志品质的具体内涵。在心理学上一般认为，所谓“坚强”的意志品质，包括自觉性、果断性、自制性、坚持性等，而“薄弱”的意志品质，就是与上面几种相反的一些品质。

一个人，尤其是青年人，能否成才，与其意志品质有密切关系。独立、坚定、果断、自制是构成一个人的意志品质的4个基本因素。意志品质不是天生的，主要是靠后天的培养教育。良好的意志品质所折射的迷人的光辉不能不令我们深切地向往。下面，就让我们来进一步认识它们。

（1）独立性。独立性是指个体倾向于独立自主地做出决定和采取行动，既不易受外界环境的影响，也不拒绝一切有益的意见和建议，在思想和行动上表现出既有原则性又有灵活性。

独立性强的人通常具有明确的行动目的，有坚定的立场和信仰，并以此来统率自己的言行。因此，独立性强的人一旦认识了自己行为的价值和社会意义，就能够自觉地使自己的行动服从于社会的要求，积极地采取行动，即使是在行动过程中碰到巨大的困难和阻碍，他们也会充分发挥自己的主观能动性，千方百计地去克服困难。但丁的名言“走自己的路，让别人去说吧！”就是对独立性这一意志品质的生动写照。

成功始于觉醒。这个觉醒就是确立自信自强意识，即认识到自己一定要成功，一定能成功。“慷慨丈夫志，可以耀光

芒。”（唐朝孟郊诗句）这个“志”，就是自立和自强。刚毅似铁的信念，贞如翠柏的情操，坚如磐石的意志，硬如松竹的骨气，是自信自强者特有的风貌。

“自立者，天助也”，这是一条屡试不爽的格言，它早已在漫长的人类历史进程中被无数人的经验所证实。自立的精神是个人真正的发展与进步的动力和根源，它体现在众多的生活领域，成为国家兴旺强大的真正源泉。从效果上看，外在帮助只会使受助者走向衰弱，而自强自立则使自救者兴旺发达。

（2）果断性。善于明辨是非，适时采取决定并执行决定，称为意志的果断性。一个具有真正的果断性的人，当客观情况需要立即做出决定时，他会毫不犹豫，及时采取果断措施，这是一种情况。另一种情况是，当客观情况需要延缓决定时，他又会深思熟虑，直到客观情况成熟时才采取相应的措施。一个缺乏果断性的人，他在采取行动时，不是优柔寡断，就是草率从事。优柔寡断者，往往患得患失，踌躇不前；草率从事者，必然懒于思考，轻举妄动。很明显，这两种不良的意志品质，实际上都是意志薄弱的表现。

具有果断性品质的人能够对面临的情境迅速而准确地做出判断，进行全面而深刻地考虑，并当机立断地做出决策、投入行动；在情况发生意料中的或意料之外的变化时，又能够果敢地停止或改变决定以适应变化。由此可见，意志品质的果断性是以独立性为前提的，并具有较大的灵活性。人云亦云的人或者刚愎自用的人是无果断性可言的。

意志果断的人不贪心，不羡慕别人的成就，他会按自己的意志独立、迅速、准确地决策。他因为追求的目标单一，所以精力旺盛，一干到底。这样的人处事当断必断、敢作敢为，即使遇到突发事件，也能保持头脑冷静，正确处理。

威廉·沃特说：“如果一个人永远徘徊于两件事之间，对自己先做哪一件犹豫不决，他将会一件事情都做不成。如果一个人原本做了决定，但在听到自己朋友的反对意见时犹豫动摇、举棋不定，那么，这样的人肯定是个性软弱、没有主见的人，他在任何事情上都只能是一无所成，无论是举足轻重的大事，还是微不足道的小事，概莫能外。他不是在一切事情上积极进取，而是宁愿在原地踏步，或者说干脆是倒退。古罗马诗人卢坎描写了一种具有恺撒式坚忍不拔精神的人，实际上，也只有这种人才能获得最后的成功——这种人首先会聪明地请教别人，与别人进行商议，然后果断地决策，再以毫不妥协的勇气来执行他的决策和意志，他从来不会被那些使得小人物们愁眉苦脸、望而却步的困难所吓倒——这样的人在任何一个行业里都会出类拔萃、鹤立鸡群。”

我们每个人在自己的一生中，有着种种的憧憬、种种的理想、种种的计划，如果我们能够将这一切的憧憬、理想与计划，迅

速地加以执行，那么我们在事业上的成就不知道会有怎样的伟大。然而，人们往往有了好的计划后，不去迅速地执行，而是一味地拖延，以致让一开始充满热情的事情冷淡下去，使幻想逐渐消失，使计划最后破灭。成功也就这样与我们失之交臂。

（3）自制性。自制性是指人们在行动中善于控制自己的情绪，约束自己的言行。

它表现在意志行动的全过程中。在采取决定时，自制性表现为能够进行周密的思考，做出合理的决策，不为环境中各种诱因所左右；在执行决定时，则表现为克服各种内外的干扰，把决定贯彻执行到底。自制性还表现为对自己的情绪状态的调节，例如，在必要时能抑制激情、暴怒、愤慨、失望等。

与自制性相对立的意志品质是任性和怯懦。前者不能约束自己的行动，后者在行动时畏缩不前、惊慌失措。这都是意志薄弱的表现。

自我控制的能力是高贵品格的主要特征之一。能镇定且平静地注视一个人的眼睛，甚至在极端恼怒的情况下也不会有一丁点儿的脾气，这会让人产生一种其他东西所无法给予的力量。人们会感觉到，你总是自己的主人，你随时随地都能控制自己的思想和行动，这会给你品格的全面塑造带来一种尊严感和力量感，这种东西有助于品格的全面完善，而这是其他任何事物都做不到的。

（4）坚定性。坚定性也叫顽

强性。它表现为长时间坚信自己决定的合理性，并坚持不懈地为执行决定而努力。具有坚定性的人，能在困难面前不退缩，在压力面前不屈服，在引诱面前不动摇。所谓“富贵不能淫，贫贱不能移，威武不能屈”就是意志坚定的表现。这种人具有明确的行动方向，并且能坚定不移地朝着这个方向前进。

坚定性不同于执拗。后者以行动的盲目性为特征。执拗的人不能正视现实，不能根据已经发生变化的形势灵活地采取对策，也不能放弃那些明显不合理的决定。坚定性是和独立性相联系的，具有独立性的人不易为环境的因素所动摇；而执拗是和武断、受暗示相联系的。

意志上的坚定性能够创造许多伟大的奇迹。它绝不后退，从不放弃，在其他能力都已屈服败走的时候，它还坚持着。甚至连“希望”都已离开战场时，它还能助你打许多胜仗。

在别人都已停止前进时，你仍然坚持；在别人都已失望而放弃时，你仍然进行。这是需要相当大的勇气的。使你得到比别人更理想的位置、更高的薪资，使你做到人上人的，正是这种忍耐的能力，它是一种不以喜怒好恶改变行动的能力。

金钱、职位和权势，都无法与卓越的精神力量和坚韧的品质相比较。

不管你的工作是什么，都要以一种顽强的决心坚持下去。

咬紧牙关，对自己说："我能行。"让"坚持目标、矢志不渝"成为你的座右铭。当你内心听到这句话时，就会像战马听到军号一样有效。

"坚持下去，直到结果的出现。"卡莱尔说，"在所有的战斗中，如果你坚持下去，每一个战士都能靠着他的坚持而获得成功。从总体上来说，坚持和力量完全是一回事。"

每一点进步都来之不易，任何伟大的成就也都不是唾手可得的。许多著名作家的一生，就是坚定执着、顽强拼搏的一生。对于想成就一番大事的人来说，执着是最好的助推器。谁能不停止一次又一次地尝试，谁就能一次又一次地靠向成功。

良好意志品质促进成功

良好的意志品质对于人生有重大的作用，许多人之所以创造了辉煌的人生，正是由于他们具备了良好的意志品质。

古希腊的众多奴隶制国家中有一个叫作斯巴达的国家，斯巴达人在公元前8世纪只有9000户左右，却统治着被他们征服的25万多人的其他民族。由于斯巴达人的残酷剥削和压迫，经常引起奴隶们的武装起义，这使斯巴达人一直过着备战的生活，并注重将自己的子女培养成能够奴役被征服者的武士。孩子生下来以后就要经受肉体的折磨，忍受饥渴、寒冷和痛楚的考验，以培养出应对艰难险阻的意志力。大冷天，他们让孩子在房顶上站立，经受凛冽的寒风的袭击；在炎日下，孩子则被要求相互追逐和格斗。斯巴达的孩子赤足行走，隆冬盛夏都只准穿同一件单薄的衣服，晚上则睡在由自己从河边拔来的芦苇上，吃的食物除了稀粥以外，别无他物。此外，孩子还经常遭受残酷的鞭挞，并且不准他因为疼痛而呼叫或哭泣。

斯巴达人以这种方式教养自己的孩子，为的是磨炼孩子的意志，使孩子从小就变得像钢铁一般坚强。出于维护奴隶主的利益，这种教育方式在当时是卓有成效的，造就了一大批吃苦耐劳、能征善战的武士。

由于良好的意志品质对个人的成功励志有很大作用，所以，在中外心理学家们鉴别天才儿童的标准中，意志品质占有重要位置。我国心理学家查子秀在《超常儿童心理学》一书中，介绍了一份结合我国学龄阶段超常儿童表现特点，编制而成的《超常儿童心理特点核查表》，供教师和家长识别超常儿童时参考。表中共列15条特点，其中，第3条是：注意力既广又比较集中，特别对感兴趣的事物能比较长时间地集中注意力；第12条是：爱独立思考，独立判断，有主见，有时能发现书本中的矛盾；第13条是；有理想，有抱负，并能根据自己的优势或兴趣确定自学或研究课题；第14条是：有自信心，能比较正确地分析自己的情况和能力，并进行自我调节；第15条是：比较倔强，能排除干扰，克服困难，坚持完成任务。直接反映意志品质的标准，竟占15个标准的1/3。国外心理学家劳库克，在1957年曾设计了一个《天才儿童核记表》，建议教师用这个表来甄别天才儿童。在这个表中，他共列了20个指标，其中，第5个指标是：注意范围很广且能集中，能坚持解决问题和具有追求的兴趣；第7个指标是：具备独立而有效的能力；第11个指标是：在智力活动上表现出首创精神和独创性。这些指标都与意志品质有关。由这两份鉴别标准，我们可以看出意志品质对成功起着巨大的作用。

意志的基本品质是相互联系综合地表现在一个人身上的。比如说，如果没有果断性，就做不了决定，也就谈不上坚定性；如果没有独立性，就不能明确地认识自己的行动目的，因而就无所坚持；如果没有自制性，就不能使自己的行动的主要目的压倒其他动机，当然也无法坚持。

另外，意志品质的发展是相互交错的。各方面的意志品质在一个人身上的发展，往往是不均衡、不一致的。比如，这个人的某些意志品质如独立性、坚定性发展水平高些，而另一些意志品质如自制性、果断性发展水平却低些；而另外一个人则可能正好相反。

正因为人的意志品质的发展是相互联系又相互交错的，也就使人的意志品质出现了种种差异，使人的意志品质呈现出千差万别的个体风貌。虽然人的意志品质的个体风貌是千差万别的，但大致上不外两种倾向：一种是以积极的良好意志品质为基本倾向，一种是以消极的不良意志品质为基本倾向。这就是我们平常说的有的人意志坚强，有的人意志薄弱。

如果一个人的意志品质的表现在他身上呈现了稳定发展的特点，那么，这种意志品质的个人特点，就构成了他的性格的意志特征。这样，人的意志品质对其一生的发展，在某种程度上就有了决定意义。如果一个人以消极的不良意志品质为基本倾向，那么，他的人生多是失败的；如果一个人以积极的、良好的意志品质为基本倾向，那么，他的人生则多是成功的。

追求成功是一种有目的、有计划地克服困难的意志行动，人具备了良好的意志品质，就会有更大的成功概率。一个人的独立性越高，他所选择的事业就越有社会价值。加强独立性有助于坚持己见、自立自强，从而发挥人的智力因素和非智力因素的作用。果断性强的人能够审时度势把握机会，当机立断。具有果断意志的人，能够成人所不敢成之事，有张有弛，有作有为。成功之路往往是一条艰难之路，具有自制性和坚定性的人，才能不畏挫折，不怕失败，抵御各种诱惑和干扰，不屈不挠，坚持到底，从而实现人生的价值，获得成功的人生。

那么，良好的意志品质，究竟是通过什么途径来帮助我们获得成功的呢？

（1）良好的意志品质能从态度上提高人活动的积极性。具有良好意志品质的人，能深刻地认识自己学习和工作的目的，积极主动地行动，不需要别人督促。相反，意志品质不良的人，往往对学习和工作目的不明确，常常要在别人督促下才肯行动，他们行事过于被动，因此缺乏创造性和持久性。他们遇事敷衍了事，自然难以尽如人意。

（2）良好的意志品质能从效果上提高时间的利用率。具有良好意志品质的人，往往能克服生活中各种各样的干扰，更有效地利用时间，坚持执行既定的计划，克服懒惰松懈等不良习惯和消极情绪，积极主动地进行学习和工作。而意志品质不良的人，则往往得过且过、随波逐流，让大好时光白白浪费掉。

（3）良好的意志品质能从内容上保证活动的一贯性。一个人要想在学习和工作上取得一点成就，往往不是一朝一夕能办到的，必须持之以恒。具有良好意志品质的人，能按部就班、循序渐进地把自己的活动目的一以贯之。而意志品质不良的人往往朝三暮四、浮游摇摆，做事往往半途而废，结果必然一事无成。

既然良好的意志品质对我们人生有如此重要的影响，我们又怎能不努力让自己拥有良好的意志品质呢？

培养自我的**独立性**

善于驾驭自我命运的人，是最幸福的人。在生活的道路上，必须善于做出抉择，不要总是让别人推着走，不要总是听凭他人的摆布，而要善于驾驭自己的命运，调控自己的情感，做自我的主宰，做命运的主人。

独立自主方可做生活的主角

“在我的生活中，我就是主角。”这是台湾作家三毛的自信之言。

你是你命运的主人，你是你灵魂的舵手。

生命当自主，一个永远受制于人，被人或物“奴役”的人，绝享受不到创造之果的甘甜。人的发现和创造，需要一种坦然的、平静的、自由自在的心理状态。自主是创新的激素、催化剂。人生的悲哀，莫过于别人在替自己选择，这样，即成了别人操纵的机器，而失去自我。

人生一世，草生一秋。活就要活出个精彩，留也要留下个良迹。

我们要做生活的主角，不要将自己看作是生活的配角。要做生活的编导、主角，而不要让自己成为一个生活的观众。

我们要做自己命运的主宰。心理学家布伯曾用一则犹太牧师的故事阐述一个观点：凡失败者，皆不知自己为何；凡成功者，皆能非常清晰地认识他自己。失败者是一个无法对情境做出确定反应的人；而成功者，在人们眼中，必是一个确定可靠、值得信任、敏锐而实在的人。

成功者总是自主性极强的人，他总是自己担负起生命的责任，而绝不会让别人虚妄地驾驭自己。他们懂得必须坚持原则，同时也要有灵活运转的策略。他们善于把握时机，摸准“气候”，适时适度、有理有节。如有时该出手时就出手，积极奋进，有时则需稍敛锋芒握紧拳头，静观事态；有时需要针锋相对，有时又需要互助友爱；有时需要融入群体，有时又需要潜心独处。人生中，有许多既对立又统一的东西，能辩证待之，方能取得人生的主动权。

自主的人，能傲立于世，能力挫群雄，能开拓自己的天地，得到他人的认同。勇于驾驭自己的命运，学会控制自己，规范自己的情感，善于布局好自己的精力，自主地对待求学、就业、择友，这是成功的要义。要克服依赖性，不要总是任人摆布自己的命运，让别人推着前行。

走出自己的道路

如果你充分相信自己，你就具备了从事任何活动的信心与能力。只有你敢于探索那些陌生的领域，才可能体验到人生的各种乐趣。想想那些被称为“天才”的名人，那些在生活中颇有作为的人，那些在政界和商界颇有影响力的人物，他们都具有一个共同的特性：从不回避未知事物。例如，富兰克林、贝多芬、萧伯纳、丘吉尔以及许多其他伟人，他们都是敢于探索未知的先驱者。与你一样，他们也都是普通的人，只不过他们敢于走他人不敢走的路。

也许你一直认为自己非常脆弱，经不起摔打，如果涉足一个完全陌生的领域，就会碰得头破血流。这是一种荒谬的观点，也是你对自己不具信心的表现。当你身处逆境时，你可以依靠自己战胜困难；当你遇到陌生事物、身处陌生环境时，你不会经不起考验，更不会一蹶不振。相反，如果消除生活中的一些单调的常规，倒会减少你精神崩溃、厌倦生活的可能。对生活感到厌倦，这会削弱一个人的意志并产生一种不健康的

心理影响。一旦对生活失去了兴趣，你就可能首先在精神上垮掉。然而，如果你不断给自己的生活寻找一些未知的因素，你的生活就增添了许多色彩，你也会变得更加充实、上进。

“人生之路千万条，条条大道通罗马。”要走向成功，不妨大胆地多方位搜寻探索，不因恐惧失败而灰心丧气，也不因别人的指指点点而犹豫彷徨。不盲从，也不随俗，要走就走自己的路，一定能走出一条成功之路来。

抛开身边的拐杖

尽管依靠别人、跟从别人、追随别人，让别人去思考、去计划、去工作要省事得多，但是独立自主者还是会毅然决然地抛弃身边的每一根拐杖，独立思考，独立行动，做一个自立自助的人。他们认为：“一个身强体壮、背阔腰圆，重达70千克的年轻人竟然两手插在口袋里等着帮助，无疑是世上最令人恶心的一幕。”

有人以为他们永远会从别人不断的帮助中获益。一味地依赖他人只会导致懦弱，没有什么比依靠他人的习惯更能破坏独立自主了。如果一个人依靠他人，就将永远坚强不起来，也不会有独创力。要么独立自主，要么埋葬雄心壮志，一辈子老老实实做个普通人。

坐在健身房里让别人替我们练习，是永远无法增强自己的肌肉力量的；越俎代庖地给孩子们创造一个优越的环境，好让他们不必艰苦奋斗，也永远无法让他们独立自主，成为一个真正的成功者。

爱默生说：“坐在舒适软垫上的人容易睡去。”依靠他人，觉得总是会有人为我们做任何事，所以不必努力，这种想法对发挥自助自立和艰苦奋斗精神是致命的障碍！

一位著名企业家曾经说过这样一段话：“狮子故意把自己的小狮子推到深谷，让它从危险中挣扎求生，这个气魄太大了。虽然这种作风太严格，然而，在这种严格的考验之下，小狮子在以后的生命过程中才不会泄气。在一次又一次的跌落山谷之后，它拼命地、认真地、一步步地爬起来。它自己从深谷爬起来的时候，才会体会到‘不依靠别人，凭自己的力量前进’的可贵。狮子的雄壮，便是这样养成的。”

美国石油家族的老洛克菲勒，有一次带他的小孙子爬梯子玩，可当小孙子爬到不高不矮（不至于摔伤的高度）时，他原本扶着孙子的双手立即松开了，于是小孙子就滚了下来。这不是洛克菲勒的失手，更不是他在恶作剧，而是要小孙子的幼小心灵感受到做什么事都要靠自己，就连亲爷爷的帮助有时也是靠不住的。意味可谓深长。

我们身边有不少人在观望、等待，其中很多人不知道等的是什么，但却一直在等。他们隐约觉得，会有什么东西降临，会有些好运气，或是会有什么机会发生，或是会有某个人帮他们，这样他们就可以在没受过教育，没有充足的准备和资金的情况下为自己获得一个开端，或是继续前进。

有些人是在等着从父亲、富有的叔叔或是某个远亲那里弄到钱。有些人是在等那个被称为“运气”“发迹”的神秘东西来帮他们一把。

从来没有哪个等候帮助、等着别人拉扯一把、等着别人的钱财，或是等着运气降临的人能够真正成就大事。

人，要靠自己活着，而且必须靠自己活着，在人生的不同阶段，尽力达到理应达到的自立水平，拥有与之相适应的自立精神。这是当代人立足社会的根本基础，也是形成自身“生存支援系统”的基石，因为缺乏独立自主个性和自立能力的人，连自己都管不了，还能谈发展、成功吗？即使你的家庭环境所提供的“先赋地位”是处于天堂云乡，你也必得先降到凡尘大地，从头爬起，以平生之力练就自立自行的能力。

抛开拐杖，自立自强，这是所有成功者的做法。其实，当一个人感到所有外部的帮助都已被切断之后，他就会尽最大的努力，以最坚忍不拔的毅力去奋斗，而结果，他会发现自己可以主宰自己命运的沉浮！

被迫完全依靠自己，绝没有任何外部援助的处境是最有意义的，它能激发出一个人身上最重要的东西，让人全力以赴，就像十万火急的关头，一场火灾或别的什么灾难会激发出当事人做梦都想不到的一股力量。危急关头，不知从哪儿来的力量为他解了围。他觉得自己成了个巨人，他完成了危机出现之前根本无力做成的事情。当他的生命危在旦夕，当他被困在出了事故、随时都会着火的车子里，当他乘坐的船即将沉没时，他必须当机立断，采取措施，渡过难关，脱离险境。

一旦人不再需要别人的援助，自强自立起来，他就踏上了成功之路。一旦人抛弃所有外来的帮助，他就会发挥出过去从未意识到的力量。世上没有比自尊更有价值的东西了。如果我们试图不断从别人那里获得帮助，就难以保有自尊。如果我们决定依靠自己，独立自主，就会变得日益坚强，距离成功也就会越来越近。

✿ 训练你的**果断决策能力**

像芦苇一般摇摆不定的人，无论他其他方面多么强大，在生命的竞赛中，也总是容易被那些坚定的人挤到一边，因为后者想做什么就立刻去做。可以这样说，拥有最睿智的头脑，不如拥有果断的决策力。

果断是积累成功的资本

果断，是指一个人能适时地做出经过深思熟虑的决定，并且彻底地实行这一决定，在行动上没有任何不必要的踌躇和疑虑。果断是成大事者积累成功的资本。

果断的个性，能使我们在遇到困难时，克服不必要的犹豫和顾虑，勇往直前。有的人面对困难，左顾右盼、顾虑重重，看起来思虑全面，实际上毫无头绪，不但分散了同困难做斗争的精力，更重要的是会销蚀同困难做斗争的勇气。果断的个性

在这种情况下，则表现为沿着明确的思想轨道，摆脱对立动机的冲突，克服犹豫和动摇，坚定地采纳在深思熟虑基础上拟定的克服困难的方法，并立即行动起来同困难进行斗争，以取得克服困难的最大效果。

李晓华，中国的超级富豪之一。在20世纪80年代就曾以一举斥资购下“法拉利”在亚洲限量发售的新款赛车而名闻京城。在李晓华的个人生意投资史上，最惊心动魄的是在马来西亚的一桩买卖。当时，马来西亚政府准备筹建一条高速公路，通往一个并不繁华的地方。虽然政府给了很优惠的政策，但因人们认为这条并不长的公路车流量不会太大而无人竞标。李晓华闻讯赶往该地考察，并得到一个极其重要的信息：距公路不远处有一个尚待最后确认的储量丰富的大油气田。只因尚未确认，媒体没有正式公布。

如果这一消息得到确认并正式开采，那么这条公路上的车流量可想而知，随着消息的公布，整个地价会直线上涨，其前景极为可观。

李晓华经过周密筹划，下决心，毅然冒着破产和离婚的可能，咬牙拿出全部积蓄和房产作抵押，从银行贷款3000万美元拿下了这个项目。但期限只有半年，倘若这期间内这条公路不能脱手，贷款还不上，李晓华将倾家荡产，一贫如洗。

5个月过去了，油气田的任何消息都渺无踪影。其间，这位备受煎熬的富豪为了节约开支，吃起了盒饭和方便面，在香港只坐6角钱的老式有轨电车。他的身心备受煎熬，前程吉凶未卜，他甚至也开始考虑“后事”了。

可是到了第5个月零16天时，消息终于正式公布了。当天，投标项目就立即翻了一番，并连续几天持续看涨。李晓华的前瞻性投资终于得到了成功的回报。

果断，能够帮助我们在执行工作和学习计划的过程中，克服和排除同计划相对立的思想和动机，保证善始善终地将计划执行到底。思想上的冲突和精力上的分散，是优柔寡断的人的重要特征。这种人没有力量克服内心矛盾着的思想和情感，在执行计划过程中，尤其是在碰到困难时，往往长时间地苦恼着该怎么办，怀疑自己所做决定的正确性，担心决定本身的后果和实现决定的结果，老是往坏的方面想，犹犹豫豫，因而计划老是不能执行。而果断，则能帮助我们坚定有力地排除上述这种胆小怕事、顾虑过多的庸人自扰，把自己的思想和精力集中于执行计划本身，从而加强了自己实现计划、执行计划的能力。

果断，可以使我们在形势突然变化的情况下，能够很快地分析形势，当机立断，不失时机地对计划、方法、策略等做出正确的改变，使其能迅速地适应变化了的情况。而优柔寡断者，一到形势发生剧烈变化时就惊慌失措、无所适从。他们不能及时根据变化了的情况重新做出决策，而是左顾右盼，等待观望，以致坐失良机，常常被飞速发展的情势远远抛在后面。

可见，果断，无论是对领导者，还是对普通劳动者，无论是对于工作，还是对于生活和学习，都是必须的。

果断，产生于勇敢、大胆、坚定和顽强等多种意志素质的综合。

果断，是在克服优柔寡断的过程中不断增强的。人有发达的大脑，行动具有目的性、计划性，但过多的事前考虑，往往使人犹豫不决，陷入优柔寡断的境地。许多人在做决定时，常常感到这样做也有不妥，那样做也有困难，无休止地纠缠于细节问题，在诸方案中徘徊犹豫，陷入束手无策和茫然不知所措的境地，这就是事前思虑过多的缘故。大事情是需要深思熟虑的，然而生活中真正称得上大事的事情并不多。况且，任何事情，总不能等待形势完全明朗时才做决定。事前多想固然重要，但“多谋”还要“善断”，要放弃在事前追求“万全之策”的想法。实际上，事前追求百分之百的把握，结果却常常是一个真正有把握的办法也拿不出来。果断的人在做出决定时，他的决定也不可能会是什么万全之策，只不过是诸方案中较好的一种。但是在执行过程中，他可以随时依据变化了的情况对原方案进行调整和补充，从而使原来的方案逐步完善起来。“万事开头难”，许多事情开始之前想来想去，这样也无把握，那样也不保险。当减少那些不必要的顾虑后真正下决心干起来，做着做着事情就做顺了。

果断，是在克服胆怯和懦弱的过程中实现的。果断要以果敢为基础，特别是在情况紧急时，要求人当机立断，迅速地做出决定并且执行决定。比如在军事行动中就需要这样，因为战机常在分秒之间，要抓住战机就必须果断。今天从事社会主义现代化建设事业同样需要果断。大方向看准了，有七分把握，就要果断地下定决心。

果断，要从干脆利落、斩钉截铁的行为习惯开始养成。无论什么事情，不行就是不行，要做就坚决做。生活中不少事情确实既可以这样又可以那样，遇上这样的小事，就不必考虑再三，大可当机立断。否则，连日常的生活琐事也是不干不脆，拖泥带水，又怎么能够培养出果断的意志来呢？

要果断，还必须经常地排除各种内外部的干扰。果断不是一时的冲动，它必须贯穿于行为的所有三个环节（确定目的、计划和执行）。在确定目的的时候需要同各种动机进行斗争，这时果断表现为能够抑制和目的相反的意向，抑制错误的动机，保证做出正确的决断。但在决断做出后，还会有许多因素不断地动摇我们的决心，如舆论、压力、困难、各种诱惑等。周围的人可能会对我们的决心评头论足，来自各个方面的各种压力都有可能使我们对已经做出的决定产生动摇。并且，在执行决定时排除内外干扰的果定性，有时比确定目标和初下决心时候的果断性还要难。因此，在执行决定的时候应当特别注意果断性的培养。要养成决心既下就不轻易改变的习惯，不要让一些本来微不足道的因素干扰我们的决心，把自己弄得手足无措。

关键时刻善拍板

东汉时期的曹操曾说："夫英雄者，胸怀大志，腹有良谋，有包藏宇宙之机，吞吐天地之志也。"曹操的这番话，说的正是成大事者的果断决策能力。凡是从容果断的人，都在关键时刻敢于并善于拍板拿主意，表现出超乎寻常的决策能力。

宝洁公司的创始人之一，威廉·普罗克特，31岁时来到辛辛那提寻找机会。他发现，在这个25000多人口的城市里，制造蜡烛的原料非常丰富，而高质量的蜡烛却十分缺乏。他小时候曾经在英国的蜡烛作坊干活，懂得怎样制造高质量的蜡烛。于是他果断地决定在辛辛那提办一个蜡烛工厂。他说服了自己的连襟，一家小肥皂厂的股东甘布尔，合伙办蜡烛工厂。甘布尔看到制造蜡烛的大好前景，而肥皂工厂在当时是惨淡经营的行业，便毅然退出了肥皂厂。他们俩合伙办起的蜡烛厂就是现在的宝洁公司。

蜡烛使他们赚了一些钱。但是，当洗澡成为时尚，肥皂的需求量大增时，他们又将经营重心转向了肥皂，并以良好的信誉赢得了市场。当时，松香是制造肥皂的重要原料，只能从美国南方购买。南北战争爆发前，他们预见到松香的供应将会短缺，便大量采购、储存在库房里。结果，当松香的价格上涨15倍，许多肥皂厂不得不停产时，宝洁公司仍然正常生产，渡过了难关。

准确的判断和果断的决策使宝洁公司始终领先于它所在的行业。在松香、猪油等原料开始匮乏的年代里，宝洁公司首先投入资金研究制造肥皂的新工艺，他们找到了更易得的原料和更经济的生产工艺，推出了比旧式肥皂更好、更廉价的产品——“象牙肥皂”。此后在科研、广告方面，他们总是捷足先登，维持着在清洁剂行业中的领先地位。

决策能力不应受情感波动、建议、批评以及表面现象的干扰。判断力是处理任何重要事件所必需的。除了事实本身的真实状况外，它不受任何影响。有的人虽然能力出众，却因为疑虑困惑而停滞不前，甚至不肯迈出一小步，尤其是当他在其他方面的能力都很强的时候，这不能不说是人生的悲剧。

一份分析2500名尝到败绩的人的报告显示，迟疑不决、该出手时不出手几乎高居31种失败原因的榜首；而另一份分析数百名百万富翁的报告显示，这其中每一个人都有迅速下定决心的个性，即使改变初衷也会慢慢来。累积财富失败的人则毫无例外，遇事迟疑不决、犹豫再三，就算是终于下了决心，也是推三阻四、拖泥带水，一点也不干脆利落，而且又习惯于朝令夕改，一日数变。

亨利·福特最醒目的个性之一，即是迅速做出确切决定。福特的这一个性使他背上顽固不通的骂名。也就是这一个性使得他在所有顾问的反对下，在许多购车人力促他改变下，仍一意孤行，继续制造他有名的T型车种（世界上最丑陋的车）。

也许福特在改变这一项决定的时候拖了太久，但是从故事的另一面反过来说，正是他的坚定不移为他赚得了巨额财富。这些财富早在T型车有必要改变造型之前，已使他成为汽车大王。无疑，福特先生的决心之坚定，已几近刚愎自用的程度，但是这种个性还是比迟疑下决定又朝令夕改来得好。

该做决定的时候怎么办？要决定的事，简单的如今天该穿什么衣服、到哪儿吃午饭；慎重的，譬如要不要辞职等，你既做决定，就按部就班接着做下去？还是过分担忧会有什么后果？

由于恐惧，恐惧批评，恐惧改变，迟迟不能决定，而愈是犹豫就愈恐惧。人产生犹豫的缘故十之八九是因为有某种怕犯错的恐惧感。

头脑好、有才气的人多半有这种困扰。如有位书读得不错的女孩，不知道该学医还是学声乐，为了考虑好，就暂时做些杂工，一做就是5年，仍决定不了。最后是读了医，但是，白白浪费了5年时间，如果读医或学声乐，都该有点成就了。

恐惧、后悔、效率差都和缺乏决断力有连带关系。先耗了时间和精力去想该不该去这么做，又要耗时间和精力去想要不要那样做。心情整日被这些事压得很沉重，人也变得郁闷无趣。你可能因为拿不定主意而爱听别人的意见，依赖别人，久而久之，觉得别人都在找你的别扭，随时等着挑你的毛病，以至于仇视他人。

决断敏捷、该出手时就出手的人，即使犯错误，也不要紧。因为他对事业的推动作用，总比那些胆小狐疑、不敢冒险的人敏捷得多。站在河边，待着不动的人，永远不会渡过河去。

陷阱
蜜

在你决定某一件事情以前，你应该对各方面情况有所了解，你应该运用全部的常识与理智，郑重考虑，一旦决定以后，就不要轻易反悔。

练习敏捷、坚毅地做决断，你会受益无穷。那时，你不但对自己有自信，而且也能得到别人的信任。

敏捷、坚毅、决断的力量，是一切力量中的力量。要成就事业，必须学会该出手时就出手，使你的正确决断，坚定、稳固得像山岳一样，情感意气的波浪不能震荡它，别人的反对意见以及种种外界的侵袭，都不能动摇它。

敢干而不蛮干

意志果断性是指一个人以善于明辨为前提，不失时机地做出决定并坚决执行的品质，这种品质是以敏锐的洞察力和勇敢、机智的应变力为条件的。如果缺乏对事物发展纵横变化的深刻认识和敏捷反应，就谈不上明辨。所呈现的只能是另一方面，即在错综复杂的现象面前如堕雾中，优柔寡断、坐失良机，从而导致舍本逐末，任成功的金丝线从指缝中溜走。

果断并不等于轻率。有人认为，果断就是决定问题快，实际上，在情况不要求立即行动，或者对于行动的方法和结果未加足够的考虑时就仓促地做出决定，这并不是果断，而是轻率、冲动和冒失，是意志薄弱的表现。这种表现在优柔寡断的人身上可以观察出来，因为深思熟虑对于一个优柔寡断的人来说，乃是一个复杂而痛苦的过程，所以总想力求尽快地从其中解脱出来，他的行动常常是仓促的、急躁的和莽撞的。果断的人采取决定时的迅速，和意志薄弱的人的仓促决定毫无共同之处。

必须把果断和武断加以区别。有的人刚愎自用、自以为是，遇到事情既不调查研究，也不深思熟虑，就说一不二地定下来，贸然从事。从表面看，好像很果断，可实际上却是浮躁粗鲁，鲁莽蛮干。果断则是以审时度势、明察秋毫为基，似乎信手拈来，实则高屋建瓴。敢于“温酒斩华雄”者，并非一个“勇”字可以概括。果断性，并不排斥深思熟虑和虚心听取别人意见，正因为多想、多问、多商量，才使人对事情更有把握，从而更加果断。自以为是、主观武断的人，有果断的外表，无果断的实质，往往把事情办砸。武断是我们应当努力加以避免的。

在我们前进的道路上，有无数大大小小的事等着我们去决定。当我们再一次做出重大决定时，大概又会犯另一次的重大错误。也许是因为过去犯了严重的错误，大部分的人只会往后看，站在那儿惋惜不已。“如果我知道得更多或如果我有更多的时间决定，那么每件事就会有很不一样的结果。”

没有办法可以知道每件事，但是有办法可以在我们决定前多知道一些，也有办法可以给我们多点时间思考。

许多人都害怕做决定，因为每个决定对这些人而言，都是未知的冒险。而且最令人困惑的是，不知道这个决定是否重要。因为不知道这一点，他们毫无头绪地浪费力气，担忧无数的问题，最后什么都没处理好。做决定就像在我们不知道内心真的想要何物时而随手丢铜板一样。焦虑感会逼迫、强制我们就目前所为的事实行动。但很不幸的是，留给我们决定或选择的时间太少了。瞬间的决定通常最软弱，因为它们只是目前有用的事实。结果总是不好，因为迫使我们做出这样的决定的力量，经常会扭曲了事实、混淆了真相。当所有的决定都取决于现在时，事实上最好的决定是老早以前就决定的那一个。

决定应该会反映我们的目标，假如目标是明确的，这样要决定就比较容易。没有目标的决定只是在那里瞎猜而已。对我们而言最好的决定可能不是最吸引人的或是能让我们最快得到满足的那一个，这就是为什么“做决定”这件事显得如此复杂的原因。

在生活中，让人完全舒服的抉择很少。人的一生中，在做重大的决定时，大都有退缩的时候。有时候放弃现在的享乐和做某些牺牲，是享受长期快乐的唯一法宝。

在能够做出最佳决定前，我们必须先能分辨这是个主要决定还是次要决定。主要决定值得我们花全部的或大量的注意力和精力，而次要决定则不必要。经常做出正确决定的人，会忽略那些明显的小缺点，因为这对他们的生活没什么大的影响。但是，一旦他们相信小的疏漏会产生大的影响时，他们就会快速做出反应，然后采取相应的措施。

对长期的问题提出短期的解决之道，通常是不佳的决定。做出不佳决定的人，可能没有意识到长期目标，或者只因为短期目标看起来比较容易做到，就选择了它。有许多短期的目标是在害怕失败的压力之下决定的。试着花点时间来做决定，问问自己：“我会因等待而失去什么？我可能赢得什么？”虽然并不能确定决定是对的，但是花点时间来思考，其正确合理的可能性通常要大些。

人们通常会做决定，因为他们不能够容忍迟疑不决，特别是年轻人。由于社会的期待与影响，许多年轻人还不清楚自己到底想要什么的时候，就不得不做决定、做选择、做计划，并且去努力实现它们。于是，有些人就在他们还犹豫不定时就做了选择。尽管这样做有时是不明智的，甚至是糟糕的，他们也还是会觉得得到了解脱，感觉比较好过，但是他们很快就会发现这样做的后果更不好受。

迟疑不决有时会让人感到困惑。但是通常在一阵困惑之后，有人就有可能放弃旧的想法和偏见，让问题更清晰可见，把目标加以调整，根据另外的思路来做决定。从这个意义上说，犹豫不决可能是一个相当有价值的成长阶段的开始，每个人都应当珍视并从中获取一些有用的东西，来弥补我们的缺陷。

草率做决定只是在逃避和自我怀疑，而且这种做法只能将那些困惑、疑虑暂时埋藏起来，在以后的时间里，它们可能会再次浮现，变成更棘手的难题。当一些问题出现在我们面前需要解决时，逃避是不明智的。而且即使是一些小问题，如果得不到及时处理，最后也可能会成为超过我们能力所及的大问题。

假如某个决定不能使人快乐，并不意味着它就是错误的，因为没有哪个决定总是让每个人都高兴，我们只能选择使目标完成更为容易的决定。

假如你不知道你的目标如何，那就先别妄做决定。

铸就果断的决策能力

果断决策的意志品质对于每个人来说都是非常重要的。

如果一个人拥有超越于犹豫不决和变化不定之上的非凡意

志力，那是多么幸运的事情！他鄙视所有的循规蹈矩，他嘲笑所有的反对和抨击；他深深感到内心里涌动着去希冀和去行动的力量，他相信自己的幸运星，他对自己拥有实现愿望的能力深信不疑；他知道，没有任何怯懦的拖延，没有任何怀疑的阴影，没有任何“如果”或“但是”之类的辩解，没有任何疑虑或恐惧，能够阻止他去尝试；他嘲笑那些充满恐吓意味的横眉冷对，以及代表着阻碍和反对力量的流言蜚语；他对此十分清楚，成为一个真正的人应该做些什么，而且他敢于去做；他本身的人格要比他内心的本能冲动更强有力；他绝不会屈服于各种意见和反对的声音；他既不会为巨大的压力所胁迫，也不会为宠爱或欢呼声所收买。

他能深刻认识事物间的内在联系和事物的本质属性及其发展规律，从而在纷繁复杂的各种事物中，透过现象看本质，并抓住主要矛盾，运用创造性思维方法，进行科学的归纳、概括、判断和分析，举一反三、触类旁通，找出解决问题的关键所在。

果断性这种良好的意志品质，并非与生俱来，更非一日之功，它是个体聪明、博学、勇敢、机智的有机结合，与个体思维的敏捷性、灵活性密不可分。谁都知道机会在人生中的意义。在生命中许多重要的转折点上，如果我们有果断的决策和行动，我们还会缺少机会吗？

对于每个人来说，要磨炼出意志的果断性，可以从以下几个方面入手。

（1）不怕做错决定。

一个人要想好好运用决定的力量还得排除一个障碍，那就是得克服“做错决定”的恐惧。

在一些必须做出决定的紧急时刻，果断决策者会集中全部心志来做一个决定，尽管他当时意识到这个决定也许不太成熟。在那样的情况下，他必须把自己所有的理解力和想象力激发出来，立即投入到紧张的思考中，并使自己坚信这是在当时的情况下所能做出的最有利决定，然后马上付诸行动。对于成功者来说，有许多重要决定都是这样的——在未经充分考虑的情况下迅速做出。

（2）谋划行动决定。

做决定永远比以后的行动要来得困难，所以在做决定的时候要多用脑子，不过也不能太花时间，更别一味担心怎么去做或做了之后会有什么后果。

从前，有一个父亲试图用金钱赎回在战争中被敌军俘虏的两个儿子。这个父亲愿意以自己的生命和一笔赎金来救儿子。但他被告知，只能以这种方式救回一个儿子，他必须选择救哪一个。这个慈爱的父亲，非常渴望救出自己的孩子，甚至不惜

付出自己的生命为代价，但是在这个紧要关头，他无法决定救哪一个孩子、牺牲哪一个。这样，他一直处于两难选择的巨大痛苦中，结果他的两个儿子都被处决了。

智者说："果断决策的习惯对我们来说非常重要，以至于经常要准备冒险做出不成熟的判断或采取不利行动。对一个人来说，偶尔做出错误的决定，总比从不做决定要好。"

成千上万的人在竞争中溃败而归，仅仅因为耽搁和延误。而数不胜数的成功者因为在关键时刻冒着巨大风险，迅速做出决定，而创造了财富。

快速决策和异常大胆使许多成功人士渡过了危机和难关，

而关键时刻的优柔寡断几乎只能带来灾难性后果。对于比较复杂的局面需要从各方面权衡和考虑，一旦打定主意，就不要怀疑，不要更改，甚至不留退路。

（3）保持决定弹性。

一旦你做好决定，可别死抱着固定的做法，那可能会导致失败。经常有些人做好了决定，便死抱着自己认为是最好的做法，而听不进去其他的建议。在此切记，脑袋不要弄得太僵化，要学习怎样保持弹性，听听其他善意的建议。

（4）实施决定行动。

世界顶尖潜能大师安东尼·罗宾认为，是我们的决定而不是我们的遭遇，主宰着我们的人生。唯有真正的决定才能发挥改变人生的力量，这个力量任何时间都可支取，只要我们决定一定要去用它。

如果我们想脱离围墙的羁绊，我们就可以攀越过去，可以凿洞穿过去，可以挖地道过去或者找扇门走过去。不管一道墙立得多久，终究抵挡不住人的决心和毅力，迟早是会倒的。人类的精神是难以压制的，只要有心想赢、有心想成功、有心去塑造人生、有心去掌握人生，就没有解决不了的问题、没有克服不了的难关、没有超越不了的障碍。当我们决定人生要自己来掌握，那么日后的发展就不再受困于我们的遭遇，而正视我们的决定时，我们的人生将因此改变，而我们也就有能力去掌握事物发展的规律，获得人生事业的成功，满足物质和精神需求。

锤炼锲而不舍的**坚忍**

一个人之所以成功，不是上天赐予的，而是日积月累自我塑造的结果。对于成功，千万不能抱有侥幸的心理。幸运、辉煌永远只会属于坚持到底、不屈不挠的人。事业如此，德行亦是如此。

坚忍是克服困难的利器

“坚忍”是解除一切困难的钥匙，它可以使人成就一切事情。它可以使人在面临大灾祸、大困苦时不致覆亡；它可以使贫苦的青年男女接受大学教育，并在这个世界上有所表现；它可以使纤弱的女子担当起家中的负担，维持家庭的生计；它可

以使残疾人挣钱养活衰老的父母；它可以使人逢山开路，遇水架桥；它可以使人修筑铁路、建设现代通信设施，将各洲贯通联络起来；它可以使人发现新大陆，挖掘人类更大的潜力。坚韧的品格可以使你无坚不摧、无往不胜。

世界上没有任何东西可以比得上或是替代“坚忍的品格”。教育不能替代，财力雄厚的父母、有权有势的亲戚也不能替代，一切的一切，都不能替代。

坚忍的品格，是一切成就大事业的人所共有的特征。他们或许缺乏其他良好的品格，或许有各种弱点与缺陷，然而他们都具备坚忍的品格。坚忍的品格，是所有成就大事业的人所绝不可缺少的涵养。劳苦不足以使他们灰心，困难不足以使他们丧志。不管处境如何，他们总能坚持与忍耐，因为坚忍的品格是他们的天性。

“坚忍的品格”可以成为人们追求成功的资本。而且以此为资本取得的成功，比那些以金钱为资本取得的成功还要大。人类的成功史已经证明，“坚忍的品格”可以使人摆脱贫穷，可以使弱者变成强者，可以使无用变成有用。

很多人成功的秘诀，就在于他们不怕失败。他们心中想要做一件事时，总是用全部的热诚，全力以赴，从来不去想有任何失败的可能。即便他们失败了，也会立刻站起来，怀着坚忍的品格，向前奋斗，直至成功为止。

缺乏坚忍品质的人，他们在事业上一经失败，就会一败涂地、一蹶不振。而那些有坚忍品质的人，则能够坚持不懈。那些不知怎样才算受挫的人，是不会一败涂地的。他们纵有失败，却从不以那个失败 作为最终的命运。每次失败之后，他们会以更大的、更坚忍的、更多的勇气站起来向前进，直至取得最后的胜利！

坚忍，永远是成就大事业的人的特征。生性胆小，不敢冒险，逃避困苦的人，自然一生只能做些小事了。

当你在事业上有“向后转”的念头时，你最应该加以注意。这是最危险、最关键的时候！历史上的许多大事业，都是某些人在大多数人都想“向后转”的时候再坚持一下造就的。

造福于人类的科学发明，都是出自那些有极强的坚忍品质的人之手。霍沃在发明缝纫机时所经受的痛苦、贫穷与损失，恐怕一万人中没有一个能忍受得住！世界上的一切伟业，都是在别人放弃而自己仍然坚持时取得的。一个能够坚持到底，而且即便旁人笑他不明智时仍然坚持的人，他的前程将是非常灿烂的。

许多人做事之所以有始无终，开始时还满腔热忱，但在遇到了困难后，往往会半途而废，就是因为他们没有充分的韧性，来使他们达到最终的目的。一个满腔热情、意气豪迈的人，做事将非常容易。所以开始做一件事时，是毫不费力的。正因为如此，我们不能在一个人刚开始做事时就估量他的真实价值，而应该看他自始至终是否都有坚忍的品格。我们不能以一个人竞赛起步时的速率来评判他能否夺冠，而应该在他将到达终点时的速率来评判他。

一个人在做事时，能否不达目的不罢休，这是测验一个人是否拥有坚忍的品格的一种标准。坚忍的品格是最难能可贵的一种德行。许多人都肯随众向前，他们在情形顺利时，也肯努力奋斗；但是在大众都选择退出，都已向后转，而他们自己觉得是在孤军奋战时，要是仍然能持有坚忍的品格，这就更难能可贵了。

有人向他的一位纽约商人朋友推荐一个少年，在他向他的友人举出了那个少年的种种优点后，商人这样问道："他有韧性吗？他能坚持吗？这是最要紧的事。"

是的！这是值得你终身思考的问题："你有韧性吗？你有坚忍的品质吗？你能在失败之后仍然坚持吗？你能不管遇到什么阻碍仍然前进吗？"

点石成金需恒心

"登泰山而小天下"，这是成功者的境界，如果达不到这个高度，就不会有这个视野。但是，你若想到达这个境地亦非易事。从岱庙前起步上山，入南天门，进中天门，上十八盘，登玉皇顶，这一步步拾级而上，起初倒觉轻松，但愈到上面便愈感艰难。十八盘的陡峭与险峻曾使多少登山客望而却步。游人只有抱着不达目的绝不罢休的精神，才能登上泰山绝顶，体验杜甫当年"一览众山小"的酣畅意境。

许多人盼望长命百岁，却不理解生命的意义；许多人渴求事业成功，却不愿持之以恒地努力。其实，人的生命是由许许多多的"现在"累积而成的，人只有珍惜"现在"，不懈奋斗，才能使生命光彩，事业有成。

要成功，最忌“一日曝之，十日寒之”，“三天打鱼，两天晒网”。遇事浅尝辄止，必然碌碌终生而一事无成。世上愈是珍贵之物，则费时愈长，费力愈大，得之愈难。即便是燕子垒巢、工蜂筑窝也都非一朝一夕的工夫，人们又怎能企望轻而易举便获得成功呢？天上没有掉下来的馅饼，数学家陈景润为了求证哥德巴赫猜想，他用过的稿纸几乎可以装满一个小房间；作家姚雪垠为了写成长篇历史小说《李自成》，竟耗费了40年的心血。大量的事实告诉我们：点石成金需恒心。

在美国科罗拉多州长山的山坡上，躺着一棵大树的残躯。自然学家告诉我们，它曾经有过400多年的历史。在它漫长的生命里，曾被闪电击中过14次，无数次暴风骤雨侵袭过它，都未能让它倒下。但在最后，一小队甲虫的攻击却使它永远也站不起来了。那些甲虫从根部向里咬，渐渐伤了树的元气。虽然它们很小，却是持续不断地进攻。这样一棵森林中的巨树，闪电不曾将它击倒，狂风暴雨不曾将它动摇，却因一小队用大拇指和食指就能捏死的小甲虫凭借锲而不舍的韧劲而倒了下来。

这是卡耐基引述别人讲过的一个故事，他是要说明常常为小事烦恼，会损坏人的身心健康。而从这个故事，我们还发现了另一个人生的哲理，这就是只要有恒心，以微弱之躯也可以撼大摧坚。

生活中，我们都可能会面对“撼大摧坚”的艰巨任务：运动员要向世界纪录挑战，科学家要解开大自然的奥秘，企业家要跻身世界强者的行列，就是一般人，也会有一些困难的工作要去做。比如你要把一堆砖头从甲地搬到乙地，你该如何做？

莎士比亚说：“斧头虽小，但多次砍劈，终能将一棵坚硬的大树伐倒。”

还有一位作家说过：“在任何力量与耐心的比赛中，把宝押在耐心上。”

小甲虫的取胜之道，就在恒心上。

一位青年问著名的小提琴家格拉迪尼：“你用了多长时间学琴？”格拉迪尼回答：“20年，每天12小时。”

现在有一种流行病，就是浮躁。许多人总想一夜成名、一夜暴富。他们有如吕坤讲的那种“攘臂极力”的人，不去做扎扎实实的长期努力，而是想靠侥幸一举成功。比如投资赚钱，不是先从小生意做起，慢慢积累资金和经验，再把生意做大，而是如赌徒一般，借钱做大投资、大生意，结果往往惨败。

网络经济一度充满了泡沫，有人并没有认真研究市场，也没有认真考虑它的巨大风险性，只觉得这是一个发财成名的“大馅饼”，一口吞下去，最后没撑多久，就草草倒闭，白白“烧”掉了许多钞票。

俗话说得好：“滚石不生苔，坚持不懈的乌龟能快过灵巧敏捷的野兔。

”如果能每天学习1小时，并坚持12年，所学到的东西，一定远比坐在学校里接受4年高等教育所学到的多。正如布尔沃所说的：“恒心与忍耐力是征服者的灵魂，它是人类反抗命运、个人反抗世界、灵魂反抗物质的最有力支持，它也是福音书的精髓。从社会的角度看，考虑到它对种族问题和社会制度的影响，其重要性无论怎样强调也不为过。”

人类迄今为止，还不曾有一项重大的成就不是凭借坚持不懈的精神而实现的。提香的一幅名画曾经在他的画架上搁了8年，另一幅也摆放了7年。

大发明家爱迪生也如是说：

“我从来不做投机取巧的事情。我的发明除了照相术，没有一项是由于幸运之神的光顾。一旦我下定决心，知道我应该往哪个方向努力，我就会勇往直前，一遍一遍地试验，直到产生最终的结果。”

凡事不能持之以恒，正是很多人最终失败的根源。英国诗人布朗宁写道：

实事求是的人要找一件小事做，

找到事情就去做。

空腹高心的人要找一件大事做，
没有找到则身已故。
实事求是的人做了一件又一件，
不久就做一百件。
空腹高心的人一下要做百万件，
结果一件也未实现。

要成功，就要强迫自己一件一件地去做，并从最困难的事做起。有一个美国作家在编辑《西方名作》一书时，应约要撰写102篇文章。这项工作花了他两年半的时间。加上其他一些工作，他每周都要干整整7天。他没有听任自己先拣最容易阐述的文章入手，而是给自己定下一个规矩：严格地按照字母顺序进行，绝不允许跳过任何一个自感费解的观点。另外，他始终坚持每天都首先完成难度较大的工作，再干其他的事。事实证明，这样做是行之有效的。

第二章

『我不要』力量的局限性：明知生气有害，为何还是每每失控

PART

01

我们为何总是情绪化

接受并体察你的情绪

每个人的情绪都处于不断变动的状态中，有兴奋期就不可避免地有低潮期，掌管和控制情绪之前应该先去接受和体察它。情绪变化是有规律的，只有接受和体察，才能真正地顺应内心、帮助内心回归平和。

当然，不同的人处理情绪的态度不同，但是大家有一个普遍的共识：情绪不能压抑，压抑会导致各种心理障碍，也会导致某些疾病的产生。因而针对情绪化的人，心理学家建议他们对待情绪的基本态度就是承认和接受。

平时，方女士对同事和身边的朋友都非常友好，从来不和别人发生冲突，大家都觉得她是一个脾气温和的人。在别人眼里，她温柔又和善。

但回到家里，她往往会因芝麻大小的事就对丈夫大发脾气，甚至会摔东西。丈夫对此也很无奈，非常不开心，觉得她很难让人接受。

面对自己阴晴不定的情绪，方女士非常痛苦。其实，丈夫对她很好，她也很爱丈夫，但她又害怕丈夫会因自己的情绪而离开她。有时候，她也非常受不了自己，可是当发脾气的时候她却无法预计和控制。很多次，她都这样告诉自己的父母和丈夫，但他们都说是她自己没有克制能力。对于他们对自己的不理解，方女士很苦恼，于是，她尝试去看心理医生。

心理医生分析了方女士的情况，又咨询了一些关于她成长的事情，最后终于找到她情绪化背后的根源：由于孩提时父母离异，方女士非常敏感但又异常依赖身边的亲人，脾气暴躁。医生为她提出一些改变情绪化的建议，并告诉她要接纳自己的情绪，才会便于改善情绪。

很多人的情绪化都产生于孩提时代。孩子总是被大人引导，使他们将自己最直接的情感与不愉快的事情相联系：孩子可能会因哭闹受到处罚，也可能因嬉闹而受到处罚。揭开情绪的面纱时，自己总是能找到导致情绪化的原因。不能公开地表达自己的情感，但起码可以承认它们的存在。要承认它们存在的最基本的一步就是允许自己体验情感，允许自己出现各种情绪并恰当表达它们。

体察情绪的第一步，就是要正视它。情绪不会凭空消失，存在就是存在，它不可能因为你的否定而消失。相反，一味地否定只能让情绪潜藏在意识里，可能会带来更坏的影响。每个人都有发泄情绪的权利，如果不敢承认情绪的存在，可能也就不敢发泄情绪，盲目压抑情绪对个人的身心发展非常不利。

其次，可以采取“情绪反刍”或是“寻根溯源”的方法来认识自己的情绪。要沿着自己的心灵发展轨迹，溯流而上，用当前情绪去联想更多的情绪状态，慢慢体味、细细咀嚼自己的各种情绪经历，并询问自己当时如果没有产生这种情绪会是一种怎样的情形。这样可以使人变得心平气和。

再次，学会养成体察自身情绪的习惯。也就是时时提醒自己注意：“我现在有怎样的情绪？”例如，当自己因同事的一句话而生气，不给对方解释的机会时就问问自己：“我为什么这么做？我现在有什么感觉？”如果察觉自己只因同事一句无关紧要的话就感到生气，就应该对生气做更好的处理。有许多人认为，人不应该有情绪，因而不肯承认自己有负面的情绪。实际上，人都会有情绪，压抑情绪反而会带来不良的结果。

最后，缓解和调理自己的情绪。觉察自己情绪的变化，能更清楚地认识自己的情绪源头，也有助于理解和接受他人的错误，从而轻松地控制消极的情绪，培养积极的情绪。疏解和调理情绪，也需要适当地表达自己的情绪。

接受并体察你的情绪，不要拒绝，不要压抑，勇敢地面对自己的情绪变化。在情绪转好之时，抓住机会，投入到有意义的事情中去。

正确感知你所处的情绪

认知与评估情绪的能力是心理学上两类最基本的情商，也是衡量一个人情商高低的最基本的要素。通常来说，低情商者对自己及他人的情绪感知能力弱，容易导致情绪失控；而高情商者对自身的情绪能够做理智的分析。其实对自身情绪的评估能力越强，越有利于问题的解决。但往往有很多人，对自身的情绪很难把握，对此，可以从心理状态加以分析。

著名心理学家约翰•蒂斯代尔提出的“交互性认知亚系统”理论是一种以正念为基础的认知治疗理论，该理论认为人一般有三种心理状态：无心/情绪状态、概念化/行动状态、正念体验/存在状态。

无心/情绪状态指人们缺乏自我觉知、内在探索与反思，一味沉浸到情绪反应中的表现；概念化/行动状态则指人们不去体验当下，只是在头脑中充满着各种基于过去或未来的想法与评价；正念体验/存在状态才是最为有益的心理状态，它是指人们去直接感知当下的情绪、感觉、想法，并进行深入探索，同时对当下的主观体验采取非评价的觉知态度。

进入正念状态需要高度集中注意力去关注当下的一切，包括此时此刻我们的情感和体验，而不应当将自己陷入对过去的纠缠或是未来的困惑中，对现在的情绪有所评判和排斥。接受发生的一切，关注当下的感受，才能发挥“正念”的透视力，达到认知自我情绪，主动调适，从而反省当下行为进行调节以增加生活乐趣的目标。

那么，如何将心理状态调整为正念体验/存在状态呢？这需要我们平时就进行正念技能训练。根据莱恩汉博士的总结，正念技能训练包括“做什么技能”和“如何去做技能”两大类别。

第一，“做什么”的正念技能包括观察、描述和参与三种方式。

例如，当生气时，留意生气对身体形成的感觉，只是单纯去关注这种体验，这是观察。观察是最直接的情绪体验和感觉，不带任何描述或归类。它强调对内心情绪变化的出现与消失只是单纯去关注，而不要试图回应。

用语言把生气的感觉直接写出来即是描述，如“我感到胸闷气短”“心里紧张、冲动”，这都是客观的描述。描述是对观察的回应，通过将自己所观察到或者体验到的东西用文字或语言形式表达出来，对观察结果的描述不能有任何情绪和思想的色彩，要真实、客观。

对当前愤怒的感受和事情不予回避，这是参与。参与是指全身心投入并体验自己的情绪。

在特定的时间内，通常只能用其中一种来分析自己的情绪，而不能同时进行，用这三种方式去感受自己的情绪，有助于留意自身情绪。

第二，“如何去做”的正念技能包括以非评判态度去做、一心一意去做、有效地去做。这些技能可以与观察、描述、参与三种“做什么”正念技能的其中某一项同时进行。

以非评判态度去做，应当关注正在发生的一切，关注事物的实际存在，而不需要进行评价。仍以愤怒为例，当生气的时候，“应该”“必须”“最好是”停止或继续发怒的想法都是有评判色彩的语气。对于愤怒应当去接受而不需要去评判。

一心一意去做，就是要集中精力去关注思考、担忧、焦虑等情绪。美国宾州大学心理学教授托马斯认为由于人总不能把握现在和关注此刻，因此容易产生焦虑和抑郁的情绪。基于此，托马斯发展了专治慢性焦虑症的心理疗法。“当你在焦虑时，你就专心焦虑吧。”他要求患者每天必须抽出30分钟时间在固定的地点去担忧自己平时担忧的事。在30分钟之内，患者必须全神贯注担忧，30分钟之后，则要停止担忧，并要警告自己：“我每天有固定的时间担忧，现在不必再去担忧。”

有效去做，就是要让事情向好的方向发展，以有效原则衡量自己的情绪，可以避免感情用事，防止因为情绪失控而做出不恰当的事、说出不负责任的话。

我们可以通过每天的情绪变化去积极主动地调适自己的心理。可以在情绪激动时及时察觉与反省自己的当下行为，学会控制自己的情绪，使自己在面对痛苦的时候心情有所缓解，恢复快乐。只有学会“感受”自己的感受，方能让自己在处理负面情绪时游刃有余。

运用情绪**辨析法则**

知己知彼，方能百战不殆。在情绪的战场上，首先要了解自己的情绪，才能保持好情绪、战胜负面情绪。我们不自知的种种心理需求，乃至内心理念以及价值观，都可以通过自身不同的情绪反映出来。因此，要做到“知己”，首先要准确地做出自我情绪辨析，只有如此，才能够有的放矢地解决情绪问题，保持身心健康。

心理学家温迪·德莱登将所有情绪统分为两大类——正面情绪与负面情绪，又将负面情绪进一步细分为健康的负面情绪和不健康的负面情绪。

德莱登认为，健康的负面情绪是由合理的信念引发的。它促使人们正确地判断所处的负面情境改变的可能性，从而理智地做出适应或改变的行为。健康的负面情绪导致的结果是正面的，它引发思维主体进行现实的思考，最终解决问题，实现目标。

不健康的负面情绪是由不合理的信念引发的。它会阻碍人们对不可改变的环境做出判断以及对可以改变的环境进行建设性改变的尝试。不健康的负面情绪导致的歪曲思维会阻碍问题的解决，最终阻碍目标的实现。

大多数人可以准确地判断自己的情绪属于正面的情绪还是负面的情绪，但对很多人而言，如何才能判断当前的负面情绪是否健康是有一定困难的。以担心和焦虑这两种负面情绪为例，由德莱登的定义可知，在信念的来源上，担心源于合理的信念，这种情绪会导致行为主体正确地面对威胁的存在，并想办法寻求让自己安心的保障；而焦虑来源于不合理的信念，这种情绪会导致行为主体不愿意面对甚至逃避威胁的存在，从而寻求那些并不能使行为主体安心的保证。

每个健康的负面情绪，都有一个不健康的负面情绪与之相对应。类似地，德莱登还列举了悲伤、懊悔、失望等情绪作为

健康的负面情绪的典型代表，又列举了抑郁、内疚、羞耻、受伤等情绪作为不健康的负面情绪的代表。而以上情绪都是两两对应的，如悲伤和抑郁，前者是健康的负面情绪，后者是与之相对应的不健康的负面情绪。

判断一种负面情绪是否健康，最本质的区别在于健康的负面情绪来源于合理的信念，而不健康的负面情绪来源于不合理的信念；同时也可以根据情绪强度来判断：大多数不健康的负面情绪都强于健康的负面情绪，如焦虑的最大强度大于担心的最大强度。

除此之外，健康的负面情绪和不健康的负面情绪，二者所导致的情绪主体的应对行为以及行为趋势也有显著差别，换言之，当人们出现情绪问题时，不仅有可能体会到两种不同的负面情绪，而且会由此导致完全不同的有建设性的或无建设性的行动，这种行动可以是真实的也可以是“意愿中”的。

举例来说，抑郁的情绪会使人持续回避自己喜欢的活动，而悲伤的情绪会使人在哀伤过后继续参与自己喜爱的活动。同样地，内疚只会使人被动地祈求宽恕，而懊悔会使人主动地要求对方的宽恕。受伤使人被愠怒充斥头脑，忘记理智，而悲哀会使人更加果断地判断事物，理清头绪。羞耻会使人采取鸵鸟战术，以回避他人的凝视来逃避关注，而失望仍能使人正确对待与他人的目光接触，与外界保持联系。

不健康的愤怒会使人仪态尽失，出言不逊甚至诋毁他人，健康的愤怒会促使人果断处理眼前的麻烦，仅关注自己被不当对待的事实而不会迁怒于他人。不健康的嫉妒会使行为主体怀疑他人的优势，而健康的嫉妒会以开放的态度去学习他人的优点以提高自己。与之相似，不健康的羡慕打击他人进步的积极性，而健康的羡慕会以此为动力鞭策自己获取类似的成功。

只要我们在经历情绪的变化时，能够判断出自己所经历的是正面的情绪还是负面的情绪，能够准确地分辨出其中的负面情绪是否健康，并能分析出此情绪的来源以及可能导致的后果，我们就能真正达到“知己”的境界。

✿ 了解我们自身的情绪模式

心理学上有一个定义称为情绪模式，它是指在外界持续刺激的影响下，逐渐形成的固定的连锁情绪反应路径与行为结果。通俗地解释，即“每当……时（外界刺激），我的心情就会……（情绪反应），结果我就会……（产生行为结果）”。

例如，每当有女同事穿了漂亮的新衣服，“我”就会认为自己的身材不好，穿同样的衣服肯定没有那样的效果，心情就会很低落，结果整天避免和穿新衣服的女同事正面接触。

情绪模式起因于人类大脑的应激功能和记忆功能。如果对于外界刺激的应对方式被持续使用，大脑和身体的网络系统就会发生作用，将这种应对机制模式化，生成固定的链接，从而形成情绪模式——面对相同事物时产生相同的情绪、思维和行动。

情绪模式有以下特点：

其一，情绪模式的形成源于相同的刺激源。每当遇到同样的情境，人们就会产生相似的情绪并导致相似的行为结果。

其二，情绪模式的形成是一个循序渐进的过程，经过多次相同的外界环境的刺激，情绪模式才会形成。

其三，情绪模式的反应速度极其迅速。它具有“第一时间反应”的特点，一旦形成后，再遇到外界相同的刺激源时就会以主体察觉不到的速度快速启动。

情商理论中有种现象叫作“情绪绑架”，是指已经形成的情绪模式阻碍了大脑的理智思考，强制启动应激行为作为对情绪的反应。这是因为情绪模式一旦形成就很难改变，这也是为什么常常会听到有人说“我不知道为什么当时那么伤心，以致做出那么傻的举动”“我那时候就是忍不住对平时很尊敬的老师大吼大叫”的原因。由此可见，“情绪绑架”对情绪主体是弊大于利的。

人们一直致力于摆脱“情绪绑架”，而成功的关键就在于识别自身的情绪模式，找到病因，对症下药。但是情绪模式经过日积月累已经成为我们潜意识的一部分，行为主体很难站在客观的角度将其识别出来。可以根据以下几个步骤来有意识地察觉自己的情绪变化及其引起的连锁反应，以及最后自己采取的行动，从而识别出自己的情绪模式。

步骤一，记录情绪变化。有意识地关注自身情绪变化，包括变化的原因及变化引发的影响。察觉到这些之后要及时准确地加以记录。

步骤二，自我情绪反省。充分利用步骤一的成果——情绪变化记录表，观察自己历次情绪变化的诱因是否值得，情绪反应的行为是否得当。如果造成的是积极的结果，要告诉自己努力保持，如果造成的是消极的影响，要及时提醒自己消除不良情绪的滋长，将其扼杀在萌芽状态。例如，发现自己总是为衣着打扮等外在因素而嫉妒身边的女同事，从而与其疏远，那么经过反思之后遇事就要用包容的心态去思考，要让自己提高内在素养，摒弃对虚无外表的追求。一段时间过后，你会发现自己从前对身外之物斤斤计较的想法是多么可笑和不值得。

步骤三，倾诉不良情绪。“不识庐山真面目，只缘身在此山中。”由于情绪模式已经固化在我们的头脑和神经系统中，难以自我察觉，所以，我们可以求助于他人来捕捉自己的情绪变化。可以先与家人和好友沟通，请他们在自己情绪变化时及时告知。观察的方法可以通过日常沟通中的面部表情、肢体语言等流露出的潜意识来判断你的情绪变化，从而追踪到你情绪变化的诱因和由此导致的行为结果。你可以根据他人的意见来了解自己内心真实的想法。

步骤四，测试自身情绪。我们可以通过专业的情绪测试工具或咨询专家来发现自己的情绪模式。看似与情绪问题相距甚远的测试问卷或者专家的漫无边际的访谈，却可以借助科学的手段准确地了解你情绪模式的病症所在。

当然，以上四个步骤的最终目的是发现问题，解决问题。我们发现了自己的情绪模式之后就可以将其一一列出，并且在每天的日常生活中逐项加以克服，坚持这样一个循序渐进、由浅入深的过程，我们就可以达到摆脱“情绪绑架”的最终目的了。

情绪同样有规律可循

人的情绪如同眼睛一样，也有自己看不到的“盲点”，通过了解自己的情绪盲点，从而把握自身的情绪活动规律，可以最有效地调控自己的情绪。

情绪盲点的产生主要是由于以下3个方面的原因：

（1）不了解自己的情绪活动规律；

（2）不懂得控制自己的情绪变化；

（3）不善于体谅别人的情绪变化。

其中，能否把握自身的情绪规律是情绪盲点是否出现的根源。

认识到情绪盲点产生的原因，我们便需要从原因入手，从根源上把握自身的情绪规律。这就需要从以下几个方面加强锻炼以培养自己与之相应的能力：

了解自己的情绪活动规律，培养预测情绪的敏锐能力。科学研究证明人都是有情绪周期的，每个人的情绪周期不尽相同，大概为28天，在这期间内，人的情绪成正弦曲线的模式：情绪由高到低，再由低到高。在人的一生之中循环往复，永不间断。

计算自己的情绪节律分为两步：先计算出自己的出生日到计算日的总天数（遇到闰年多加1天），再计算出计算日的情绪节律值。

用自己出生日到计算日的总天数除以情绪周期28，得出的余数就是你计算日的情绪节律值，余数是0、4和28，说明情绪正处于高潮和低潮的临界期；余数在0～14之间，情绪处于高潮期，余数是7时，情绪是最高点；余数在15～28之间，情绪处于低潮期；余数是21时，情绪是最低点。

由此可以看出，情绪有高低起伏，我们不要认为自己会永远处在情绪高潮期，也不要觉得自己会一直处于情绪低潮期，在情绪好的时候提醒自己注意下一阶段的低落，在情绪低落时告诉自己会慢慢好起来的。我们所吃的东西、健康水平和精力状况，以及一天中的不同时段、一年中的不同季节都会影响我们的情绪，许多人虽然重视了外在的变化对自身情绪的影响，但却忽视了自身的“生物节奏”，其实，通过尊重自己的情绪周期规律来安排自己的学习和生活，是很有必要的。

学会控制自己的情绪变化，坦然接受自身情绪状况并加以改进。想要控制自己的情绪变化，首先要对自己之前的情绪经历做一个简单梳理，从之前的经验来寻找自身情绪的活动规律。同样的错误不能犯第二次，这正是掌握情绪活动规律后得到的经验。一个有敏锐感知能力的人能够在自己的一次情绪失控中回顾反思，总结、评估事情的前因后果，并最终达到提升自己情绪调控能力的目的。毕竟，情绪的偶尔失控和爆发是一种正常的现象，但倘若情绪失控成为常态，则不是一件好事。

想要控制自己的情绪变化，还需要对自己的情绪弱点做一个分析总结，去认识自己的情绪易爆点在哪里，引起情绪失控的事情可能会是什么，事先考虑好如果再次遇到同种情形所需要选择的应对方式。这样可以在事先做好准备，及时采取应对措施，防止情绪失控之后的被动解决所导致的追悔莫及。

学会理解他人情绪和行为，同时反省自己。

人际交往中，理解的力量是伟大的，但在通常情况下，虽然人们希望得到别人的理解，希望别人能够理解自己的情绪和行为，却往往忽视了理解别人。这就是为什么人的情绪会出现盲点的外在原因。

理解他人的需求、情绪和感受等有助于增添交流的共同话题和认同感，有助于彼此之间形成和谐健康的人际关系。并且，通过对别人情绪的反观来看自己的情绪变化和体验，可以清晰地了解自己，从而把握自身的情绪节律，促进自身情绪状况的改进。

PART

02

情绪失控，人体不定时的“炸弹”

看清你的情绪爆发

生活中，悲伤、愤怒、恐惧这些人体不定时的“炸弹”随时有可能会爆发。脆弱是情绪爆发者当时的特点，心理防线已经崩溃，所有情绪就不在自己控制范围内了。

碰到涕泪横流或暴跳如雷，或极度焦虑而接近崩溃的人时，你当时会怎么想？是替他们担心，想帮助他们，还是对此感到恼怒，不想被牵连？当你试着让他们静下心来时就会发现，这些办法反而助长了他们的情绪爆发，尽管这些办法对那些理性的人有效。这就是所谓的情绪爆发地带。

那么，究竟什么是情绪爆发？

情绪爆发有着各种各样的原因。爆发可能来自危险、恐吓、痛苦、烦恼，等等。尽管起因和结果各不相同，但它们却有如下的共性。

情绪爆发极为迅速

情绪爆发发生得极快，以致人们很难判断事态发展和思考

应对的方法。

速度之快往往让人认为情绪爆发是无法预知的，因为它们总是出现得非常突然。正相反，情绪爆发只是一种感觉，它并不能作为评判事实的最佳标准。

先冷静一会儿，使自己对事件的觉醒能力放慢下来，这样有助于了解起因和结果之间的关联性。通常，越是自己熟悉的所见所闻，就越觉得该事物运动较慢。如相比自己的母语，外语听起来总是要快一些。

情绪爆发非常复杂

情绪爆发包含言语、思想、荷尔蒙、神经传导和电脉冲。它由诸多同时发生的事件组成，也包括你和情绪爆发者都有的一些不同水平的体验。

当遇到情绪爆发者对你说话时，你需要清楚对方当时的说话内容，思考他们说话时的想法，以及他们身体里正在产生的相关生理反应。

当婴儿的情绪爆发时，大部分人，特别是许多家长往往能处理得得心应手，但对于成年人的情绪爆发问题，他们在应对时总是要差很多。这两类人的情绪爆发极为类似，只是人们的反应和感受极为不同罢了。

与成年人接触，人们往往更注意言语，有时试图与爆发者交谈，劝慰他们，使他们能够摆脱情绪困扰。但人们不会对婴儿也采取交谈和劝慰，而是抱起他们，给他们奶瓶。成年人情绪爆发时，我们不要过于关注外在表现，而要多思考引起这种情绪爆发的内因。要像听到婴儿啼哭时所想的那样，去应对成年人的情绪爆发问题。

情绪爆发需要参与者

情绪爆发是一种需要他人参与的社会活动，即便找个隐秘的地方爆发，在爆发者的心里也是有听众的。可以这么说，情绪爆发就像一棵倒下的大树所发出的声响。没人听到声响，谁也不知道发生了什么，倒下的大树只是扰乱了周围的空气。与此不同的是，情绪爆发者可能会持续扰乱空气，直至有人听见情绪的爆发。

一旦情绪爆发，人们就会被牵扯进去，不可能只是目睹它的爆发，不管他们自己是否愿意。而事态的发展都或多或少地取决于人们的回应方式。最佳的回应或许是什么也不要做，特别是当自己没有其他选择的时候。通常，人们对情绪爆发采取的方式是以爆发回应爆发，或是向爆发者解释不应该有那种情绪的理由。不幸的是，这样往往会使事态朝着更恶劣的方向发展。

情绪爆发是一种表达

情绪爆发者往往想通过自己的极端行为来向外界表达自己的感情与思想。一般，他们因找不到合适的话语而用行为来引起其他人产生同样的感受。当知道自己的感受被别人理解时，他们的那种被迫性示威行为或许就不会发生。

处于爆发地带的人可能会有种被操纵的感觉，或者说，有一种被迫做自己不愿意做的事情的感觉。这样的想法只是一种急速的判断，非常不利于他们了解和处理情绪爆发。

想有效地应对情绪爆发，就必须站在他人的角度上看问题。如果认为情绪爆发是别人企图利用自己的恶劣手段，那么这种想法是极为错误的。他们爆发时表现出来的感受，是希望有人能做些事情，使他们感觉好起来，尽管他们往往并不知道那些事情是什么，他们也不在意做事情的主体是谁。

当然，情绪爆发者并不是想故意操纵别人。他们的爆发行为并不是故意的，而是一种无意识的行为。如果想让他们对自己的这种行为负责，很可能会使他们更为恼怒。尝试着询问情绪爆发者想让别人做些什么，这是有效地处理问题的技巧。如果你已经知晓他们想要的东西，那就最好不要再继续这个问题。

情绪爆发会反复进行

情绪爆发是系列性的事件，而不是单独一个事件。反复是大多数情绪爆发的关键要素。反复地爆发会增强和延长这一爆发事件本身。如何化解这些反复至关重要。遇到让你手足无措的情绪爆发时，可以想方设法稳定这个事件，以防它再次爆发。

解决情绪爆发最好的方法就是尽力去帮助他们，但不是对他们屈服，不是一味地满足他们的任何要求。不能做个老好人，但对他们尽量和蔼、细心、勇敢。运用一些不会使情绪爆发者受到伤害而对他们有益的方法。这些方法要打破常规，即使令人觉得不舒服的方法也可以拿来试试。

✿ 负面情绪消耗着我们的精神

当一个人太在意某件事情的时候，就会变得心神不宁，此时负面情绪消耗着他的活力和精力。他是不可能以最佳效率

将事情办好的。事实上，所有的负面情绪都与自己的软弱感和力不从心有关，因为此时的思想意识和体内的巨大力量是分离的。所以，在我们的情绪没有回归到平和之前，任何情绪的作用对于我们来说都是消耗，负面情绪越大、持续时间越长，这种消耗就越大。

王萌和李乐是一对恋人，王萌是一个文静细心的女孩子，而李乐正好相反，性格外向、开朗。两人感情一直很好。

一天，李乐到外地出差，因为旅途疲惫就直接在旅馆里休息了，没有给王萌打电话。王萌却在另一个城市苦苦等着李乐的消息，左等右等始终不见李乐的电话，她自己着急了：他现在干什么呢？跟谁在一起呢？这么晚了还不打电话是不是出什么事了呢？越想越糟，却不好意思打电话问原因。就这样，王萌在焦虑不安中度过了一夜。

这是一个在恋爱中十分普遍的现象，如果王萌打个电话问明原因就不会整夜无眠，但是她陷入了不良情绪的旋涡中不能自拔。

很多事情证明，如果人怀着某种美好的情绪去做事时，往往会出现事半功倍的效果；相反，如果用一种消极的态度来面对事情，结果只能是事倍功半。

想想平时发生在我们周围的事情，有多少人因为情绪不好与成功失之交臂，有多少人因为负面情绪而错过了美好的恋人，有多少人因为闹情绪而毁掉了自己的美好前途？

大部分人的智商其实都相差无几，要想在激烈的竞争中脱颖而出，你的情商起到了至关重要的作用，人们已越来越重视个人情商的培养。其实，通过一段时间的培训和坚持，我们是可以有效地控制和驾驭自己的情绪的。

首先，要随时避免自己产生不良的情绪，适时转移自己情绪注意的焦点。

学会驾驭自己的情绪，一旦出现不良情绪，就要告诉自己，生气郁闷不仅要花费力气，还会伤元气。案例中的王萌就让负面情绪影响了自己，以至于浪费了时间，并把自己搞得筋疲力尽。

要学会适时地消除自己的不良情绪。气愤时做几个深呼吸，生气时数数绵羊，听听舒心的音乐，跟好友一起到KTV唱歌，等等，这些都有助于稳定自己的情绪。

其次，意念具有神奇的魔力，可以通过信念的力量来消除不良情绪的困扰。

用体力、情绪和信念三种方式来输出一个点数的能量，以体力的方式输出约10卡路里，而以信念的方式输出的能量是体力的100倍——1000卡路里。可见，信念的力量是巨大的。合理地运用信念，有助于克服不良情绪的困扰。

由真实故事改编的电影《美丽人生》的主人公纳什教授是一个患有精神分裂症的人，在他的生命长河中有三个想象中的人物一直不离不弃地伴随着他。当医生告诉他那三个人是不存在的，是他幻想出来的的时候，他很受打击。但是当他确定自己的病情后拒绝服药，而是运用信念的力量杜绝自己与这三个人交流，专心于自己的研究，最终获得了诺贝尔奖。

再次，合理地转化不良情绪，变废为宝。

并非所有的不良情绪都会导致坏的结果，只要合理地运用不良情绪，转变观念，就能变废为宝。所谓“不愤不启，不悱不发”说的就是这个道理。

古往今来，有多少英雄人物成功地走出了人生的低谷，摆脱了不良情绪的困扰。宋代的苏轼留下了上千首千古绝唱，谁曾想过他官场失意，被贬数次？假如他因此郁郁寡欢，沉浸在悲伤的情绪中不能自拔，怎会有那被传诵至今的豪放词曲呢？

当我们抑郁时、痛苦时、沮丧时，要辩证地看待它们，把它们看作一次教训、一种对成功的磨炼，这样不仅帮助我们查漏补缺，而且有利于继续向美好的生活前进，何乐而不为呢？

“情绪风暴”中人容易失控

所谓“情绪风暴”，就是指肌体长时间地处于情绪波动不安的应激状态中。美国学者在对500名胃肠道病人的研究中发现，在这些病人当中，由于情绪问题而导致疾病的占74%。根据我国食道癌普查资料，大部分患者病前曾有明显的忧郁情绪和不良心境。我国心理学家在对高血压患者的病因分析中也发现患者病前常有焦虑、紧张等情绪。可见“情绪风暴”对人体有着巨大影响，因而备受重视。

紧张的情绪、超负荷的工作压力会让你产生难以预料的情绪风暴，带给你更多的烦恼。

35岁的黄荣新是一家贸易公司的部门主管。年纪轻轻的他能有如此出色的事业，除了才华，更多的是靠勤奋。为了这份工作，他每天工作十几个小时，出差更是家常便饭。突然有一天，一向精力充沛的他发觉越来越多的困扰向他袭来：心悸、失眠、易怒、多疑、抑郁，以前10分钟就能解决的问题，现在

却要花费一个小时，他甚至对工作产生了极其厌倦的情绪，整个人也变得日渐憔悴。

实际上，在现代社会中，由工作压力带来的心理矛盾和冲突是普遍存在的。竞争的压力、工作中的挫折、生活环境的显著变化、人际关系的日趋紧张等，使人不可避免地处于紧张、焦虑、烦躁的情绪之中。

当个体的情绪处于动荡不安的“风暴”中时，大脑的活动会受影响。例如，过度焦虑会引起大脑兴奋与抑制活动的失调，这不仅会使人的认知范围狭窄、注意力下降，严重者还会罹患精神疾病。日常生活中，常见的一些神经衰弱与焦虑等不良情绪有关。此外，有研究显示，大脑活动的失调还会使自主神经系统的功能发生紊乱，长此以往将使躯体出现某些生理疾病症状。

1943年，沃尔夫医生偶然遇到了一个名叫汤姆的病人。汤姆因误食一种腐蚀性的溶液而灼伤了食道，不能再吃食物。于是外科医生在他的胃部开了一个口，以便把食物直接灌入胃中，同时，也提供了从洞口中直接观察胃黏膜活动的机会。人们意外地发现，当病人处于紧张的情绪状态中时，胃黏膜会分泌出大量的胃液，而胃液分泌过多将会导致胃溃疡。由此可见情绪对身体有直接的影响。

加拿大心理学家塞尔耶在有关“情绪风暴”对个体的身心变化影响的研究中，提出了情绪应激理论。塞尔耶认为，当人遇到紧张或危险的场面时，他会有很重的精神负担，而此时人往往又需要迅速做出重大决策来应付这种危机，肌体因此会处于应激状态。在应激状态下，人脑某些神经元被激活，它分泌出促使肾上腺皮质激素释放因子，并使血管紧张。

随着现代文明进程的加速，社会竞争日益加剧。人们的生活节奏也跟着“飞”起来，以至于现代人把一个“忙”字作为口头禅。职场白领们在四季恒温的办公区，面对一个格子间、一个显示器、一大堆文件，总有做不完的事情。由于工作紧张、人际关系淡漠等因素的影响，导致人们的身心压力越来越大。

对于轻微的压力，可以通过自我调节来消除，或随着时间的推移而日渐淡化。如果处理得当，还能将压力转化为人生的动力，促进个体能够奋发进取。但若是压力不能及时得以排除，长期积聚，无形的压力会影响人的身心健康，形成所谓的“亚健康”状态。

如果你已经处于“情绪风暴”中，就要尽快从中抽身，做一些对情绪平复有帮助的事情。早一点将“风暴”赶走，就早一点回归到安宁、平静、快乐的生活中。你是情绪的主人，要善于调控自己的情绪。

负面情绪的极端爆发

一位国外著名的心理咨询师这样说道：“压力就像一根小提琴弦，没有压力，就不会产生音乐。但是如果弦绷得太紧，就会断掉。你需要将压力控制在适当的水平——使压力的程度能够与你的心智相协调。”

随着生活节奏加快、工作压力增加、人际关系日益复杂、家庭生活也充满越来越多的变数……情绪、心理疾患正日益困扰着现代人，在生活和工作的重压下，很多人常常控制不住自己的情绪，结果不仅影响自己的形象，还给周围的人造成不好的影响。

40岁的阿利是一位IT高级经理，脾气好在单位里是出了名的。但最近这两个月部门的销售形势出现了“瓶颈”，尽管辛辛苦苦每天在外面跑，可业绩榜上还是“吃白板”。一天老板关起门，“和颜悦色”地给他上起了销售培训课，即便没有一句训斥的话，可他还是觉得心里不痛快。而平时十分细心的助理丽丽却在这时把一份报告接连打错了好几个字。一股无名之火立马蹿了上来，他拍着桌子把报告扔到了丽丽头上，小姑娘眼泪滴滴答答地往下流，他还是喋喋不休。后来他冷静下来，自己也觉得情绪失控，追根寻源，还是工作压力太大惹的祸。

无处不在的压力给现代人的情绪带来了恶劣的影响，你肯定也有亲身体会：莫名其妙地发脾气、烦躁，看什么都不舒服；坐公交车、地铁，看旁边两个人有说有笑你就生气；别人不小心踩了一下你的脚，你就像找到发泄的渠道一样，与其大吵一架……其实，这些负面情绪无一不是压力带给你的。当压力越来越大，你的情绪越来越差时，结果只有两个，那就是不在压力中爆发，就在压力中灭亡。当然，这两个结果我们最好是选择前者，情绪不好，发泄出来就可以缓解了。

姜玲是一家大型公关公司的客户总监，平均每天要工作10个小时以上，最不能忍受的是，常常要同时应对客户、同事、上司几方面的压力。“3个月前接一个项目，客户是一家外地民营公司，不了解这边的情况，提出很多无理的要求。这两个多月，我不断地打电话、发电子邮件，光是'空中飞人'就飞五六次，就是为把事情沟通好。”

“实在是压力太大！”35岁的姜玲说。

这边的事情还未处理好，同事中又有临时“掉链子”的，作为项目负责人的姜玲终于崩溃了。“那天我回到家，一个人喝了半瓶红酒，突然觉得很累，也很委屈，就趴在枕头上大哭了一场，嗓子都哭哑了，然后就睡着了。”“哭能让我的心情变好。”第二天清醒过来的姜玲意识到这一点。

在有些城市的部分白领中，有一种被称为“周末号哭族”的群体，而这种看似奇怪的方式正是他们舒缓压力的途径。

不良压力使人感到无助、灰心、失望，它还能引起身体和心理上的不良反应；良性压力能够给人以动力，使人愉快并能有效地帮助人们生活。既然无法逃避压力，就要学会正确对待压力。

及时排解不良情绪，把心中的不平、不满、不快、烦恼和愤恨及时地发泄出去。记住，哪怕是一点小小的烦恼也不要放在心里。如果不把它发泄出来，它就会越积越多，乃至引起最后的总爆发。

勿让情绪左右自己

情绪如同一枚炸弹，随时可能将你炸得粉身碎骨。遇到喜事喜极而泣，遇到悲伤的事情一蹶不振，人世间的悲欢离合都被人的心绪所左右。

爱、恨、希望、信心、同情、乐观、忠诚、快乐、愤怒、恐惧、悲哀、疼痛、厌恶、轻快、仇恨、贪婪、嫉妒、报复、迷信都是人的情绪。情绪可能带来伟大的成就，也可能带来惨痛的失败，人必须了解、控制自己的情绪，勿让情绪左右了自己。能否很好地控制自己的情绪，取决于一个人的气度、涵养、胸怀、毅力。气度恢宏、心胸博大的人都能做到不以物喜，不以己悲。

激怒时要疏导、平静；过喜时要收敛、抑制；忧愁时宜释放、自解；焦虑时应分散、消遣；悲伤时要转移、娱乐；恐惧时要寻支持、帮助；惊慌时要镇定、沉着……情绪修炼好，心

理才健康。

空姐吴尔愉是个控制情绪的高手。她的优雅美丽来自一份健康的心态。她认为，当心里不畅快的时候，一定要与人沟通、释放不快。如果一个人习惯用自己的优点和别人的缺点相比，对什么都不满意，却对谁都不说，日积月累，不但她的心情很糟糕，而且她的皮肤也会粗糙，美貌当然会减半。所以，有不开心、不顺心的事，她一定找一个倾诉的伙伴。不但自己能一吐为快，朋友也能从旁观者的角度给她建议，让她豁然开朗。

在工作中，她更善于控制情绪，让工作成为好心情的一部分。飞机上常常遇见刁钻、挑剔的客人。吴尔愉总是能够让他们满意而归。她的秘诀就是自己要控制好情绪，不要被急躁、忧愁、紧张等消极情绪所左右，换位思考，乐于沟通。

有一位患上皮肤病的客人在飞机上十分暴躁，一些空姐都对他很生气。此时吴尔愉却亲切地为他服务，并且让空姐们想想如果自己也得了皮肤病，是否会比他还暴躁。在她的劝导下，大家都细心照顾起这位乘客来。

做自己情绪的主人，是吴尔愉生活的准则，也是她事业成功的秘诀。以她名字命名的“吴尔愉服务法”已成为中国民航首部人性化空中服务规范。能适度地表达和控制自己的情绪，才能像吴尔愉一样，成为情绪的主人。人有喜怒哀乐不同的情绪体验，不愉快的情绪必须释放，以求得心理上的平衡。但不能过分发泄，否则，既影响自己的生活，也会在人际交往中产生矛盾，于身心健康无益。

当遇到意外的沟通情境时，就要学会运用理智，控制自己的情绪，轻易发怒只会造成负面效果。

累了，去散散步。到野外郊游，到深山大川走走，散散心，极目绿野，回归自然，荡涤一下胸中的烦恼，清理一下混乱的思绪，净化一下心灵尘埃，唤回失去的理智和信心。

唱一首歌。一首优美动听的抒情歌，一曲欢快轻松的舞曲或许会唤起你对美好过去的回忆，引发你对灿烂未来的憧憬。

读一本书。在书的世界遨游，将忧愁悲伤统统抛诸脑后，让你的心胸更开阔，气量更豁达。

看一部精彩的电影，穿一件漂亮的新衣，吃一点最爱的零食……不知不觉间，你的心不再是情绪的垃圾场，你会发现，没有什么比被情绪左右更愚蠢的事了。

生活中许多事情都不能左右，但是我们可以左右我们的心情，不再做悲伤、愤怒、嫉妒、怀恨的奴隶，以一颗积极健康的心去面对生活中的每一天。

PART

03

解救被情绪绑架的理性

换个视角看人生

当我们面临困惑时，如果能够静下心来，坦然面对，那么当我们从出口走出去时，就有可能看到另一番天地。在我们的生活与工作中，遇到困难或是难以跨越的“坎”时，不妨尝试换一种思考方式和解决办法，也许很快就能解决问题。问题的出口其实就是自己的人生蜕变，是自己理性地坦然面对问题的勇气和决心，是洒脱后的平静。

战时，汤姆森太太的丈夫到一个位于沙漠中心的陆军基地去驻防。为了能经常与他相聚，她搬到那附近去住，这样就可以解除相思之苦了。可是现实使她非常痛苦。那里实在是个可憎的地方，她简直没见过比那更糟糕的地方，对于她来说，那里简直是个噩梦。

她丈夫出外参加演习时，她就只好一个人待在那间小房子里。没有人跟她说话，由于是住在沙漠里非常热，汗都没有来得及出来就晒干了。她不敢出去，怕晒晕过去，而且外面风沙很大，到处是沙子，能见度极低，说不定走着走着，就迷路了，所以她只好乖乖地待在房子里。

汤姆森太太觉得自己倒霉透了，于是她写信给父母，告诉他们她放弃了，她准备回家，她一分钟也不能再忍受了，这个地方像是牢房一样，什么也干不了，没有亲人，没有朋友，她很孤独，她宁愿离开丈夫也不想待在这个鬼地方。

过了一个月，她的父亲回信了，信上只有一句话，之后这一句话常常萦绕在她的心中，并改变了汤姆森太太的一生：有两个人从铁窗朝外望去，一个人看到的是满地的泥泞，另一个人却看到满天的繁星。

她把父亲的这一句话反复念了很多遍，忽然间觉得自己很笨，于是她决定找出自己目前处境的有利之处。她开始和当地的居民交朋友，他们都非常热心。当她在家无聊的时候，她就开始写作，当她需要书籍的时候，就让家人给邮寄过来。就这样日复一日，年复一年。最终她的稿子被一家出版社看中，并发行成书，从此，汤姆森太太成为一名著名的作家。

是什么给汤姆森太太带来了如此惊人的变化呢？沙漠没有改变，改变的只是她自己。她是一个高情商的人，她改变了面对生活的态度，正是这种改变使她有了一段精彩的人生经历，她发现的新天地令她既兴奋又刺激。在那片沙漠里，她找到了美丽的星辰。

伟大的心理学家阿德勒究其一生都在研究人类及其潜能，他曾经宣称他发现人类最不可思议的一种特性——人具有一种反败为胜的力量。这是一种高情商的表现，一个人具有什么样的心态，他就成为一个什么样的人，他就能够拥有一个什么样的人生。

汤姆森太太的故事也恰好说明了这样一个朴素的道理：人可以通过改变自己的心境来改变自己的人生。对于身处逆境中的人来说更是如此。如果你不满意自己的现状，想改变它，那么首先应该改变的是你自己，如果你有了积极的心态，转换一个角度，你就会看到不一样的风景，并且能够积极乐观地改善自己的环境和命运，你周围所有的问题都会迎刃而解，这是理性的控制情绪的方法。

生活总是很多彩，又难以让人琢磨透，换一种心情去生活会让你感受到生命的精彩。有这样一个句歌谣："别人骑马我骑驴，仔细思量总不如，回头再一看，还有挑脚夫。"这首歌谣虽理浅，足以醒世。哲人说：人生是块多棱镜，从不同的角度比较，会产生不同的效果。

从现在起，我们要与自己的心灵对话。人生一直处于比较之中，人的心灵和身体也在不停地进行对话。20世纪科学家为此已经做出了令人信服的科学解释。心灵的对话不单单是抽象的观念性东西，还会产生影响身心健康的物质性东西，这就是常说的荷尔蒙。

一个人遇上不如意的事，心情不好时，大脑就会分泌出影响身心健康的荷尔蒙。反之，遇事能正确对待，心情舒畅时，脑内就会分泌出增强健康的荷尔蒙。荷尔蒙是在人体细胞之间传递信息的物质，大脑也就是通过它向全身传递命令，进行心灵对话的。

据说，人在发怒或情绪紧张时，体内会分泌出去甲肾上腺素；感觉恐怖时，体内会分泌出肾上腺素。这些荷尔蒙如果过量分泌，对人体十分有害。如果人的心情愉快，常常能把事情往好的方面去想，体内就会分泌出具有活跃脑细胞、增强体质功能的荷尔蒙。

我们的痛苦通常不是问题的本身带来的，而是我们对这些问题的看法而产生的。这是一句十分经典的话，它引导我们学会解脱。解脱的最好方式是面对不同的情况时，用不同的思路从多角度分析问题。因为事物都是多面性的，视角不同，所得的结果就不同。

但任何困难都是可以解决的。一个问题就是一个矛盾的存在，而每一个矛盾只要找到了合适的介点，就可以把矛盾的双方统一。只是这个介点不停地变幻，它总与那些处在痛苦中的人玩游戏。

所以，我们需要换个视角看人生，这样你就会从容、坦然地面对生活。当痛苦向你袭来的时候，不要悲观气馁，要寻找痛苦的原因、教训及战胜痛苦的方法，勇敢地面对多舛的人生。

换个视角看人生，你就不会为战场失败、商场失手、情场失意而颓废，也不会为名利加身、赞誉四起而得意忘形。

换个视角看人生，是一种突破、一种解脱、一种超越、一种高层次的淡泊宁静。

换一个视角看待世界，世界无限宽大；换一种立场对待人生，人生无处不自在。

✿ 你是情绪的**奴隶**吗

有人曾说，只要征服自己的感情和愤怒，就能征服一切。这正说明了人应该掌握自己的情绪，而不是成为情绪的奴隶。然而，有很多人都陷于愤怒、忧郁、恐惧等消极情绪的陷阱里不能自拔。

经济学教授詹纳斯·科尔耐曾说："我把人在控制自我情感上的软弱无力称为奴役。因为一个人为情感所支配，行为便没有自主之权，而受命运的宰割。"所以，做自己感情的奴隶比做暴君的奴仆更为不幸。

1939年，德国军队占领了波兰首都华沙，此时，卡亚和他的女友迪娜正在筹办婚礼，在光天化日之下卡亚被纳粹推上卡车运走，关进了集中营。卡亚陷入了极度的恐惧和悲伤之中。

一同被关押的一位犹太老人对他说："孩子，你只有活下去，才能与你的未婚妻团聚。记住，要活下去。"卡亚冷静下来，他下定决心，无论日子多么艰难，一定要保持积极的精神和情绪。所有被关在集中营的犹太人，他们每天的食物只有一块面包和一碗汤。许多人在饥饿和严酷刑罚的双重折磨下精神失常，有的甚至被折磨致死。卡亚努力控制和调适着自己的情绪，把恐惧、愤怒、悲观、屈辱等抛诸脑后。在这人间炼狱中，卡亚奇迹般地活下来。他不断地鼓舞自己，靠着坚忍的意志力，维持着衰弱的生命。

1945年，盟军攻克了集中营，解救了这些饱经苦难、劫后余生的人。卡亚活着离开了集中营。若干年后，卡亚把他在集中营的经历写成一本书。他在前言中写道：“如果没有那位老者的忠告，如果放任恐惧、悲伤、绝望的情绪在我的心间弥漫，很难想象，我还能活着出来。”

是卡亚自己救了自己，他用积极乐观的情绪救了自己，他战胜了不良情绪，他主宰了情商，他不是情绪的奴隶。

人的情绪无非两种：一是愉快情绪，二是不愉快情绪。无论是愉快情绪还是不愉快情绪，都要把握好它的“度”。否则，愉快过度了，即要乐极生悲。

至于不愉快过度的悲剧更多。有资料讲，80%的溃疡病患者有情绪压抑的病史，还有急躁易怒者易患高血压、冠心病，自卑、精神创伤、悲观失望者易患癌症。生气也是一种不良情绪，“气为百病之长”。其实生气有很多坏处：

（1）生气会在无意中伤害无辜的人，有谁愿意无缘无故挨你的骂呢？而被骂的人有时是会反

击的。大家看你常常生气，为了怕无端挨骂，所以会和你保持距离，你和别人的关系在无形中就拉远了。

（2）偶尔生生气，别人会怕你；常常生气，别人就不在乎，反而会抱着“你看，又在生气了”的心理，这对你的形象也是不利的。

（3）生气也会影响一个人的理性思维，使之对事情做出错误的判断和决定，而这也会成为别人对你最不放心的一点。

（4）生气对身体不好，不过别人是不在乎这点的，气坏了身体是你自己的事。

总之，坏情绪就是低情商的表现，它只会给我们带来坏处，不会带来好处。所以，学会控制情绪是我们成功的要诀。世上有许多事情的确是难以预料的，人与人的相处也难免会有磕磕碰碰。人的一生有如繁花，既有红火耀眼之时，也有暗淡萧条之日；人与人相处，既可能如亲人一样互敬互爱，也可能如敌人一样发生碰撞摩擦。但是，不管我们面对着怎样的境遇，都要尽量保持自己的风度，既不要自暴自弃，也不可盛气凌人。

然而，总有许多人不停地抱怨命运的不公，自己付出了辛劳的汗水，得到的却是失败和痛苦。究其原因，是因为他们不会调节自己的情绪，他们需要情绪锻炼，那么怎么才能摆脱“情绪奴隶”这个称号呢？情绪不是不可以控制的，这需要平日的锻炼。

（1）要学习辩证法，懂得用一分为二、变化发展的眼光看问题，在任何情况下，都不要把事物看“死”。

（2）要陶冶情操，培养广泛的兴趣，如书法、绘画、弈棋、种花、养鸟等，可择自己所好，修身养性。

（3）不要经常发脾气，遇事要量力而行，要有自知之明，要相信别人，多为别人着想。还有，要学会倾诉。有欢乐，不妨学学孩子跳几跳，放开嗓子吼几句。有苦恼，也不要闷在肚里，可向亲朋倾诉一番，甚至大哭一场。

（4）要广交朋友，消除孤独。多参加些体育锻炼，也是与情绪锻炼相辅相成、一举两得的好方法。

哈佛学者曾说："不要做情绪的奴隶，要做情绪的主人。"想要成为一个高情商者，首先就要学会控制情绪，这样你才可以如鱼得水地处理任何事情。那么从今天开始，让我们每天坚持情绪锻炼，做一个高情商的人。

情绪是怎样"冒"出来的

是什么原因使我们产生了情绪？情绪来自何方？

科学研究表明，我们大脑中枢的一些特殊的原始部位明显地掌控着我们的情绪。但是，人类语言的使用和更高级的大脑中枢又影响和支配着比较原始的大脑中枢。影响着我们的情绪和行为的主要原因是我们自己的思维。

另外，有些专家也指出，遗传结构只是在很小程度上决定着你是倾向于安静还是倾向于激动。而孩提时的经验和当时周围人的情绪则影响着你的情绪。各种生理因素（如疾病、睡眠缺乏、营养不良等）可能使你变得容易激动。由上可见，情绪是因多种情感交错而引起的一连串反应，与环境有着密不可分的互动关系，它并不是呼之即来、挥之即去的。

对大部分人来说，这些因素并不能完全决定我们对周遭满意的程度，也不能决定我们能否免受焦虑、愤怒和抑郁之苦。我们的情绪在很大程度上受制于我们的信念、思考问题的方式。这正是情绪不易控制的真正原因。

大体上，我们可以将情绪粗分为愉快和不愉快两种经验：

愉快的经验包括喜悦、快乐、积极、兴奋、骄傲、惊喜、满足、热忱、冷静、好奇心和如释重负等。不愉快的经验有失望、挫折、忧郁、困惑、尴尬、羞耻、不悦、自卑、愧疚、仇恨、暴力、讥讽、排斥和轻视等。其中它们又可分为合理的情绪和不合理的情绪。

上面讲述了情绪分为两大类，下面细分一下情绪的类别，情绪的种类很多，一般分为以下5种：

（1）原始的基本的情绪。具有高度的紧张性，包括快乐、愤怒、恐惧和悲哀。

（2）感觉情绪。包括疼痛、厌恶、轻快。

（3）自我评价情绪。主要取决于一个人对自己的行为与各种行为标准的关系的知觉。包括成就感与挫败感、骄傲与羞耻、内疚与悔恨。

（4）恋他情绪。这类情绪常常凝聚成为持久的情绪倾向或态度，主要包括爱与恨。

（5）欣赏情绪。包括惊奇、敬畏、美感和幽默。

这些情绪对人们起着至关重要的作用。由于情绪可能为我们带来伟大的成就，也可能带来惨痛的失败，所以，我们必须了解、控制自己的情绪。

我们几乎每天都要表达自己的情绪，“今天我高兴”“我现在很懊恼”“昨天那事让我感到很难过”“吓死我了”“真讨厌”“我喜欢你”……也会描述他人的情绪，“他太紧张了”“这人怎么这么开心”“我父亲对我很生气”“昨晚圣诞节舞会上，大家都很兴奋”。情绪是我们每个人不可缺少的生活体验，情绪是有血有肉的生命的属性，“人非草木，孰能无情”。

情绪无所谓对错，它常常是短暂的，会推动行为，易夸大其词，可以累积，也可以经疏导而加速消散。情绪的好和坏事实上与我们自己的心态和想法有关，与刺激关系并不大，一件事，在别人眼中看着是悲哀的，在你眼中也许就是喜乐的，主要看自己怎么想了。

情绪的表现形式是多种多样的，我们可以依据情绪发生的强度、持续的时间以及紧张的程度，把情绪分为心境、激情和应激反应3种类型。

（1）心境。心境是一种微弱、平静、持续时间很长的情绪状态，也就是我们大家常说的“心情”。心境是受到个人的思维方式、方法、理想以及人生观、价值观和世界观影响的。同样的外部环境会造成每个人不同的情绪反应。有很多在恶劣环境中保持乐观向上的例证，那些身残志坚的人、临危不惧的人都是值得我们学习的榜样。

（2）激情。激情是迅速而短暂的情绪活动，通常是强有力的。我们经常说的“勃然大怒”、“大惊失色”、“欣喜若狂”都是激情所致。很多情况下激情的发生是由生活中的某些事情引起的。而这些事情往往是突发的，使人们在短时间内失去控制。激情是常被矛盾激化的结果，也是在原发性的基础上发展和夸张表现的结果。

（3）应激反应。应激反应是由出乎意料的紧急情况所引起的急速而又高度紧张的情绪状态。人们在生活中经常会遇到突发事件，它要求我们及时而迅速地做出反应和决定，应对这样紧急情况所产生的情绪体验就是应激反应。在平静的状况下，人们的情绪变化差异还不是很明显，而当应激反应出现时人们的情绪差异立刻就显现出来。加拿大生理学家塞里的研究表明，长期处于应激状态会使人体内部的生化防御系统发生紊乱和瓦解，随之身体的抵抗力也会下降，甚至会失去免疫能力，由此就更容易患病。所以我们不能长期处于高度紧张的应激反应中。

控制自我是高情商的体现

一个成功的人必定是有良好自我控制能力的人，控制自我不是说不发泄情绪，也不是不发脾气，过度压抑会适得其反。良好的控制自我就是不要凡事都情绪化，任由情绪发展，而是要适度控制，这是一种能力的体现。

其实，人的情绪表现会受众多因素的影响，例如，他人言语、突发事件、个人成败、环境氛围、天气情况、身体状况等。这些因素可以按照来源分为外部因素（刺激）和内部因素（看法、认识）。两种因素共同决定了人的情绪表现和行为特征，其中个人的观点、看法和认识等内部因素直接决定人的情绪表现，而个人成败、恶言恶语等外部因素则通过影响情绪内因而间接影响人的情绪表现。

传说中有一个“仇恨袋”，谁越对它施力，它就胀得越大，以致最后堵死我们生存的空间。因此，当我们遇到生气的事情，不必将怒火点燃，实际上这于事无补。

情绪可以成为你干扰对手、打败对手的有效工具；反过来说，情绪也会成为对手攻击你的“暗器”，让你丧失理智，铸成大错。

电影《空中监狱》中有这样一段情节：从海军陆战队受训完毕的卡麦伦来到妻子工作的小酒馆，正当两人沉浸在重逢的喜悦中时，几个小混混不合时宜地出现了，对他漂亮的妻子百般骚扰。卡麦伦在妻子的劝阻下，好不容易按下怒火，离开酒馆准备回家去。没想到在半路上又遇到那帮人，听着他们放肆的下流话语，卡麦伦再也无法忍受了，他不顾妻子的叫喊，愤怒地冲过去和他们搏斗起来。混乱中，一个小混混从衣兜里掏出一把锋利的匕首，卡麦伦不假思索地夺过匕首，一刀捅入对方的胸膛……那人当场死亡了，卡麦伦因为过失杀人，被判了10年有期徒刑。无论他有多么后悔，也只得挥泪告别刚刚怀孕的妻子，在狱中度过漫长的痛苦时光……

卡麦伦的悲剧难道不是他自己造成的吗？如果他能够控制自己的情绪，不正面与小混混冲突，又怎会酿成如此悲剧？制裁坏人并不一定要靠拳头和武力，当时，如果卡麦伦能稍微理智一些，向警方求助，事情一定不会演变到这种地步。

控制自我情绪是一种重要的能力，也是一门难能可贵的艺术。一个不懂得控制自我的人，只会任由其情绪的发展，使自己有如一头失控的野兽，一旦不小心闯到熙熙攘攘的人群中，则会伤人伤己。人是群居的动物，不可能总是一个人独处，因此，一旦情绪失控，必将波及他人。控制自我情绪绝对是种必须具备的能力。

我们要认识到控制自我的重要。许多伟人之所以能够名垂千古，与他们的从容豁达、宠辱不惊有很大的关系。而芸芸众生中也许更多的是任由情绪的发泄，没有控制好自我的人。

美国研究应激反应的专家理查德·卡尔森说："我们的恼怒有80%是自己造成的。"这位加利福尼亚人在讨论会上教人们如何不生气。卡尔森把防止激动的方法归结为这样的话："请冷静下来！要承认生活是不公正的。任何人都不是完美的，任何事情都不会按计划进行。"理查德·卡尔森的一条黄金法则是："不要让小事情牵着鼻子走。"他说："要冷静，要理解别人。"他的建议是：表现出感激之情，别人会感觉到高兴，而你的自我感觉会更好。

学会倾听别人的意见，这样不仅会使你的生活更加有意思，而且别人也会更喜欢你；每天至少对一个人说，你为什么赏识他；不要试图把一切都弄得滴水不漏；不要顽固地坚持自己的权利，这会花费许多不必要的精力；不要老是纠正别人；常给陌生人一个微笑；不要打断别人的讲话；不要让别人为你的不顺利负责；要接受事情不成功的事实，天不会因此而塌下来；请忘记事事必须完美的想法，你自己也不是完美的。这样生活会突然变得轻松得多。

当你抑制不住生气时，你要问自己：一年后生气的理由是否还那么重要？这会使你对许多事情得出正确的看法。控制住自我，你的能力就会彰显出来。

情绪发电机

情绪就好像发电机一样，控制不好，它就会源源不断地充电，让我们招架不住，如果是好情绪，当然好，但如果是坏情绪，那么，就会影响我们的心情，情绪就成为真正的主人。要么你去驾驭生命，要么是生命驾驭你，而你的心态将决定谁是坐骑，谁是骑师。所以，想要成为情绪的主人，就要学会怎么控制住这个发电机。

在生活中，我们不可避免地会产生一些坏情绪，比如愤怒、怨恨、痛苦等，这些情绪虽然都会在一定程度上消耗我们的能量。但是，这些表面负面的感受也会有一些积极价值。在感到痛苦的时候，我们可以不断成熟，在逆境中可以不断成长。所以说，情绪发电机用好了，会帮助我们在人生的道路上少走许多弯路。

在有限的人生经历中，我们每天都会收到生活包裹起来的礼物，有甜蜜的惊喜，也有令人失望灰心的打击。即使是流泪，每个人也有不同的原因。有人哭泣，是因为伤心的事情太多；有人哭泣，是因为幸福的事情太多。这背后的差异，是一个人的情绪发动机工作的结果。如果这个发动机发出的是心情豁达、乐观的心态，那么我们就总能够看到事物光明的一面，即使在漆黑的夜晚，我们也知道星星在乌云的背后闪烁。如果发出来的是坏情绪，那么你会对幸福熟视无睹。

那么我们怎样把握好这个发电机、把握好自己的生活呢？

（1）自如的生活有属于自己的目标。有时，人们变得焦躁不安，是由于碰到自己所无法控制的局面。此时，你应承认现实，然后设法创造条件，使之向着自己的目标方向转化。

（2）要有一颗无限空间的心灵。大凡乐观的人往往是憨厚的人，愁容满面的人又总是那些不够宽容的人，他们看不惯社会上的一切，希望人世间的一切都符合自己的理想模式，这才感到顺心。

（3）当你变得浮躁、悲观之时，不如冷静地承认发生的一切，放弃生活中已成为你负担的东西，终止不能取得结果的活动，并重新设计新的生活，让自己的人生桌面换上属于自己的壁纸。

当你发现自己不会因为任何外在的改变而改变时，你就不会再因为一时的得意而沾沾自喜，也不会因为一时的失意而捶胸顿足；同样，你也不会因为别人的成就而感到暗淡，也不会因为别人的侮辱而冲动。

情绪具有感染力

将一个乐观开朗的人和一个整天愁眉苦脸、抑郁难解的人放在一起，不到半个小时，这个乐观的人也会变得郁郁寡欢起来。道理很简单，悲观者将自己的苦闷、抑郁传递给了他，人的情绪就是这么的奇怪。情绪具有感染力，那就让我们及时调整好自己的情绪，不要让你的坏情绪到处去“惹祸”了。

有这样一幅漫画：

有个小男孩被老师骂了一顿，心情非常不好，在路边遇到一条觅食的小狗，便狠狠踢了它一下，吓得小狗狼狈逃窜；小狗无端受了惊吓，见到一个西装革履的老板走过来，便汪汪狂吠；老板平白无故被狗这么一闹，心情很烦躁，在公司里逮住他的女秘书的一点小小过错就大发雷霆；女秘书回家后，越想越气，把怨气一股脑儿全撒给了莫名其妙的丈夫，两人吵了一架，把以前陈芝麻烂谷子的事都抖了出来；第二天，这位身为教师的丈夫如法炮制，把自己一个不长进的学生狠狠批评了一顿；挨了训的学生，也就是前面的那个小男孩怀着恶劣的心情放了学，归途又碰见了那条小狗，二话没说又一脚踹去……

看过漫画，大家都忍不住哈哈大笑，漫画用夸张的手法给我们展示了一条不良情绪的传染链。其实，我们每个人都可能是不良情绪的始作俑者，每个人也都是不良情绪的受害者。其实，只要中间的某个人可以控制住自己的情绪，这个恶性循环就不会再传递下去。

良好的情绪会带给周围人无尽的欢乐。如果我们仔细回想

一下，一定能够想得到许多因良好情绪而感染我们的例子。比如小区的物业人员总是真诚、友善地和你道一句“你好”“再见”之类的话语，你可能本来因忙碌而觉得心烦，但一听到他的问候、看到他的笑脸，你的内心也会绽放出一朵花来。许多经常来往的人的情绪会互相影响，也是基于这样的道理。但如果是坏情绪的传染，有时会带来毁灭性的灾难。

俄亥俄州立大学社会心理生理学家约翰·卡西波指出，人们之间的情绪会互相感染，看到别人表达的情感，会引发自己产生相同的情绪，尽管你并未意识到自己在模仿对方的表情。这种情绪的鼓动、传递与协调，无时无刻不在进行，人际关系互动的顺利与否，便取决于这种情绪的协调。

情绪的感染通常是很难察觉的，这种交流往往细微到几乎无法察觉。专家做过一个简单的实验，请两个实验者写出当时的心情，然后请他们相对静坐等候研究人员到来。两分钟后，研究人员来了，请他们再写出自己的心情。这两个实验者是经过特别挑选的，一个极善于表达情感，一个则是喜怒不形于色。实验结果，后者的情绪总是会受前者感染，每一次都是如此。这种神奇的传递是如何发生的？

人会在无意识中模仿他人的情感表现，诸如表情、手势、语调及其他非语言的形式，从而在心中重塑自己的情绪。这有点像导演所倡导的表演逼真法，要演员回忆产生某种强烈情感时的表情动作，以便重新唤起同样的情感。

研究发现，人容易受到坏情绪的传染，带着满肚子闷气，绷着脸回到家，摔摔打打，看什么都不顺眼，坏情绪便立刻传染给了全家，可能整个晚上甚至连续几天都不得安宁。同样，在家里怄了气，也会把坏情绪带到外面。这就像一个圆圈，以最先情绪不佳者为中心，向四周荡漾开去，这就是常被人们忽视的“情绪污染”。用心理学家的话说：情绪“病毒”就像瘟疫一样从这个人身上传播到另一个人身上，一传十、十传百，其传播速度有时要比有形的病毒和细菌的传染还要快。被传染者常常一触即发，越来越严重，有时还会在传染者身上潜伏下来，到一定的时候重新爆发。这种情绪污染给人造成的身心损害绝不亚于病毒和细菌引起的疾病危害。

同样，你听同一首歌，在家听的感受与到演唱会现场去听，结果肯定是大不一样，因为，在现场你的情绪受到了感染。认识到情绪这种特殊的“传染病”，我们就要重视它，并积极利用正面情绪，克制、舒缓负面情绪，这样才能拥有赢得成功的品质。

与其一天到晚怨天怨地，说自己多么不幸福，不如借由改变自己的情绪、个性来改变命运。没有人是天生注定要不幸福的，除非你自己关起心门，拒绝幸福之神来访。千万不可做个喜怒无常的人，让自己的心理状态完全被情绪左右，那样伤害的不只是别人，你自己也会因此失去拥有幸福的机会。

✿ 让烦恼不再找你

烦恼是一种不良情绪，忘掉自我，专心投入你当前要做的事情中，可以让你克服紧张情绪，保持一种泰然自若的心态。当许多事情过后，你会发现那不过是庸人自扰，根本没有你原先想象的那么复杂、困难。何苦非要与自己过不去呢？高情商的人往往会让烦恼过期，让快乐的情绪回到自己的身边。

球王贝利刚刚入选巴西最著名的球队——桑托斯足球队时，曾经因为过度紧张而一夜未眠。他翻来覆去地想着："那些著名球星们会笑话我吗？万一发生那样尴尬的情形，我有脸回来见家人和朋友吗？"一种前所未有的怀疑和恐惧使贝利寝食不安。虽然自己是同龄人中的佼佼者，但烦恼使他情愿沉浸于希望，也不敢真正迈进渴求已久的现实。

最后，贝利终于身不由己地来到了桑托斯足球队，那种紧张和恐惧的心情，简直没法形容。"正式练球开始了，我已吓得几乎快要瘫痪。"原以为刚进球队只不过练练盘球、传球什么的，然后便肯定会当板凳队员。哪知第一次，教练就让他上场，还让他踢主力中锋。紧张的贝利半天没回过神来，双腿像长在别人身上似的，每次球滚到他身边，他都好像看见别人的拳头向他击来。在这样的情况下，他几乎是被硬逼着上场的。

但当他迈开双腿，便不顾一切地在场上奔跑起来时，他便渐渐忘了是跟谁在踢球，甚至连自己的存在也忘了，只是习惯性地接球、盘球和传球。在快要结束训练时，他已经忘了桑托斯球队，而以为又是在故乡的球场上练球了。

那些使他深感畏惧的足球明星们，其实并没有一个人轻视他，而且对他相当友善。如果贝利一开始就能够相信自己，专心踢球，而不是无端地猜测和担心，就不必承受那么多的精神压力了。但是最后，他还是战胜了烦恼，让烦恼迅速过期，重新找回了自己。

有人说过：“既然你无法控制天气，那么为天气而烦恼岂不是庸人自扰？”

其实，消除烦恼最有效的办法是正视现实，摒弃那些引起你忧虑不安的因素。下面为大家提供一些消除烦恼的方法。

（1）更加现实地利用时间。人有时变得烦躁不安是由于碰到了自己无法控制的局面。此时，你应该设法创造条件，使现实向着对你有利的方面转化。例如，当你在商店、公共汽车站或某地排长队等待时，切不要为之烦恼。此时你可以把思想转向别的什么事上，诸如回忆一段令人愉快的往事，思考一下工作中所遇到的事情，也可以做几次深呼吸。

（2）做事情切莫一拖再拖。当面临一项既艰巨又必须完成的任务时，很多人能拖一天就拖一天。可是，这只能增加你的不安情绪，倒不如选择及时、圆满地去完成它。因为今天对你棘手的任务明天同样棘手，因此，你应立刻行动、切莫等待。

（3）做事情不要急于求成。在怀有远大抱负和理想的同时，要注意树立短期目标，一步一步地实现你的理想，而不要急于求成，否则只会出现拔苗助长的结果。

（4）使自己静下心来。感到烦闷无聊时，最重要的是先使自己静下心来，再找其根源。什么都不做是消除烦恼的简单彻底而令人难以置信的良方，静观掠过的思绪，默数呼吸次数，再加以反省。

（5）合理宣泄心中的烦恼。当我们碰到情绪困扰时，最好找个亲密的朋友、亲戚、可依赖的同事，将自己的心绪倾吐出来，告诉他们，你需要他们的劝告和指导。就算他们不能给你什么具体的帮助，但只要他们能耐心地坐下来，静静地倾听，你倾吐完也会感到豁然开朗。

（6）采用其他的放松运动。放松运动并不一定只是体育方面，或类似的一些简单机械的活动，它还应包括所有能使你完全摆脱日常无味的工作、家庭琐事的活动。如弹奏乐器、绘画、养花种草以及唱歌、摄影等，培养自己的兴趣，才能找到一种寄托，从而忘记烦恼。

说出你的忧虑

哈佛大学中国政治学教授裴宜理常和她的学生说：“自己招来的忧伤是最大的忧伤。”哈佛企业管理学教授斯蒂芬·布莱德利也说：“智者的坚定不过是把焦虑深藏于心的艺术。”

人遇到困难，往往是成功的先兆，只有不怕困难的人，才可以战胜忧虑和恐惧。当然，消除忧虑的办法是始终存在的，但是人需要靠自己的能力消除恐惧，不能随便听信他人。如保罗·泰利斯博士所言：“在每个令人怀疑的深坑里，虽然感到绝望，但我们对真理追求的热情，依旧存在。不要放弃自己而去依赖别人，纵使别人能解除你对真理的焦虑。但不要因诱惑而导入一个不属于你自己的真理。”

忧虑，是人在面临不利环境和条件时所产生的一种抑制情绪。它是一种沉重的精神压力，使人精神沮丧，身心疲惫。无论是逃避问题还是对问题过分执着，实际上也只可能有两种结果。一种是问题并不像我们所想的那么糟，至少没有到无可挽回的地步。只要采取积极正确的态度，问题就会得到解决。这样，我们也就没有什么可忧虑的了。另一种是问题无法解决，那及早放弃比忧虑更明智。

忧虑是一种过度忧愁和伤感的情绪体验。正常人也会有忧虑的时候，但如果是毫无原因的忧虑，或虽有原因，但不能自控，显得心事重重、愁眉苦脸，就属于心理性忧虑了。

忧虑会使一个人老得更快，会摧毁他的容貌，甚至对其健康产生严重威胁。所以说，过度忧虑不可取。凡事退一步想，不要耿耿于怀，忧虑就会减少。

总之， 忧虑是有百害而无一利的，那么我们需要做的就是大声地说出自己的忧虑，让忧虑的阴霾远离我们。

把心事说出来，这是波士顿医院所安排的克服忧虑课程中最主要的治疗方法。下面是我们在那个课程里所得到的一些概念。其实我们在家里就可以做这些事。

（1）准备一本“供给灵感”的剪贴簿。你可以贴上自己喜欢的令人鼓舞的诗篇，或是名人名言。往后，如果你感到精神颓丧，也许在本子里就可以找到治疗方法。在波士顿医院的很多病人都把这种剪贴簿保存好多年，他们说这等于是替你在精神上“打了一针”。

（2）要对你的邻居感兴趣。对那些和你在同一条街上共同生活的人，要保有一种很友善也很健康的兴趣，这样就没有孤独感了，你对别人感兴趣，那么你会很快与邻居成为朋友，随之而来的就是邻居的热情与关爱，最后，忧虑会不自觉地远离你。

（3）今晚上床之前，先安排好明天工作的程序。有很多家庭主妇因为忙不完的家事而感到疲劳。她们好像永远都做不完自己的工作，老是被时间赶来赶去。为了要治好这种忧虑，建议各位家庭主妇在头一天就把第二天的工作安排好，结果呢？她们能完成很多的工作，却不会感到疲劳。同时还因为有成绩而感到非常骄傲，甚至还有时间休息和打扮。

（4）避免紧张和疲劳的唯一途径就是放松。再没有比紧张和疲劳更容易使你苍老的事了。也不会有别的事物比起忧虑对你的外表更有害了。如果你要消除忧虑，就必须放松。

当一些问题的确是超出了我们的能力所能解决的范围时，我们就需要乐观一些，就像杨柳承受风雨一样，我们也要承受无可避免的事实。哲学家威廉·詹姆斯说：“要乐于承认事情就是这样的情况。能够接受发生的事实，就是能克服随之而来的任何不幸的第一步。”

每个人都希望自己的生活过得一帆风顺，轻轻松松，简简单单，然而生活却有多种忧虑。例如，追求的失落、奋斗的挫折、情感的伤害，等等，这些都让我们的心灵背上了沉重的负荷。面对这样的忧虑，我们要适当地说出来，要想获得平和的心，有一个最重要的方法，那就是注意为自己的心灵留下适当的空白，使自己的内心保持一定的余裕。

事实上，刻意地使心灵空白的确能有效地为人带来心安的感受。在这个过程中你可以将头脑中的忧虑、不安、沉重、憎恶等不良情绪“清空”，取而代之的是愉悦、安定、轻松、满足的好心情。

总之，我们不要把忧虑和恐惧隐藏在心中，这种办法是很愚蠢的。应该大声地说出来。内心有忧虑烦恼，应该尽量坦白讲出来，这不但可以给自己从心理上找一条出路，而且有助于恢复理智，把不必要的忧虑除去，同时找出消除忧虑、抵抗恐惧的方法。

生活中不如意之事很多，只要你善于把握自我，控制好自己的情绪，说出忧虑，远离忧虑，自然就可以迎接阳光灿烂的每一天。

忙碌让你忘记痛苦

詹姆斯·墨塞尔是哥伦比亚师范学院的教育学教授。他在这方面说得很清楚：“痛苦最能伤害到你的时候，不是在你有所行动的时候，而是在你没有什么事可做的时候。那时候，你的想象力会混乱起来，使你想起各种荒诞不稽的可能，把每一个小错误都加以夸大。在这种时候，你的思想就像两部没有载货的汽车，乱冲乱撞，撞毁一切，甚至自己也会变成碎片。消除痛苦的最好办法，就是要让你自己忙碌起来，去做一些有用的事情。”

如果我们觉得生活郁闷，做什么事都提不起精神，这时不妨让自己忙起来，用行动驱除忧闷，这样你就会不知不觉地快乐起来。

苏茜是一位五十多岁的美国女性，她婚姻幸福，有两个十多岁的女儿，她自己开了一家公司，专门为名人制作特许产品。她还是一位艺术家，她梦想开办个人画展——墙上挂满了画，被家人朋友簇拥着，用香槟酒招待来宾。

苏茜在纽约大学读研究生，研究电影制作。苏茜游泳游得不错，网球也打得不错，还是一位技术不错的摄影师。她滑雪、玩帆船，还做得一手好菜，喜欢招待朋友。她很有学问，风趣诙谐，是一个充满了快乐的人。

苏茜知道怎么寻找乐趣。她始终保持精力充沛的秘密就是主动找事做。如果邻居家的玫瑰花开得特别好看，她就会带着相机从自己家里飞奔出来给这些花拍照，而且会一连用掉三卷胶卷。然后她会为此画一幅粉笔画，去参加园艺展。她在不断奔忙中找到乐趣。如果她星期六早上在农产品的集市上买了十几个绿色鸡蛋，晚餐时她就会找几个邻居到家里的露台上一边吃煎蛋卷，一边看日落。高高兴兴地到处找事做，永远忙个不停——这就是她的快乐秘诀。

当我们开始行动起来时，整个世界似乎都会与我们的目标协调一致。我们的心中也会像满帆的船只一样，充满了前进的乐趣。因此，如果你要取得内心的快乐，就要紧随心灵的声音。

1774年，有一个人去参观教友会的疗养院，看见那些精神病人正忙着纺纱织布，这使他大为震惊。他认为那些可怜而不幸的人们，在被压榨劳力——后来教友会的人向他解释说，他们发现那些病人唯有在工作的时候病情才能真正有所好转，因为忙碌的工作能安定神经。

不管是哪个心理治疗医生，他都能告诉你：工作——让你忙着——是精神病最好的治疗剂。

当我们为什么事情担心时，请记住，我们可以把工作当作很好的古老治疗法。

也许世人都知道林肯是一位宽容、有怜悯心的总统，但是他的夫人玛丽是个脾气有点急躁的女性。他们二人由于家庭出身以及受教育的不同，导致性格差异极大。玛丽对林肯的责骂，时常令这个高大而和善的总统陷入深深的忧虑之中。

他在春田镇当律师的时候，为了逃避来自家庭的战争，他不得不让自己忙碌起来，这使得他无暇顾及他的婚姻生活，却因自己的投入，律师所的生意越来越好，他的名声也日益响亮。的确，让自己忙起来不失为一种智者的选择，既能忘却忧虑——准确地说是因为无时间去寻思忧虑，又能让自己的工作更出业绩，这是多么难得的一举多得啊！

已故的哈佛大学医学院教授李察·柯波特博士说：“我很高兴看到工作可以治愈很多病人。他们所感染的，是由于过分迟疑、踌躇和恐惧等所带来的病症。工作所带给我们的勇气，就像爱默生永垂不朽的自信一样。”

要是你和我不能一直忙着——如果我们闲坐在那里发愁——我们会产生一大堆被达尔文称之为“胡思乱想”的东西，而这些“胡思乱想”就像传说中的妖精，会掏空我们的思想，摧毁我们的行动力和意志力。萧伯纳把这些总结起来说："让人愁苦的原因就是，有空闲来想想自己到底快不快乐。"

所以不必去想它，摩拳擦掌地让自己忙起来，你的血液就会加速循环，你的思想就会开始变得敏锐。

著名诗人亨利·沃兹沃斯·朗费罗在他年轻的妻子去世之后发现了这个道理。有一天，他太太点了一支蜡烛，来熔一些信封的火漆，结果导致衣服烧了起来。最后因烧伤而亡。

有一段时间，朗费罗没有办法忘掉这次可怕的经历，他几乎要发疯。虽然他很悲伤，但还是要既当爸又当妈地照料孩子。他带她们出去散步，给她们讲故事，和她们一同玩游戏，还把他们父女间的亲情永存在《孩子们的时间》一诗里。他还翻译了但丁的《神曲》。

这些工作加在一起，使他忙得完全忘记了自己，也重新得到了思想的平静。就像泰尼森在最好的朋友阿瑟·哈勒姆死时曾经说的那样："我一定要让自己沉浸在工作里，否则我就会在绝望中崩溃。"

我们不妨让自己忙起来，让工作解除我们的痛苦，为我们带来充实的成就感。这样我们会神清气爽许多。

第三章

沦为欲望动物：人为什么管不住自己

PART

01

为什么我们管不住自己的欲求

为什么人的**权力欲望**会不断膨胀

人对权力的欲望会不断膨胀，这在罗素的《权力论》里被称作人的本性。他还认为人对经济的需求尚可得到满足，但对权力的追求则永远不会得到满足；正是因为对权力的无止境追求，各种社会问题频频发生。罗素认为人的权力欲具有不断扩张的特性，所以应当节制个人、组织和政府对权力的追求。

人对权力的无限欲望驱使其在一定条件下做出可憎可恨的行为——这是人们不得不接受的现实，不见得非得是邪恶的人才会做出恶劣，甚至是邪恶的事情来。人们都试图调整他们周围环境中的事物，来满足自己的需要。无论从何种意义而言，你都拥有控制环境的能力，这也是你所拥有的权力。例如，你一进屋子，就径直将空调的温度调高或调低，这时，你就在运用你的权力。当然，你还可以通过其他方式来控制环境。

权力对于许多人来说可以带来许多好处。在现实社会生活中，不同职业的人手里多多少少都有点权力。

VIP

越有权力的人就越爱使用权力。“权力即强力。”一旦拥有权力，我们是更应该慎重行事，还是更大胆地行事呢？心理学家对这一问题进行了调查，结果是多数赞成后者，就是人只要有了权力，就会充分使用它。而且，他们不能对那些没有权力的人做出公正的评价，只是一味地夸耀自己的指挥能力。而且一般说来，人只要有了权力，就会充分地使用这些权力，这样就使自己与被管理者之间的权力差距越来越大。人们如此渴望权力，那么如果权力缺少制约会怎么样呢？心理学家发现，权力如果缺少体制约束，就会使人本性中“恶”的一面迅速膨胀。一个有权力的人，当没有受到恭维、抬举时，就会觉得丢面子受了莫大的委屈而无法忍受，从而做出过激的行为。战争中许多军人之所以会做出各种残忍行为，正是由于这种追求权力的心理。

某个人对一种权力的拥有可以来自上级部门的正式的合法授予，也可以来自一些非制度性安排的，但又实际上存在的非正式权力。这也就是显性权力与隐性权力之别。显性权力是组织中正式的、合法的、制度性的基础权力。这种权力在企事业单位中通常表现为下级要服从上级，也被称为合理合法权力。而隐性权力往往来自机构中的非正式组织，例如由于个人的能力、知识、品德等在群体中所形成的威望，某人由于与权力高层所形成的某些特殊的关系而拥有的影响力等。这些影响力在制度上没有被承认，但真实存在，因此也被普遍认为是权力的一种。显性权力一般有明文规定的权力运用范围和权力运用的方式，以及明确规定的利益及相应责任，从而制约权力拥有者对权力的运用；而隐性权力并没有明确规定所应当承担的相应责任，也相应缺乏一套有效的约束机制。

权力的力量如此之大，故许多人都热衷于追求它。但是过度追求权力则会带来某些负面影响，所以对权力的追求应当适度。

利用“狄德罗效应”

人对很多事物怀抱一种“愈得愈不足”的心态：在没有得到某种东西时，内心很平衡，生活很稳定。而一旦得到了，反而开始不满足，认为自己应该得到更多。这种心态我们称之为“狄德罗效应”。

法国著名哲学家丹尼斯·狄德罗的朋友赠给他一件精致华美的睡袍，他感到非常开心。回家后他迫不及待地穿着睡袍在书房里走来走去，想要体验穿新衣的快乐。可是很快他就发现自己丝毫快乐不起来：家里的旧式家具、肮脏的地板以及各种陈设在新袍子的衬托下显得十分不和谐，看着很不顺眼。于是他再没有心思去感受袍子的舒适和华贵，而是赶紧把家里陈设都换成新的，以求跟新袍子相匹配，结果花了很大力气。事情做完后，他开始懊恼，意识到自己被一件袍子控制了：在没有得到这件袍子之前，他对家中的陈设感到很满意。得到新袍子后，为了满足与新袍子相匹配的欲望，他不得不更换新的家具。为了一件袍子，他付出了巨大的精力和金钱。

在我们的生活中，到处都能看到狄德罗效应的影响。老百姓生活中最常见的就是：当一个人花了几十年积蓄才买到几十平方米的商品房，为了对得起购买的价值，往往还要大费周章地装修一番，铺大理石，装实木门，配红木硬家具，添置各种摆设……装修完毕后，还得考虑出入这样的住宅得有好的行头，于是着装档次也提升了。可是口袋里的钱也越花越不够了，最后捉襟见肘，只能打肿脸充胖子。所以，尽量不要购买非必需品。因为如果你接受了一件，那么你会不断地接受更多不必要的东西。当然，生活中也不乏狄德罗效应的正面例子。人们在得到了比实际更高的赞誉时，能激励人以更高的标准要求自我。

有一位先生娶了一位泼妇，他们经常吵架。这天，一个机缘巧合，先生在下班的路上得到了一束百合花，并把这束花带回家。前来开门的妻子看到丈夫手中的花，眼神顿时变得温柔了，她欣喜地问丈夫为什么买花给她。丈夫不忍心破坏妻子的好心情，就随口回答了一句："我觉得你像百合一样清新美好而有气质。"这位妻子相信了丈夫的话。从那以后，妻子有了大转变，说话轻声慢语，对丈夫体贴温柔，变得越来越有气质。

我们如何更好地发挥"狄德罗效应"，让它给我们带来积极肯定的意义呢？

第一，相信自己可以配得上华贵的袍子。在这里，我们把"狄德罗的袍子"看作是更高更好的追求。人们在树立了远大理想抱负的时候，就会逼着自己摆脱落后的现状，去积极追求更好的生活。那些之所以成功的人，正是坚信自己一定能摆脱贫穷的命运，相信自己是穿华贵袍子的人，于是努力去追求和创造，才拥有了今天我们看到的美好生活。

第二，从一点一滴做起，逐步完善目标。缺乏自信心的人往往会说：“你看，我什么都做不好，我没有任何优点，我一事无成。”可谁是一蹴而就的呢？灰心丧气的时候想一想孩童的牙牙学语、蹒跚学步，成功的经验都是一步一个脚印，从一点一滴积攒起来的。

虽说要懂得知足常乐，但有时候适当地提高一点要求，树立一个更高的目标，也许能更好地激发斗志，获得更大的成功。

当出轨成癖

婚姻，是一种建立在感情基础上的契约关系。然而有时候，这种特殊的契约关系却很脆弱，男女双方一次偶然的出轨，就有可能使这种关系支离破碎。

随着社会的发展，现代人的爱情观、婚姻观甚至道德观都在发生改变。婚外情的激增成为很多夫妻选择离婚的主要原因。80%以上的情感关系最终宣告破裂，是因为第三者的介入。60%以上的人遭遇过不同程度的身体出轨或精神出轨。50%以上的人认为自己的出轨是“鬼使神差”，虽然对出轨的后果表示后悔，认为自己是稀里糊涂发生的婚外情，但与此同时，他们承认出轨给自己带来了前所未有的刺激感。说到是不是会再次出轨，大家普遍表示沉默，认为“说不准”。同时，几乎所有的人都认为，出轨后，自己再也无法回归到原先的婚姻恋爱轨道上。

可以这样说，不论哪个城市，夫妻离婚的第一原因是出轨。但现代人的出轨，很多时候是一种不自觉的行为，是一种病态心理——出轨癖。

另外，之前夫妻遭遇婚外情，通常都是男性出轨，而到了2008年、2009年，已婚女性的出轨率呈明显快速上升的态势。

为什么出轨会成为一种癖好呢？

由于经济步伐的加快，人们生活节奏步伐由缓变急，工作上的压力不仅是出轨的成因之一，更重要的在于夫妻双方的爱在经过生活的荡涤之后复归于简单的柴米油盐之中，使夫妻关系更多的是被亲情所代替，这个时候，直面所谓忠贞的情感已经不复存在。工作压力有时往往成为夫妻双方争战的理由，而夫妻双方缺乏必要的沟通和理解，于是，在这种情况下，“蓝颜知己与红颜知己”成为他们释放压力的对象。于是，夫妻双方的观念抉择助长了出轨癖成风的现象。很多高呼“出轨能拯救婚姻”的人其实并无离婚之意，他们只是借此把可能的矛盾转移，作为“负面情感发泄口”。

而人在大环境下对情感缺乏必要的审慎态度，抱着及时行乐的观念，使出轨成了道德边缘独驾的一辆马车，而这辆马车却能够急速奔跑不必接受责罚。在这样的形势之下，出轨被默认为情感不和的另一种情感宣泄，才造成离婚率的上升。

此外，社交网站也成为最新型的“婚姻杀手”。社交网站确实让人们与老友新朋的距离更近了，在某种程度上给人们的“出轨行径”提供了方便。

当婚姻的变故骤然而降的时候，需要给自己多一点时间和空间，让自己做一点理性的准备。不要期望立刻拯救婚姻，因为最先需要拯救的是自己。知道对方出轨后，伴侣们常常会迁怒于第三者，继而将许多的精力放到与外来力量的对抗上。事实上，这么做不但无济于事，反而更容易加深婚姻的裂痕。对婚姻有利的做法是：隔离一周后，冷静地问对方："你希望怎么处置我们的婚姻？"

彼此忠诚是婚姻的重要原则，但比这一点更为重要的，是保持自尊。

"我就是要购物"

女人是天生的购物狂，当面对琳琅满目的商品时，哪怕是对自己毫无用处的商品，她们都会不假思索地买下来。购物消费从最初满足生活基本需求的简单行为，逐渐演变成女人最热衷的休闲活动，甚至是强烈的心理需求。

据专家分析，大部分女人都有购物狂倾向，只不过程度不同而已。与男人相比，女人购物缺少理性，资料显示，超过40%的女人对促销商品有购买欲。同时，女人消费更容易受到他人观点的左右，这也从侧面反映了女性消费的非理性。

不过，尽管如此，女人由于自

身的一些特点，通常在选择商品时要比男人细致，更注重产品在细微处的差别，也更加挑剔。从这点上看，女人的生意并不那么好做。如果厂家能在产品的设计和宣传上关注细节，则更能吸引女性消费者。此外，对女性而言，购物是她们释放压力的最常用方法。很多女性会在情绪不好时购物，以及时宣泄压力；情绪好时也购物，因为买了喜欢的东西可以体会到幸福感。

女人之所以喜欢上街购物，通常有以下几种心理：

第一，审美心理。女人一般都很爱美，不但希望把自己打扮得漂漂亮亮，还特别喜爱其他美丽精致的东西，而精美怡人的商品正是美的集中表现。女人爱逛商店有一个很重要的动机，就是去欣赏这些美，从而体验到一种赏心悦目的快乐。

第二，爱占便宜的心理。在商品价格上，女人比男人更加相信“货比三家，价比三家”的道理。女人买东西通常会比较几家商店的同类商品价格，经过一番斟酌比较后，选择最便宜的价格。女人不愿承担过高的风险，这就注定了女性对花销更谨慎，对价格更敏感。这也从一个侧面证明了促销活动对女性购物决策的影响力会比较大。因为在商家打折、送礼、限量发行的蛊惑下，女人时常会油然而生一种购物冲动。结果是，花很多钱买回一些自己并不需要的东西。每次购物热情散去，只好冷眼看着个人居所成了部分商品的分散“仓储库”。

第三，知晓心理。常常可以看到这样的现象，一位女士在服装柜台前，仔细地询问一番价格以及质地之后，并不购买。女人把对某些商品的了解，当作一种本领。女人一般都喜欢时尚，需要不断地从商店中获得最新流行信息。有些女人就是凭借对商品行情的了解和对流行服饰的敏感，而在群体中获得一定地位。

第四，获得尊重的心理。当女人一踏进商店的大门，受到许多服务人员亲切而殷勤的接待时，她们就会产生一种高高在上的感觉。商店内美丽华贵的物品不但能够满足女人们的购物欲，还可以衬托出女性的高贵气质。奢侈的羊绒衫、珍贵精致的花瓶，只要是自己看好的东西，就算再贵也在所不惜，“有了它我的人生就完美了”。这也是女人宠自己的具体表现。

第五，群体认同心理。女性逛街一般都喜欢结伴而行，通过购物和好友进行交流，比如买东西时朋友之间可以互相提供参考意见。这种人际交往方式更轻松，相互之间更容易获得人际交往的满足感。

为什么越**得不到**的东西，就越想得到

无法知晓的事物，比能接触到的事物更有诱惑力，也更能强化人们渴望接近和了解的诉求，这是人的好奇心和逆反心理在作怪。

古希腊神话中的普罗米修斯盗天火给人间后，主神宙斯为惩罚人类，想出了一个办法：他命令以美貌著称的火神赫菲斯托斯遣了一个美丽的少女，让神使赫耳墨斯赠给她能够迷惑人心的语言技能，再让爱情女神赋予她无限的魅力。她被取名为潘多拉，在古希腊语中，“潘”是“一切”的意思，“多拉”是“礼物”的意思，她是一个被赐予一切礼物的女人。

宙斯把潘多拉许配给普罗米修斯的弟弟耶比米修斯为妻，

并给潘多拉一个密封的盒子，并叮嘱她绝对不能打开。

然后，潘多拉来到人间。起初她还能记着宙斯的告诫，不打开盒子，但过了一段时间之后，潘多拉越发地想要知道盒子里面究竟装的是什么。在强烈的好奇心驱使下，她终于忍不住打开了那个盒子。于是，藏在里面的一大群灾害立刻飞了出来。从此，各种疾病和灾难就悄然降临世间。

宙斯用潘多拉无法压抑的好奇心成功地借潘多拉之手惩罚了人类。这就是所谓的“潘多拉效应”，即指由于被禁止而激发起欲望，导致出现“小禁不为，愈禁愈为”的现象。通俗地说，就是对越是得不到的东西，就越想得到；越是不好接触的东西，就越觉得有诱惑力；越是不让知道的东西，就越想知道。

心理学家普遍认为，好奇心是求新求异的内部动因，它一方面来源于思维上的敏感，另一方面来源于对所从事事业的至爱和专注。而逆反心理是客观环境与主体需要不相符合时产生的一种心理活动。逆反心理具有强烈的情绪色彩。形成逆反心理的原因比较复杂，既有生理发展的内在因素，又有社会环境的外在因素。一般地说，产生逆反心理要具备强烈的好奇心、企图标新立异或有特异的生活经历等条件。

“潘多拉效应”在现实生活中是普遍存在的。例如，收音机里播放的评书节目，每次都在最扣人心弦的地方停下，留下悬念，以使听众在第二天继续收听。再如，电视连续剧往往在剧情的关键处突然插播广告，这种做法除了能提高广告的收视率，更能吊足观众的胃口。

知道了这点，我们就可以变得更聪明一些：如果有人故意吊我们的胃口，我们要保持冷静、不为所动，避免受“潘多拉效应”的影响。例如，捂紧钱包，不被商家的“饥饿营销法”蛊惑。但是，如果对方是善意的，故意卖关子是为了给你一个惊喜，那么，你就要积极配合，否则会很扫兴的。

其实，在日常生活和工作中，我们除了被动地受“潘多拉效应”的影响，还可以主动地运用“潘多拉效应”来达到自己的目的，或是避开“潘多拉效应”，以免出现事与愿违的结果。

日本小提琴教育家铃木曾经创造过一种名为“饥饿教育”的教学法。他禁止初次到自己这里学琴的儿童拉琴，只允许他们在旁边观看其他孩子演奏，把他们学琴的兴趣极力地调动起来后，铃木才允许他们拉一两次空弦。这种教学法使得孩子们学琴的热情高涨，努力程度大增，进步也就非常迅速。

“潘多拉效应”在我们的生活中普遍存在，了解其原理后，可以带给我们更多的启示。

PART

02

给欲望一个合理的限度

欲望让你的人生烦恼不安

我们接受教育和训练的目的是什么呢？难道是为了得到别人口头上的称赞吗？当然不是。其实在这个世界上真正值得尊重的事情并不是那种无价值的所谓名声，而是根据自身恰当的结构推动自己，即使自己不屈服于身体的引诱，不被感官压倒，只做自己应该做的事情，而不追求其他多余的东西，即不产生任何欲望。

人的一生是短暂的，很快我们就将化为灰尘，被世界遗忘。既然生命如此短暂，那在生活中被我们高度重视的东西也就是空洞的、易朽的和琐屑的，至于在肉体和呼吸之外的一切

事物，要记住它们既不是属于你的也不是你力所能及的。

有人问智者："白云自在时如何？"智者答："争似春风处处闲！"

那天边的白云什么时候才能逍遥自在呢？当它像那轻柔的春风一样，内心充满闲适，本性处于安静的状态，没有任何的非分追求和物质欲望，放下了世间的一切，它就能逍遥自在了。

保持自己的理性，放下世间的一切假象，不为虚妄所动，不为功名利禄所诱惑，一个人才能体会到自己的真正本性，看清本来的自己。否则，我们只能使自己的心灵处在一种烦恼不安的状态之中。就好像种植葡萄的人目的在种而不在收，如果还要希望自己的葡萄比别人大、比别人多，那他产生的这种欲望将会使自己失去心灵上的自由。因为他会变得不知足，会变得妒忌、吝啬、猜疑，会变得反对那些比他拥有更多葡萄的人。

县城老街上有一家铁匠铺，铺子里住着一位老铁匠。时代不同了，如今已经没人再需要他打制的铁器，所以，现在他的

铺子改卖拴小狗的链子。

他的经营方式非常古老和传统。人坐在门内，货物摆在门外，不吆喝，不还价，晚上也不收摊。你无论什么时候从这儿经过，都会看到他在竹椅上躺着，微闭着眼，手里是一只半导体收音机，旁边有一把紫砂壶。

当然，他的生意也没有好坏之说。每天的收入正好够他喝茶和吃饭。他老了，已不再需要多余的东西，因此他非常满足。

一天，一个文物商人从老街上经过，偶然间看到老铁匠身旁的那把紫砂壶，因为那把壶古朴雅致，紫黑如墨，有清代制壶名家戴振公的风格。他走过去，顺手端起那把壶。壶嘴内有一记印章，果然是戴振公的。商人惊喜不已，因为戴振公在世界上有捏泥成金的美名，据说他的作品现在仅存三件：一件在美国纽约州立博物馆；一件在台湾“故宫博物院”；还有一件在泰国某位华侨手里，是那位华侨1993年在伦敦拍卖会，以56万美元的拍卖价买下的。商人端着那把壶，想以10万元的价格买下它，当他说出这个数字时，老铁匠先是一惊，然后很干脆地拒绝了，因为这把壶是他爷爷留下的，他们祖孙三代打铁时都喝这把壶里的水。

虽然壶没卖，但商人走后，老铁匠有生以来第一次失眠了。这把壶他用了近60年，并且一直以为是把普普通通的壶，现在竟有人要以10万元的价钱买下它，他转不过神来。

过去他躺在椅子上喝水，都是闭着眼睛把壶放在小桌上，现在他总要坐起来再看一眼，这种生活让他非常不舒服。特别让他不能容忍的是，当人们知道他有一把价值连城的茶壶后，来访者络绎不绝，有的人打听还有没有其他的宝贝，有的甚至开始向他借钱。他的生活被彻底打乱了，他不知该怎样处置这把壶。当那位商人带着20万现金，再一次登门的时候，老铁匠没有说什么。他招来了左右邻居，拿起一把斧头，当众把紫砂壶砸了个粉碎。

现在，老铁匠还在卖拴小狗的链子，据说，他现在已经106岁了。

通过这个故事证明，“人到无求品自高”，人无欲则刚，人无欲则明。无欲能使人在障眼的迷雾中辨明方向，也能使人在诱惑面前保持自己的人格和清醒的头脑，不丧失自我。在这个充满诱惑的花花世界里，要想真正做到没有一丝欲望，毫无牵挂的确很难。

欲望是一条看不见的**灵魂锁链**

画，远看则美。山，远望则幽。思想，远虑则能洞察事物本末。心，远放则可少忧少恼……

在某些情境之下，距离是能够产生美的，对名利的疏远尤甚，能够给人带来清明的心志与洒脱的态度。

“天下熙熙，皆为利来，天下攘攘，皆为利往。”从古至今，多少人在混乱的名利场中丧失原则，迷失自我，百般挣扎反而落得身败名裂。古人说得好：“君子疾没世而名不称焉，名利本为浮世重，古今能有几人抛？”

这世上的人，有几人能够在名利面前淡然处之，泰然自若？

“人人都说神仙好，唯有功名忘不了。”这是《红楼梦》里的开篇偈语，这一首《好了歌》似乎在诉说繁华锦绣里的一段公案，又像是在告诫人们提防名利世界中的冷冷暖暖，看似消极，实则是对人生的真实写照，即使在数百年后的今天依然如此。世人总是被欲望蒙蔽了双眼，在人生的热闹风光中奔波迁徙，被身外之物所累。

那些把名利看得很重的人，总是想将所有财富收到自己囊中，将所有名誉光环揽至头顶，结果必将被名缰利锁所困扰。

一天傍晚，两个非常要好的朋友在林中散步。这时，有位小和尚从林中惊慌失措地跑了出来，俩人见状，便拉住小和尚问：“小和尚，你为什么如此惊慌，发生了什么事情？”

小和尚忐忑不安地说：“我正在移栽一棵小树，却突然发现了一坛金子。”

这两人听后感到好笑，说：“挖出金子来有什么好怕的，你真是太好笑了。”然后，他们就问，“你是在哪里发现的，告诉我们吧，我们不怕。”

和尚说：“你们还是不要去了吧，那东西会吃人的。”

两人哈哈大笑，异口同声地说：“我们不怕，你告诉我们它在哪里吧。”

于是和尚只好告诉他们金子的具体地点，两个人飞快地跑进树林，果然找到了那坛金子。好大一坛黄金！

一个人说：“我们要是现在就把黄金运回去，不太安全，还是等到天黑以后再运吧。现在我留在这里看着，你先回去拿点儿饭菜，我们在这里吃过饭，等半夜的时候再把黄金运回去。”于是，另一个人就回去取饭菜了。

留下来的这个人心想：“要是这些黄金都归我，该有多好！等他回来，我一棒子把他打死，这些黄金不就都归我了吗？”

回去的人也在想：“我回去之后先吃饱饭，然后在他的饭里下些毒药。他一死，这些黄金不就都归我了吗？”

不多久，回去的人提着饭菜来了，他刚到树林，就被另一个人用木棒打死了。然后，那个人拿起饭菜，吃了起来，没过多久，他的肚子就像火烧一样痛，这才知道自己中了毒。临死前，他想起了和尚的话：“和尚的话真对啊，我当初怎么就不明白呢？”

人为财死，鸟为食亡。可见，“财”这只拦路虎，它美丽耀眼的毛发确实诱人，一旦骑上去，又无法使其停住脚步，最后必将摔下万丈深渊。

名利，就像是一座豪华舒适的房子，人人都想走进去，只是他们从未意识到，这座房子只有进去的路，却没有出来的门。枷锁之所以能束缚人，房子之所以能困住人，主要是因为当事人不肯放下。放不下金钱，就做了金钱的奴隶；放不下虚名，就成了虚名的囚徒。

庄子在《徐无鬼》篇中说：“钱财不积则贪者忧；权势不尤则夸者悲；势物之徒乐变。”追求钱财的人往往会因钱财积累不多而忧愁，贪心者永不满足；追求地位的人常因职位不够高而暗自悲伤；迷恋权势的人，特别喜欢社会动荡，以求在动乱之中借机扩大自己的权势。而这些人，正是星云大师所说的“想不开、看不破”的人，注定烦恼一生。

权势等同枷锁，富贵有如浮云。生前枉费心千万，死后空持手一双。莫不如退一步，远离名利纷扰，给自己的心灵一片可自由驰骋的广袤天空，于旷达开阔的境界中欣赏美丽的世间风景。

可以有欲望，但不可有**贪欲**

伊索有句话说：“许多人想得到更多的东西，却把现在所拥有的也失去了。”对于生活，普通的老百姓没有那么多言辞来形容，但是他们有自己的一套语言。于是，老人们会在我们面前念叨：做人啊，要本分，不要丢了西瓜捡芝麻。这个道理其实与文化人伊索说的是一样的。

的确，人生的沮丧很多都是源于得不到的东西，我们每天都在奔波劳碌，每天都在幻想填平心里的欲望，但是那些欲望却像是反方向的沟壑，你越是想填平，它就越向下凹得越深。

欲望太多，就成了贪婪。贪婪就好像一朵艳丽的花朵，美得你兴高采烈、心花怒放，可是你在注意到它的娇艳的同时，却忘了提防它的香气，那是一种让你身心疲惫却永远也感受不到幸福的毒药。从此，你的心灵被索求所占据，你的双眼被虚荣所模糊。

年轻的时候，艾莎比较贪心，什么都追求最好的，拼了命想抓住每一个机会。有一段时间，她手上同时拥有13个广播节目，每天忙得昏天暗地，她形容自己："简直累得跟狗一样！"

事情总是对立的，所谓有一利必有一弊，事业愈做愈大，压力也愈来愈大。到了后来，艾莎发觉拥有更多、更大不是乐趣，反而成为一种沉重的负担。她的内心始终被一种强烈的不安笼罩着。

1995年，"灾难"发生了，她独资经营的传播公司日益亏损，交往了七年的男友和她分手……一连串的打击直奔她而来，就在极度沮丧的时候，她甚至考虑结束自己的生命。

在面临崩溃之际，她向一位朋友求助："如果我把公司关掉，我不知道我还能做什么？"朋友沉吟片刻后回答："你什么都能做，别忘了，当初我们都是从'零'开始的！"

这句话让她恍然大悟，也让她勇气再生："是啊！我们本来就是一无所有，既然如此，又有什么好怕的呢？"就这样念头一转，她不再沮丧。没想到，在短短半个月之内，她连续接到两笔很大的业务，濒临倒闭的公司起死回生。

历经这些挫折后，艾莎体悟到了人生"无常"的一面：费尽了力气去强求，虽然勉强得到，最后留也留不住；而一旦放空了，随之而来的可能是更大的能量。她学会了“舍”。为了简化生活，她谢绝应酬，搬离了150平方米的房子，索性以公司为家，挤在一个10平方米不到的空间里，淘汰不必要的家当，只留下一张床、一张小茶几，还有两只做伴的小狗。

艾莎这才发现，原来一个人需要的其实那么有限，许多附加的东西只是徒增无谓的负担而已。

人人都有欲望，都想过美满幸福的生活，都希望丰衣足食，这是人之常情。但是，如果把这种欲望变成不正当的欲求，变成无止境的贪婪，那无形中就成了欲望的奴隶。

在欲望的支配下，我们不得不为了权力、为了地位、为了金钱而削尖了脑袋向里钻。我们常常感到自己非常累，但仍觉得不满足，因为在我们看来，很多人生活得比自己更富足，很多人的权力比自己的大。所以我们别无出路，只能硬着头皮往前冲，在无奈中透支着体力、精力与生命。

这样的生活，能不累吗？被欲望沉沉地压着，能不精疲力竭吗？静下心来想一想：有什么目标真的非要实现不可，又有什么东西值得我们用宝贵的生命去换取？

✿ 过多的欲望会损害你的**幸福**

人很多时候是很贪心的，就像很多人形容的那样：吃自助的最高境界是——扶墙进，扶墙出。进去扶墙是因为饿得发昏，四肢无力，而扶墙出则是因为撑得路都走不了。人愿意活受罪是因为怕吃亏。而有些时候，人总是对自己不满，还是因为太贪心，什么都想得到。

很多人常常抱怨自己的生活不够完美，觉得自己的个子不够高、自己的身材不够好、自己的房子不够大、自己的工资不够高、自己的老婆不够漂亮，自己在公司工作了好几年了却始终没有升职……总之，对于自己拥有的一切都感到不满，觉得自己不幸福。真正不快乐的原因是：不知足。一个人不知足的时候，即使在金屋银屋里面生活也不会快乐，一个知足的人即使住在茅草屋中也是快乐的。

剑桥大学教授安德鲁·克罗斯比说：真正的快乐是内心充满喜悦，是一种发自内心对生命的热爱。不管外界的环境和遭遇如何变化，都能保持快乐的心情，这就需要一种知足的心态。知足者常乐，因为对生活知足，所以他会感激上天的赠予，用一颗感恩的心去感谢生活，而不是总抱怨生活不够照顾自己。

有一个村庄，里面住着一个左眼失明的老头儿。

在他9岁那年一场高烧后，左眼就看不见东西了。他爹娘顿时泪流满面，一个独生的儿子瞎了一只眼睛可怎么办呀！没料他却说自己左眼瞎了，右眼还能看得见呢！总比两只眼都瞎了要好！比起世界上的那些双目失明的人，不是要强多了吗？他的一番话，让爹娘停止了流泪。

老头儿的家境不好，爹娘无力供他读书，只好让他去私塾里旁听。他的爹娘为此十分伤心，他劝说道："我如今也已识了些字，虽然不多，但总比那些一天书没念，一个字不识的孩子强多了吧！"爹娘一听也觉得安然了许多。

后来，他娶了个嘴巴很大的媳妇。爹娘又觉得对不住儿子，而他却说和世界上的许多光棍汉比起来，自己是好到天上去了！这个媳妇勤快、能干，可脾气不好，把婆婆气得心口作痛。他劝母亲说：“天底下比她差得多的媳妇还有不少。媳妇脾气虽是暴躁了些，不过还是很勤快，又不骂人。”爹娘一听真有些道理，怄的气也少了。

老头儿的孩子都是闺女，于是媳妇总觉得对不起他们家，老头儿说世界上有好多结了婚的女人，压根儿就没有孩子。等日后我们老了，5个女儿女婿一起孝敬我们多好！比起那些虽有儿子几个，却妯娌不和，婆媳之间争得不得安宁要强得多！

可是，他家确实贫寒得很，妻子实在熬不下去了，便不断抱怨。他说：“想想那些拖儿带女四处讨饭的人家，饱一顿饥一顿，还要睡在别人的屋檐下，弄不好还会被狗咬一口，就会觉得日子还真是不赖。虽然没有馍吃，可是还有稀饭可以喝，虽然买不起新衣服，可总还有旧的衣裳穿，房子虽然有些漏雨的地方，可总还是住在屋子里边，和那些讨饭维持生活的人相比，日子可以算是天堂了。”

老头儿老了，想在合眼前把棺材做好，然后安安心心地走。

可做的棺材属于非常寒酸的那一种，妻子愧疚不已，而老头儿却说，这棺材比起富贵人家的上等柏木是差远了，可是比起那些穷得连棺材都买不起，尸体用草席卷的人，不是要强多了吗？

老头儿活到72岁，无疾而终。在他临死之前，对哭泣的老伴说：“有啥好哭的，我已经活到72岁，比起那些活到八九十岁的人，不算高寿，可是比起那些四五十岁就死了的人，我不是好多了吗？”

老头儿死的时候，神态安详，脸上还留有笑容……

老头儿的人生观，正是一种乐天知足的人生观，永远不和那些比自己强的人攀比，用自己的拥有与那些没有拥有的人进行比较，并以此找到了快乐的人生哲学。人生不就这样吗？有总比没有强多了。

很多时候，我们就缺少老头儿的这种心境，当我们抱怨自己的衣服不是名牌的时候，是否想到还有很多人连一套像样的衣服都没有？当我们抱怨自己的丈夫没有钱的时候，是否想到那些相爱但却已阴阳两重天的人？当我们抱怨自己的孩子没有拿到第一的时候，是否想到那些根本上不起学的孩子？当我们抱怨工作太累的时候，是否想到那些在街上摆着小摊的小贩们，他们每天起早贪黑，他们根本没有工夫去抱怨？……其实，我们已经过得很好了，我们能够在偌大的城市拥有着自己的房子，哪怕只是租的，我们不用为吃饭发愁，我们拥有着体贴的妻子、可爱的孩子，有着

依旧对自己牵肠挂肚的父母……实际上我们已经拥有的够多了，还有什么不满意的呢？快乐也是在知足中获得的。

✿ 给自己的欲望打折

人，是有欲望的，所以永远得不到满足，永远在为自己攫取着，最后终于沦为私欲的奴隶，把自己的心灵变成了地狱。而当一个人的人生走向终点时，他才会发现，人，是不会从他过多拥有的东西中得到乐趣的，而这些东西却总是以一种魔力引诱着人去追逐，失去理智也在所不惜。于是世界上成千上万的人带着这些东西走向了坟墓，悲哀而无奈。

一位虔诚的教徒受到天堂和地狱问题的启发，希望自己的生活过得更好，他找到先知伊利亚。

“哪里是天堂，哪里是地狱？”伊利亚没有回答他，拉着他的手穿过一条黑暗的通道，来到一座大厅。在大厅的中央放着一口大铁锅，里面盛满了汤，下面烧着火。整个大厅中散发着汤的香气。大锅周围挤满两腮凹进、带着饥饿目光的人，都在设法分到一份汤喝。

但那勺子太长太重，饥饿的人们贪婪地拼命用勺子在锅里搅着，但谁也无法把汤送到自己的嘴里。有些鲁莽的家伙甚至烫了手和脸，还溅在旁边人的身上。于是大家争吵起来，人们竟挥舞着本来为了解决饥饿的长勺子大打出手。

先知伊利亚对那位教徒说：“这就是地狱。”

他们离开了这座房子，再也不忍听他们身后恶魔般的喊声。

他们又走进一条长长的黑暗的通道，进入另一间大厅。这里也有许多人，在大厅中央同样放着一大锅热汤。就像地狱里所见的一样，这里勺子同样又长又重，但这里的人营养状况都很好。大厅里只能听到勺子放入汤中的声音。这些人总是俩人一对在工作：一个把勺子放入锅中又取出来，将汤给他的同伴喝。如果一个人觉得汤勺太重了，另外的人就过来帮忙。这样每个人都在安安静静地喝。当一个人喝饱了，就换另一个人。

先知伊利亚对他的教徒说："这就是天堂。"

被私欲蒙蔽心智的人在地狱中。因为只想满足自己的私欲，所以谁也不懂得分享的美好，无论是谁都喝不到锅里的汤。如果你心里只有自己，就只能下地狱。这就是内心充满私欲的结局，实在是可怜。你自己的私欲往往就是你亲手为自己掘的一座坟墓。

私欲是一切生物的共性，所不同的是其他生物的私欲是有限的，人的私欲是无限的。正因为如此，人的不合理的私欲必须要受到社会公理、道义、法律的制约，否则这个社会就不属正常的社会。

要求人一点儿私欲都没有是不可能的：我们总是在做我们内心想做的事情。从这个角度说，每个人都是自私的。但自私并不都那么可怕，可怕的是私欲太盛，利令智昏，时时处处以自己为中心，以损公肥私和损人利己为乐事，一切围着自己想问题，一切围着自己办事情，在满足其一己之私的过程中，不惜损害公益事业，不惜妨害他人利益。这样的人谁不怕？怕的时间长了，也就如同瘟疫一样，人们避之唯恐不及；怕的人多了，也就如过街老鼠一样，人人见之喊打。这样的人即便是比别人多捞取了一些利益，也不会获得真正意义上的幸福。如果说，他们也侈谈什么成功，充其量不过是鸡鸣狗盗的成功，没有任何值得骄傲和自豪的地方。

“点燃别人的房子，煮熟自己的鸡蛋。”英国的这句俗话，形象地揭示了那些妨害他人利益的自私行为。而这样的人，等待他们的只有自酿的苦果。

✿ 远离名利的烈焰，让生命逍遥自在

古今中外，为了生命的自在、潇洒，不少智者都懂得与名利保持距离。

惠子在梁国做了宰相，庄子想去见见这位好友。有人急忙报告惠子：“庄子来了，是想取代您的相位吧。”惠子很恐慌，想阻止庄子，派人在梁国搜了三日三夜。不料庄子从容而来拜见他，说：“南方有只鸟，其名为凤凰，您可听说过？这凤凰展翅而起。从南海飞向北海，非梧桐不栖，非练实不食，非醴泉不饮。这时，有只猫头鹰正津津有味地吃着一只腐烂的老鼠，恰好凤凰

从头顶飞过。猫头鹰急忙护住腐鼠，仰头视之道：‘吓！’现在您也想用您的梁国相位来吓我吗？”惠子十分羞愧。

一天，庄子正在濮水垂钓。楚王委派的两位大夫前来聘请他：“吾王久闻先生贤名，欲以国事相累。”庄子持竿不顾，淡然说道：“我听说楚国有只神龟，被杀死时已三千岁了。楚王珍藏之以竹箱，覆之以锦缎，供奉在庙堂之上。请问大夫，此龟是宁愿死后留骨而贵，还是宁愿生时在泥水中潜行曳尾呢？”两位大夫道：“自然是愿意在泥水中摇尾而行了。”庄子说：“两位大夫请回去吧！我也愿在泥水中曳尾而行。”

庄子不慕名利，不恋权势，为自由而活，可谓洞悉幸福真谛的达人。

人活在世界上，无论贫穷富贵，穷达逆顺，都免不了与名利打交道。《清代皇帝秘史》记述乾隆皇帝下江南时，来到江苏镇江的金山寺，看到山脚下大江东去，百舸争流，不禁兴致大发，随口问一个老和尚：“你在这里住了几十年，可知道每天来来往往多少只船？”老和尚回答说：“我只看到两只船。一只为名，一只为利。”一语道破天机。

淡泊名利是一种境界，追逐名利是一种贪欲。放眼古今中外，真正淡泊名利的很少，追逐名利的很多。今天的社会是五彩斑斓的大千世界，充溢着各种各样炫人耳目的名利诱惑，要做到淡泊名利确实是一件不容易的事情。

旷世巨作《飘》的作者玛格丽特·米切尔说过：“直到你失去了名利以后，你才会知道这玩意儿有多累赘，才会知道真正的自由是什么。”盛名之下，是一颗活得很累的心，因为它只是在为别人而活着。我们常羡慕那些名人的风光，可我们是否了解他们的苦衷？其实大家都一样，希望能活出自我，能活出自我的人生才更有意义。

世间有许多诱惑：桂冠、金钱。但那都是身外之物，只有生命最美，快乐最贵。我们要想活得潇洒自在，要想过得幸福快乐，就必须做到：学会淡泊名利，割断权与利的联系，无官不去争，有官不去斗；位高不自傲，位低不自卑，欣然享受清心自在的美好时光，这样就会感受到生活的快乐和惬意。否则，太看重权力地位，让一生的快乐都毁在争权夺利中，那就太不值得，也太愚蠢了。

当然，放弃名利并不是寻常人常有的，它是经历磨难、挫折后的一种心灵上的感悟，一种精神上的升华。“宠辱不惊，去留无意”说起来容易，做起来却十分困难。红尘的多姿、世界的多彩令大家怦然心动，名利皆你我所欲，又怎能不忧不惧、不喜不悲呢？否则也不会有那么多的人穷尽一生追名逐利，更不会有那么多的人失意落魄、心灰意冷了。只有做到了宠辱不惊、去留无意，方能心态平和，怡然自得，方能达观进取，笑看人生。

✿ 莫为名利诱，**量力**缓缓行

懂得知足的人往往会量力而行。即使前面有很多诱惑，但是他仍然能够不为所动，仔细斟酌自己一天至多能行多远。他深思

熟虑之后才去安排行程。尤其是在一条从没走过的道路，他会花费更多的心思去衡量：何处崎岖、何处坎坷、何处严寒、何处酷热，他都要弄得一清二楚。不管别人给他施加多少压力，或者前方有多少诱惑，他都不急不躁，沿着既定的路线缓缓而行。

蒋方初到广州时，曾为找工作奔波了好长一段时间，起初他见几个跑业务的同学业绩不俗，赚了不少钱，学中文专业的他便找了家公司做业务员，然而，辛辛苦苦跑了几个月，不但没赚到钱，人倒瘦了十几斤。同学们分析说："你能力不比我们差，但你的性格内向，不爱与人交谈、沟通，不善交际，因此不太适合跑业务……"

后来蒋方见一位在工厂做生产管理的朋友薪水高、待遇好，便动了心，费尽心力谋到了一份生产主管的职位，可是没做多久他就因管理不善而引咎辞职了。之后，蒋方又做过公司的会计、餐厅经理等，最终出于各种原因都被迫离职跳槽。

最后，蒋方痛定思痛，吸取了前几次的教训，不再盲目追逐高薪或舒适的职位，而是依据自己的爱好和特长，凭借自己的中文系本科学历和深厚的文字功底，应聘到一家期刊社做了文字编辑。这份工作相比以前的职位，虽然薪水不高，工作量也大，但蒋方却做得非常开心，工作起来得心应手。几个月下来，他就以自己突出的能力和表现让领导刮目相看，器重有加。回顾以往的工作历程，蒋方深有感触地说："无论是工作，还是生活，我们都应当根据自己的能力找到合适自己的位置。"

一味地追逐高薪、舒适的工作，会让我们吃尽苦头，走不少弯路。事实上，我们无论做什么事都应结合自身条件，依据自己的爱好和特长去选择相应的事来做。放弃那些不适合自己的生活，只有这样我们才会快乐。就如同故事里的蒋方，很多人都是受到了生活的诱惑，总觉得自己有能力可以获取更多，可是事实是我们还不具备那么多的力量。若贪图诱惑，朝着更大的目标行进，只会加大我们的压力，让自己无法适从。

生活中，有人看到了巨大的利益，所以不停地调整自己的路线，甚至急躁地想要直奔利益的终点，可是急于求成的人往往会事倍功半。还有一些人，他们整天都在为了未来的事情操心，可能几十年以后才会面对的难处，他们现在就开始忧心忡忡了。但是命运只肯按照现实的样子向我们展示，根本不可能因为我们的急躁就提前向我们展开未来的画卷。所以，我们只能按照自己既定的生活之路，一步一步地为未来打开局面。

放弃生活中的“第四个面包”

非洲草原上的狮子吃饱以后，即使羚羊从身边经过，也懒得抬一下眼皮；瑞士的奶牛也是一样，只要吃饱了肚子，它就会闲卧在阿尔卑斯山的斜坡上，一边享受温暖的阳光，一边慢条斯理地反刍。

有一位作家非常赞赏瑞士奶牛和非洲狮子的生存哲学。他说，假如你的饭量是三个面包，那么你为第四个面包所做的一切努力都是愚蠢的。

王立有一个做医生的朋友，几年前王立到一个宾馆去开会，一眼瞥见领班小姐，貌若天仙，便上前搭讪。领班莞尔一笑，用一种很不经意的口气说："先生，没看见你开车来哦！"他当即如五雷轰顶，大受刺激，从此立志加入有车族。后来朋友和王立在一起吃饭，几杯酒下肚之后，朋友告诉王立，准备把开了一年的"昌河"小面包卖掉，换一辆新款的"爱丽舍"。然后又问王立买车了没有。王立老老实实地回答，还没有，而且在看得见的将来也没有这种可能性。他同情地看着王立："唉！一个男人，这一辈子如果没有开过车，那实在是太不幸了。"

这顿饭让王立吃得很惶惑。因为按他目前的收入水平，买辆"爱丽舍"，他得不吃不喝地攒上好几年。更糟糕的是，若他有一天终于买上了汽车，也许在他还没有来得及品味"幸福"滋味的时候，一个有私人飞机的家伙对他说："作为一个男人，没开过飞机太不幸了！"那他这辈子还有救吗?

这个问题让王立坐立不安了很长时间。如何挽救自己免于堕入"不幸"的深渊，让他甚为苦恼。直到有一天，他无意中看到这样一段话：有菜篮子可提的女人最幸福。因为幸福其实渗透在我们生活中点点滴滴的细微之处，人生的真味存在于诸如提篮买菜这样平平淡淡的经历之中。我们时时刻刻拥有着它们，却无视它们的存在。

王立恍然大悟。原来他的朋友在用一个逻辑陷阱蓄意误导他：没有汽车是不幸的。你没有汽车，所以你是不幸的。但这个大前提本身就是错误的，因为"汽车"与"幸福"并无必然的联系。

在一个成功人士云集的聚会上，王立激动地表达了自己内心深处对幸福生活的理解："不生病，不缺钱，做自己爱做的事。"会场上爆发了雷鸣般的掌声。

成功只是幸福的一个方面，而不是幸福的全部。人们对“成功”的需求是永无止境的，没完没了地追求来自外部世界的诱惑——大房子、新汽车、昂贵服饰等，尽管可以在某些方面得到物质上的快乐和满足，但是这些东西最终带给我们的是患得患失的压力和令人疲惫不堪的混乱。

两千多年前，苏格拉底站在熙熙攘攘的雅典集市上叹道：“这儿有多少东西是我不需要的！”同样，在我们的生活中，也有很多看起来很重要的东西，其实，它们与我们的幸福并没有太大关系。我们对物质不能一味地排斥，毕竟精神生活是建立在物质生活之上的，但不能被物质约束。面对这个已经严重超载的世界，面对已被太多的欲求和不满压得喘不过气的生活，我们应当学会用好生活的减法，把生活中不必要的繁杂除去，让自己过一种自由、快乐、轻松的生活。

学会控制不合理的欲望

合理、有度的欲望本是人奋发向上、努力进取的动力，但倘若欲望变质了我们就容易上当、受骗。人的欲望一旦转变为贪欲，那么在遇到诱惑时就会失去理智。

面对诱惑不动心，不为其所惑。虽平淡如行云，质朴如流水，却让人领略到一种山高海深之感。这样的人才是真正懂得如何生存的人。

荀子说：“人生而有欲。”人生而有欲望并不等于欲望可以无度。宋理学大家程颐说：“一念之欲不能制，而祸流于滔天。”古往今来，因不能节制欲望，不能抗拒金钱、权力、美色的诱惑而身败名裂，甚至招致杀身之祸的人不胜枚举。诱惑能使人失去自我，这个世界有太多的诱惑，一不小心往往就会掉入陷阱。找到自我，固守做人的原则，守住心灵的防线，不被诱惑，你才能生活得安逸、自在。

1856年，亚历山大商场发生了一起盗窃案，共失窃8只金表，损失16万美元，在当时，这是相当庞大的数目。就在案子侦破前，有个纽约商人到此地批货，随身携带了4万美元现金。当她到达下榻的酒店后，先办理了贵重物品的保存手续，接着将钱存进了酒店的保险柜中，随即出门去吃早餐。在咖啡厅里，她听见邻桌的人在谈论前阵子的金表失窃案，以为是一般社会新闻，这个商人并不当一回事。中午吃饭时，她又听见邻桌的人谈及此事，他们还说有人用1万美元买了两只金表，转手后即净赚3万美元，其他人纷纷投以羡慕的眼光说：“如果让我遇上，不知道该有多好！”

然而，商人听到后，却怀疑地想：“哪有这么好的事？”到了晚餐时间，金表的话题居然再次在她耳边响起，等到她吃完饭，回到房间后，忽然接到一个神秘的电话：“你对金表有兴趣吗？老实跟你说，我知道你是做大买卖的商人，这些金表在本地并不好脱手，如果你有兴趣，我们可以商量看看，品质方面，你可以到附近的珠宝店鉴定，如何？”商人听到后，不禁怦然心动，她想这笔生意可获取的利润比一般生意优厚许多，便答应与对方会面详谈，结果以4万美元买下了传说中被盗的8块金表中的3块。

但是第二天，她拿起金表仔细察看后，却觉得有些不对

劲，于是她将金表带到熟人那里鉴定，没想到鉴定的结果是，这些金表居然都是假货，全部只值几千美元而已。直到这帮骗子落网后，商人才明白，从她一进酒店存钱，这帮骗子就盯上了她，而她听到的金表话题也是他们故意安排设计的。骗子的计划是，如果第一天商人没有上当，接下来他们还会有更多花招准备诱骗她，直到她掏出钱为止。

贪婪自私的人往往鼠目寸光，所以他们只瞧见眼前的利益，看不见身边隐藏的危机，也看不见自己生活的方向。贪欲越多的人，往往生活在日益加剧的痛苦中，一旦欲望无法获得满足，他们便会失去正确的人生目标，陷入对蝇头小利的追逐。贪婪者往往自掘坟墓而不自知。我们一定要随时提醒自己，控制自己不合理的欲望，因为贪欲很可能让你失去一切。

PART

03

贪婪，最后吞噬的是自己

幸福离不开钱，但有钱不一定幸福

挣钱为了什么？这似乎是一个再简单不过的问题，但在现实中却并不像想象的那么简单。

在外人眼里，他和她很穷。都是从农村出来的大学生，各自做着一份早出晚归的工作。

结婚的时候双方父母没有帮凑多少，两个人把积蓄加在一起，付了一套一居室的首付，剩下的分20年还清。一个人的工资养房，一个人的工资养家。

房子是顶楼，在寸土寸金的城市里，他们没有多余的钱装修，橱柜、鞋柜、梳妆台、衣橱都是他自己用业余时间借来工具买来材料亲手打造的。

“麻雀虽小，五脏俱全”，今年添一个热水器，明年添一台电脑……慢慢地，家里的电器竟然也添置齐全了。

面包有时都吃不上，玫瑰花就更奢侈了。日子过得青黄不接的时候，连续几天饭桌上的主打菜都是白菜和土豆。醋熘白

菜、凉拌菜心、海米白菜、凉拌土豆丝、辣炒土豆片……

他惊讶地看着她不知从哪里学来的这些花样，每餐都吃得津津有味。

情侣之间那些值得纪念的日子诸如情人节、生日、结婚纪念日，他总是能带给她一些惊喜。一个精致的钥匙链、一个存放硬币的卡通钱包、一本她渴望已久的新书、一条她一见倾心的丝巾……这些礼物都不贵，甚至有的都不花钱，但每次她都喜笑颜开。

她喜欢吃零食和水果，为此他戒掉了十几年的烟瘾，省出钱给她买爱吃的话梅、新鲜的时令水果。他喜欢吃水饺，最初她买速冻水饺回家煮，慢慢地学会了自己调馅、自己和面、自己擀皮、自己包水饺。

她身上的衣服都是从路边小店淘来的，穿在身上却总是显得与众不同；他有几身名牌西装，除了出席一些正式场合，他更喜欢一些休闲的服饰。他们把省下的置装费用来孝敬乡下的父母，减轻老人的负担。

房子冬冷夏热，北方的冬天室内都能结冰，交不起暖气费，每天下班回到家里，他总是争着抢着去冰冷的厨房里做饭，给她插好电热毯，让她在床上盖上被子取暖。

夏天的时候房子像着了火，尤其是晚上，房间里的温度像一个高烧不退的病人，让人无法入睡，她总是想尽一切办法给房间降温，白天上班拉上窗帘，下班回到家里就一遍一遍地拖地。

他们的房子很小，衣食也很简单，他们的日子过得很节俭，私家车离他们很遥远，五星级酒店的山珍海味和他们不沾边，乘火车坐飞机四处游山玩水更是不现实，可是他们离幸福很近。

也许人们太在意对金钱拥有的多少，而忽略了对幸福的体会，无论你伟大还是平庸、高贵还是平淡，一份惊喜、一次感动，只要你愿意，你都有幸福的理由，你都能悟到幸福的所在。一顿久别重逢的团圆饭，一段真心以对的恋情，一碗热腾腾的手擀面……幸福的感觉有时是不能直接同钱的多少画等号的，事实上当人的基本生存条件得以满足时，幸福的感觉便显得尤为重要。幸福在哪里？其实幸福就在我们心中，一个安稳踏实的梦、一个和谐温馨的家、一个可以停靠的臂膀……有时细想一下，我们能活着本身就是一种幸福，苦难使人懂得了珍惜，挫折使人学会了坚强。人总是在追求中充实，在坎坷中成长，在自己心灵的舞台上，你永远都是主角，所以还是尽情地享受生命带给我们的乐趣吧，此时的你很幸福，也很富有。

✿ 贪的越多，失去的也越多

一位智者在山中溪水里找到了一颗宝石。

第二天他遇到了一位饥饿的行者，智者打开自己的背包，把食物分给他吃。

饥饿的行者看到了那颗宝石，请求智者把宝石给他。智者毫不犹豫地把宝石给了他。

行者离开了，为自己的好运高兴不已。他知道这颗宝石价值连城，他一生都可享用不尽。

但几天之后，他回来了，把宝石还给了智者。

“我一直在想，”他说，“我知道这颗宝石有多么值钱，我还给你是希望你能给我更加值钱的东西。你能把这颗宝石给我，你身上一定有更为值钱的东西。”

智者拿回了宝石，瞬间就消失了。

空留行者两手空空，愣在原地。

我们的痛苦和烦恼大都来源于贪欲，源自不满足。我们人生的苦难也是如此。我们永远不知足，所以，永远无法脱离苦海。

古时，有一婆婆心地善良，在家吃斋修行。一日在家诵读经文，忽听外边有人卖香，婆婆随即出去买香，以备敬佛之用。

到街市一看，卖香人乃一位出家化缘的僧人，婆婆心中欢喜，心想：能买到出家僧人的东西，那也是上等的缘分。

故此，婆婆上前施礼道：“请称香料二斤。”

出家人闻得，便随手在香袋中抓出一把，说：“二斤也。”

婆婆接过香料后不太相信，想拿回家称一称，然后再付钱。

出家僧人说道：“请施主自便好了。”

婆婆回家一称香料，不多不少、足足三斤也。婆婆心中暗想：他说二斤，我就给二斤香料钱，反正他也不知道有多少。

随即便出得屋来，告诉出家僧人说：“这位师父好眼力，整二斤也。”

出家僧人说道：“我说二斤你不信，非要称一称，真是麻烦！”

说完便收了婆婆二斤香料钱，自东向西扬长而去。

离此不远有一酒家，出家僧人到此歇脚，坐下后，买了一壶酒、一只猪腿，自饮自吃。

再说那位买香的婆婆，将香收好后，心中为贪得一时便宜而十分高兴，给佛上了香后想到邻居家串门，恰经过酒家门前，抬眼看见出家僧人在独自吃肉喝酒，心中顿生烦恼，感到自己买的香似有什么不妥，心中疑惑：买这样僧人的香回去敬佛好吗？

于是禁不住上前施礼问道：“出家僧人应谨守清规戒律，一心向佛修行，你既是出家僧人，为何吃肉喝酒？难道是假冒出家人？”

出家僧人听得此言，非但不恼，反而一笑，说道：“女施主请这边坐，我知道施主为何气恼，不妨听老僧几句良言，悟者，自然受益。”

僧人说：“施主听清了：施主只修口来不修心，错把我三斤当二斤；老僧是修心不修口，既吃肉来又喝酒。”

当下说得这婆婆满面通红、深感惭愧、非常自责，沉思良久，欲再问以求指点，抬头望之，已空无一人，方知乃神佛降临，指点迷津，于是跪地便拜。

自此以后，婆婆幡然醒悟，重新摆正了自己的心态，戒除贪念。

如果想拥有更多，就会贪得越多，失去也会越多，所以，只有知足才能常乐。

✿“名利”是把双刃剑

人生是什么暂且不论，名利乃身外之物却最能累人。凡是把名利看得很重的人，必将被名缰利锁所困扰。现实中有不少这样的人，当名利尚未得到时，他会精心竭力、惨淡经营，甚至把名利当作自己生命的支柱而孜孜追求，待名利得到后，还要机关算尽、战战兢兢、如履薄冰，唯恐一个闪失而丢名失利，弄得自己身心憔悴，未老先衰，宁愿承受如此这般的非人折磨，就是拥有不了淡泊名利、笑看人生的做人心态。

从前有个国王叫狄奥尼西奥斯，他统治着西西里最富庶的城市西拉库斯。他住在一座美丽的宫殿里，里面有无数价值连城的宝贝，一大群侍从恭候两旁，随时等候吩咐。

狄奥尼西奥斯有如此多的财富、如此大的权力，自然很多人都羡慕他的好运，达摩克利斯就是其中之一，他是狄奥尼西奥斯最好的朋友之一。达摩克利斯常对狄奥尼西奥斯说：“你多幸运呀，你拥有人们想要的一切，你一定是世界上最幸福的人。”

有一天，狄奥尼西奥斯听厌了这样的话语，问达摩克利斯：“你真的认为我比别人幸福吗？”“当然是的，”达摩克利斯回答，“看你拥有巨大的财富，握有巨大的权力，你根本

一点烦恼都没有，还有什么比这更美满的呢？”

“或许你愿意跟我换换位置。”狄奥尼西奥斯说。“噢，我从没想过，”达摩克利斯说，“但是只要有一天让我拥有你的财富和幸福，我就别无他求了。”“好吧，跟我换一天，你就知道了。”

就这样，达摩克利斯被领到王宫，所有的仆人都被引见到达摩克利斯跟前，听他使唤。他们给他穿上皇袍，戴上金制的王冠。他坐在宴会厅的桌边，桌上摆满了美味佳肴。鲜花，美酒，稀有的香水，动人的乐曲，应有尽有。他坐在松软的垫子上，感到自己成了世上最幸福的人。

“噢，这才是生活。”他对坐在桌子那边的狄奥尼西奥斯感叹道，“我从来没有这么尽兴过。”他举起酒杯的时候，抬眼望了一下天花板，头上悬挂的是什么？尖端要触到自己的头了！达摩克利斯的身体僵住了，笑容从唇边消逝，脸色煞白，双手颤抖。他不想吃，不想喝，也不想听音乐了。他只想逃出王宫，越远越好，哪儿都行。他头顶正悬着一把利剑，仅用一根马鬃系着，锋利的剑尖正对准他双眉之间。他想跳起来跑掉，可还是忍住了，他怕突然一动会扯断细线，使剑掉落下来。他僵硬地坐在椅子上，一动不动。“怎么啦，朋友？”狄奥尼西奥斯问，“你好像没胃口了。”

“那把剑！剑！”达摩克利斯小声说，“你没看见吗？”“当然看见了，”狄奥尼西奥斯说，“我天天看见，它一直悬在我头上，说不定什么时候、什么人或物就会斩断那根细线。或许哪个大臣垂涎我的权力欲杀死我，或许有人散布谣言让百姓反对我，或许邻国的国王会派兵夺取王位。如果你想做统治者，你就必须冒各种风险，风险与权力同在，这你知道。”

“是的，我知道了。”达摩克利斯说，“我现在明白我错了。除了财富、荣誉外，你还有很多忧虑。请回到你的宝座上去吧，让我回到我自己的家。”达摩克利斯在有生之年，再也不想与国王换位了，哪怕是短暂的一刻。

达摩克利斯和国王进行角色互换后，突然发现伟大权力和财富的背后，居然隐藏那么多的危险。其实，人生就是这样，我们总会对财富和权力有很强的占有欲，却常常会忽略到这些贪欲诱惑背后的危险。

从古至今，有多少人挣扎在名利场上，正所谓：“天下熙熙，皆为利来；天下攘攘，皆为利往。”在今天，人们生活的节奏越来越快，生活的要求也越来越高，且不说生活，就是活着，都有着太多的压力、太多的诱惑、太多的欲望，当然也伴随着太多的痛苦。因此，只有常怀一颗淡泊心，我们才能在当今社会愈演愈烈的物欲和令人眼花缭乱的世相百态面前凝神静气，坚守自己的精神家园，执着追求自己的人生目标。如此，我们也就获得了人生幸福之门的钥匙。

少一分**欲望**，多一分**自在**

生活当中有不少人，为了永无休止的贪欲而无谓地失去很多东西。为了生存，他们透支着体力和精力；为了爱情，他们透支着青春和情感；为了财富和地位，他们失去了健康和快乐。

其实，财富也好，情感也罢，或是其他方面的索求，都应该做到取之有度，适可而止。不然，我们很容易成为欲望的奴隶，贪婪的俘虏。贪，为万恶之源，失败之根本。有多少人由贪而变贫，由贪而伏法，由贪而寝食难安，由贪而葬送生命。

唐代大诗人白居易有一首《对酒》诗："蜗牛角上争何事？石火光中寄此身。随富随贫且随喜，不开口笑是痴人。"这首小诗只有简简单单的28个字，却深得很多后代人的赞赏。诗的大意是：人活在这个世界上，从空间上讲，就像是活在蜗牛角上一样局促；从时间上讲，就像电光火石一样短暂。何必为一些缥缈虚无的东西你争我夺呢？无论贫富都不应该斤斤计较，开口便笑，放怀得失才有真正的快乐。

我们看古代的诗人，都是这样的一种生活状态。比如陶渊明的诗，"方宅十余亩，草屋八九间。榆柳荫后檐，桃李罗堂前。暧暧远人村，依依墟里烟。狗吠深巷中，鸡鸣桑树颠。"这是一种再简单不过的生活了：种几亩田，栽几棵树，守着袅袅炊烟，听着鸡鸣犬吠。这样的日子简单、恬适，却也悠然自得。

良田千顷，夜眠八尺；家有万金，日食三餐。有时候真正的幸福并不是获得多少，而是你能够满足多少。

物欲太盛造成灵魂病态，使精神上永无宁静，心灵也永无快乐，这是受到贪欲人性捆绑的后果。在一个完全物化的世界里，人性被越来越多的贪欲之绳捆绑着，由此失去了快乐的生活和自由的空间。在欲望的海洋中泅渡是一种痛苦，彼岸遥遥而淡水枯竭，无边浩瀚的海洋就像是诱惑无数的花花世界，第一口海水本意为了解渴，哪知命运却也就此断送在了这一口海水中。人心中欲望太多，而不能一一得到满足，就会产生烦恼，就会觉得苦。人为了摆脱这种感觉就会竭尽全力地再次索取，却愈发摆脱不了贪婪人性的控制，一再地往深渊中深陷，幸福已在挣扎中失去了原本的色彩。

贪婪的本质是不安定，它像是长在人内心深处的一棵毒草，不断地腐蚀着本来清净的心灵。它时而蛰伏，时而膨胀，人若不能摆脱就只能受制，所谓人心不足蛇吞象，过于贪婪而没有节制只会招致生活的惩罚。

欲望是无穷的，贪婪像是一把利刃，不能丢下就不能踏上苦海之岸，心中揣着在太多的贪念，行走尚且蹒跚，又怎么回头？不回头，哪里是苦海的岸呢？要想上岸，必须破除贪念，在修行中要将慈悲心提起，将奉献当作一种快乐。“布施的人有福，行善的人快乐。”这是抵制贪念的第一利器，是一个人充满慈悲心的具体表现，更是一个人有智慧和有责任心的表现。人生一世，想要活得轻松，多一分自在，就要少一分贪欲。

不要让欲望**拖垮你**

奥地利经济学家庞巴维克在于1888年出版的《资本实证论》中，在论述边际效用时，讲到了这样一个故事。

一个农民独自在原始森林中劳动和生活。他收获了5袋谷物，这些谷物要使用一年。他是一个善于精打细算的人，因而精心安排了5袋谷物的计划。第一袋谷物为维持生存所用。第二袋是在维持生存之外增强体力和精力的。此外，他希望有些肉可吃，所以留第三袋谷物饲养鸡、鸭等家禽。他爱喝酒，于是他将第四袋谷物用于酿酒。对于第五袋谷物，他觉得最好用它来养几只他喜欢的鹦鹉，这样可以解闷。显然，这五袋谷物的不同用途，其重要性是不同的。假如以数字来表示的话，将维持生存的那袋谷物的重要性可以确定为1，其余的依次确定为2、3、4、5。现在要问的问题是：如果其中一袋谷物遭受了损失，比如被小偷偷走了，那么他将失去多少效用？

故事中这位农民面前合理的选择，就是先用剩下的4袋谷物满足最迫切的4种需要，而放弃最不重要的需要。最不重要的需要，也就是经济学上所说的边际效用最低的部分。庞巴维克发现，边际效用量取决于需求和供给之间的关系。要求满足的需求越多和越强烈，可以满足这些需求的物品量越少，那么得不到满足的需求就越重要，因而物品的边际效用就越高。反之，边际效用和价值就越低。经济学家认为，人之所以执着地追求幸福，就是因为幸福能给人带来效用，即生理上和精神上的满足。

农夫拥有的5袋谷物，就好像是幸福能为我们带来的不同层级的效用——有健康，有美食，也有精神的享受。我们追求幸福其实就是为了追求需求的满足，幸福效用的实现。不过，幸福终究逃不脱边际效用递减的厄运，好不容易实现的幸福很快就会让你不满足，追求幸福的道路因此注定永远没有尽头。

曾经有一个笑话说，仙女答

应一个凡人会给他实现一个愿望，不过只能是一个。凡人思虑良久说，好吧，我的愿望是：让我拥有无数次许愿的机会。可惜人生没有实现无数个愿望的机会，那么，好好地珍惜现在拥有的。有一个人想得到一块土地，地主就对他说："清早，你从这里往外跑，跑一段就插个旗杆，只要你在太阳落山前赶回来，插上旗杆的地都归你。"这个人就不要命地跑，太阳偏西了还不知足。太阳落山前，他跑回来了，但已精疲力竭，摔个跟头就再没起来。于是有人挖了个坑，就地埋了他。牧师在给这个人做祷告的时候说："一个人要多少土地呢？就这么大。"

其实，人人都有欲望，都想过美满幸福的生活。但是，如果把这种欲望变成不正当的欲求，变成无止境的贪婪，我们就成了欲望的奴隶了。我们所拥有的东西不是越多越好，凡事要适可而止。懂得适可而止，欲望会带给你快乐；不懂得适可而止，欲望只会成为你的包袱。

有一个印第安人酋长对他的臣民说："上帝给每一个人一杯水，于是，你从里面体味生活。"生活确实就是一杯水，无色无味，对任何人都一样。你有权利加盐、加糖，只要你喜欢。你有欲望，不停地往杯子里加水，或者加糖，但必须适可而止，因为杯子的容量有限。啜饮的时候，你要慢慢地体味，因为你只有一杯水，水喝完了，杯子便空了。

生活中，很多人为了让自己那杯水色香味俱佳不停地往里面加各种各样的调料。诸如爱情、友情、金钱，喜、怒、哀、乐，等等，所以都感觉活得非常"累"。其实，只要你适度地、有选择地放入调料，你的生活便会过得有滋有味。

给贪欲上一把锁

一股细细的山泉，沿着窄窄的石缝，叮咚叮咚地往下流淌，多年后，在岩石上冲出了3个小坑，那些小坑还被泉水带来的金沙填满了。

有一天，一位砍柴的老汉来喝山泉水，偶然发现了清冽泉水中闪闪的金沙。惊喜之余，他小心翼翼地捧走了金沙。

从此老汉不再受苦受穷，不再翻山越岭砍柴。过个十天半月的，他就来取一次砂，不用多久，日子很快富裕起来。

人们很奇怪，不知老汉从哪里发了财。

老汉的儿子跟踪窥视，发现了父亲的秘密，认真看了看窄窄的石缝，细细的山泉，还有浅浅的小坑，他埋怨他爹不该将这事瞒着，不然早发大财了。儿子向爹建议，拓宽石缝，扩大山泉，不是能冲来更多的金沙吗？

老汉想了想，自己真是聪明一世，糊涂一时，怎么就没有想到这一点？

说干就干，父子俩便把窄窄的石缝拓宽了，山泉比原来大了好几倍，又凿大凿深石坑。父子俩累得半死，却异常高兴。

父子俩天天跑来看，却天天失望而归，金沙不但没有增多，反而从此消失得无影无踪，父子俩百思不得其解。因为自己的贪婪，父子俩连最基本的小金坑都没有了，因为水流大了，金沙就不会沉下来了。

如果我们在生活中，处处克制自己的贪婪，在与贪婪博弈的时候，选择无欲则刚战略，不管外在的诱惑有多么大，都要从容处之，即使错过了时机也不要后悔，因为我们对事物的信息掌握得很少，在不了解信息的情况下，我们尽量不要想获得。在我们不确定一个事物是如何形成的情况下，只靠想当然和表面现象是不行的。

世间的信息瞬息万变，我们没有全面掌握的能力，我们能做的只有防止自己的贪欲，不妄求，不妄取，以免受到伤害。

事实上，在利益面前，人人内心都会有交战和冲突。可怕的不是内心起了坏的念头，而是不能够主动地克制内心坏的闪念，无法在利益的引诱下守住自己。

在美国南北战争的一场战役中，南方奴隶主率领的军队把萨姆特堡包围了。北方军队的一个陆军上校接到命令，让他保护军用的棉花，他接到命令后对他的长官说："我不会让一袋棉花丢失的。"没过多久，美国北方一家棉纺厂的代表来拜访他，说："如果您手下留情，睁一只眼闭只一眼，您就将得到5000美元的酬劳。"

上校痛骂了那个人，把厂长和他的随从赶出去，说："你们怎么生出这么卑鄙的想法？前方的战士正在为你们拼命，为你们流血，你们却想拿走他们的生活必需品。赶快给我走开，不然我就要开枪了。"那个厂长见势不妙，就灰溜溜地逃走了。

战争为南北两地的交通运输带来了阻碍，许多南方农场主生产的棉花运不到北方，因此，又有一些需要棉花的北方人来拜访他，并且许诺给他1万美元的酬劳。

上校的儿子最近生了重病，已经花掉了家里的大部分积蓄，就在刚才他还收到妻子发来的电报，说家里已经快没钱付医疗费了，请他想想办法。上校知道这1万美元对于他来说就是儿子的生命，有了钱儿子就有救，可他还是像上次一样把贿赂他的人赶走了。因为他已经向上司保证过：不会让一袋棉花丢失。

又过不久，第三拨人来了，这次给他的酬劳是2万美元。上校这一次没有骂他们，很平静地说："我的儿子正在发烧，烧得耳朵听不见了，我很想收这笔钱。但是我的良心告诉我，我不能收这笔钱，不能为了我的儿子害得十几万士兵在寒冷的冬天没有棉衣穿，没有被子盖。"

那些来贿赂他的人听了，对上校的品格非常敬佩，他们很惭愧地离开了上校的办公室。后来，上校找到他的上司，对上司说："我知道我应该遵守诺言，可是我儿子的病很需要钱，我现在的职位又受到很多诱惑，我怕我有一天把持不住自己，收了别人的钱。所以我请求辞职，请您派一个不急需钱的人来做这项工作。"

他的上司非常赞赏他诚实正直的品性，最终批准了他的辞职申请，并且帮助他筹措了资金来支付医药费。

无论是生活中还是工作中，每个人都会有面临欲望诱惑的时候，善恶就在一念之间。有人做了一个很好的比喻，说人的欲望是个可怕的贼，一旦遇见了机会，它就会利用人的缺点向人进攻。而我们只有控制好自己的欲望，在利益面前守住自我，才能够不被自己的私欲所俘虏。想守住自己，不让这个"贼"闯进你的心里，就要懂得给自己的贪欲上把锁。

✿ 贪婪者并不富有

人总是不断追求更多的东西，比如名、比如权、比如金钱，然而，无尽的贪婪到最后只会是竹篮打水一场空。

我们很小的时候就听过这样一个寓言故事：

一天，一个老头在森林里砍柴。他抡起斧子正准备砍一棵树，突然从树上飞出一只金嘴巴的小鸟。小鸟对老头说："你为什么要砍倒这棵树呀？""家里没柴烧。""你不要砍倒它。回家去吧，明天你家里会有许多柴的。"说完，小鸟就飞走了。

第二天，老伴发现院子里堆了一大堆柴，就叫老头："快来看，快来看，谁在咱家院子里堆了这么一大堆柴？"

老头把遇到了金嘴巴鸟的经过告诉了老伴，老伴说："柴是有了，可是我们却没有吃的。你去找金嘴巴鸟，让它给我们点吃的。"

老头又回到森林里的那棵树下。这时，金嘴巴鸟飞来了，它问："你想要什么呀？"老头回答说："我的老伴让我来对你说，我们家没有吃的了。""回去吧，明天你们会有许多吃的东西的。"金嘴巴鸟说完又飞走了。

第二天，他们果真发现家里出现了许多肉、鱼、甜食、水果、葡萄酒和他们想要的其他食物。他们饱餐了一顿后，老伴对老头说："快去找金嘴巴鸟，让它送我们一个商店，商店里要有许许多多的东西，这样，往后我们的日子就舒服了。"

老头又来到了森林里的那棵树下。

"我的老伴让我来找你，她请你送给我们一个商店，商店里的东西要应有尽有。她说，这样我们就可以舒舒服服地过日子了。”“回去吧，明天你们会有一个商店的。”金嘴巴鸟说。

第二天他们醒来后，简直都不敢相信自己的眼睛了。家里到处都是好东西：布匹、纽扣、锅、戒指、镜子……真是应有尽有。老伴仔细地清理了这些东西以后，又对老头说：“再去找金嘴巴鸟，让它把我变成王后，把你变成国王。”

老头回到森林里，他找到了金嘴巴鸟，对它说：“我的老伴让我来找你，让你把她变成王后，把我变成国王。”金嘴巴鸟冷漠地望了一下老头，说：“回去吧，明天早上你会变成国王，你的老伴会变成王后的。”

第二天早上醒来，他们发现自己穿的是绫罗绸缎，吃的也是山珍海味，周围还有一大帮的侍臣奴仆。可是，老伴对此仍不满足，她对老头说：“去，找金嘴巴鸟去，让它把魔力给我，让它来宫殿，每天早上为我跳舞唱歌。”

老头只好又去森林找金嘴巴鸟，他找了许多时候，最后总算又找到了它，老头说：“金嘴巴鸟，我的老伴想让你把魔力给她，她还让你每天早上去为她跳舞唱歌。”金嘴边鸟愤怒地盯着老头，它说：“回去等着吧！”

第二天起床后，他们发现自己被变成了两个又丑又小的矮人。

人有想拥有的念头不为错，但这世间美好的东西实在是太多了，我们总希望让尽可能多的东西为自己所拥有，孰不知在你贪婪地占有中，你的心灵也被腐蚀掉了。其实，我们拥有生命和快乐已是最大的拥有，又何必贪求太多呢？贪婪的结果只能是一无所有。

第四章

大脑的弥天大谎：为什么我们会误把渴望当幸福

PART

01

为什么越来越富有，却感到不幸福

财富与幸福是什么关系

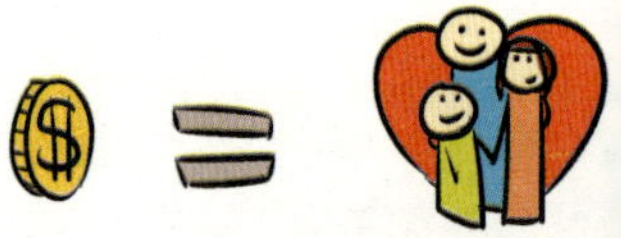

在不同文化背景下所做的幸福调查中，一位调查者和他的同事们发现，幸福与财富之间的关联性非常低，唯一的例外是在一些极穷困的地区，在这些地区基本的生活条件都得不到满足。此外，还有报告指出，人越富有，其幸福指数却没有什么变化。

虽然高收入的人对生活会比较满足，但不会因此而比其他人更幸福，他们甚至更容易紧张，也比较不会去享受生活。收入对于生活的影响是短暂的。人们之所以宣扬收入的高低是衡量幸福与否的标准，是因为他们只是用传统的视角衡量自己以及他人的生活。

令人惊讶的是，许多人在富有之后居然比在努力致富的过程中还要沮丧。“忙碌奔波型”的人认为，他们的行为可以为将来带来好处，这样想可以减少他们的负面情绪，然而一旦达到目标，发现所得到的无法使自己快乐时，他们就开始失望了。而且因为没有目标，他们就变得茫然了。

既然财富无法使人幸福，为何还是令我们如此痴迷呢？这可能得追溯到远古时期。当人类还在原始时代时，更多的是物质资源决定我们是否可以度过下一个严冬，因此，储存成为一种习惯。至今，很多未来已经相当有保障的人，仍然在拼命储蓄。储蓄不再是为了生存，而仅仅是为了“储蓄”。我们不再为生活而储蓄，而是为储蓄而生活。

在决定和判断的过程中，人们通常也会将物质放在精神之前去考虑，主要原因是物质容易计算。我们习惯性地对物质做出评价，比如财富和声望，而不是难以衡量的情绪或意义。我们所羡慕的是物质上的东西。有钱人因为他们的财富被尊敬，就好像物质变成了用来衡量一切的唯一标准。如今，越来越多的人感觉到财富的多少并不能成为衡量幸福与否的标准。因为幸福是一种精神上的体悟，与财富没有必然联系。

成功能带给你幸福吗

有些人怀疑，舍弃地位和财富而注重追求幸福和意义，会不会导致以牺牲成功为代价？如果好成绩和好学校不再是学生努力学习的动力，学生们会不会对学业丧失兴趣呢？或者，如果升职和加薪已经不再吸引员工的话，他们会不会因此而不再那么努力了？在努力向“幸福型”转变的过程中，人们经常考虑它是否会影响自己的成功。因此，应注意以下几点：

第一，正确理解成功与幸福的关系。首先，无论目标再怎么伟大，长期坚持做一件事都是非常困难的，如果在努力的过程中体会不到幸福，我们便难以持久地坚持目标。其次，有些人也许可以忍受目标暂时没有实现的痛苦，就像忙碌奔波型的人一样，但他们一定不是幸福的。

第二，拥有目标是幸福的前提。在一本描述第二次世界大战时期大屠杀的书中，作者讨论了有关大屠杀生还者，以及他们找寻活着意义的过程。虽然他们在集中营里经历的每天都是惨无人道的生活，并且身心遭受了巨大的伤害，但其中有些人却在那里找到了生命的意义，找到了目标。他们的目标包括有一天能与亲人重逢，有些人则想将来要把这段历史公布于众。当然，据此推断出他们在集中营里是幸福的，显然是不对的。

第三，幸福的来源。人类意志力的源动力来自意义，而不是幸福。如果我们想要过充实而幸福的生活，就必须去追求幸福和意义两种价值。

第四，在奋斗中体验幸福。在这个世界上，幸福最先光顾的永远是那些不断奋斗进取的人。这些人由于乐于吃苦耐劳、意志坚强，所以，虽然在肉体上他们要承受比常人更多的痛苦与磨难，但他们是精神上的富翁。

人生的价值在于不断追求，不断奋斗。当你在追求与奋斗的过程中实现了心中的既定目标，你就一定会感觉到真正幸福。

✿ 为什么越来越**有钱**，却感到不**幸福**

近二三十年，中国的经济飞快地发展，但是人们的幸福感却没有同经济一样快速发展，反而是在不断地降低。

为什么我们越来越有钱，却感到越来越不幸福了呢？

第一，日益增长的贫富差距。和其他国家一样，中国富人财富迅速累积，使得其他还没致富的人萌生嫉妒。随着贫富差距扩大，多数人的幸福感下降。

第二，爱比较。现代人喜欢攀比，比职位、比房子、比财富，甚至是比子女。人一旦追求的不是如何幸福，而是怎么去比别人幸福时，幸福也就离你远去了。

第三，不知足。俗话说“知足者常乐”，但能知足的人越来越少了。有了工作想换更好的，有了钱想赚得更多，有了房子想换更大的……这些欲望，驱使着人们无休止地奔波和劳碌，最后只能是越来越累，也就越来越不幸福了。

第四，不善于发现生活中积极的一面。生活中有许多积极的、好的方面，但许多人却忽略了。“只看到自己的不幸，忽略了自己的幸福”“放大了别人的幸福，缩小了自己的快乐”是其真实写照。

第五，过于焦虑。购房、子女养育、养老负担等问题，因为职场晋升空间感到担忧而产生的工作压力，朋友同事之间人际关系的处理等都成为了我们的“压力源”。在大城市中，无论老人、年轻人还是孩子，大多处于一种烦躁不安的焦虑状态，这让人们无法从心底感受到幸福。

第六，缺乏信念。在经过二十多年冲刺般的财富赛跑后，一些人除了赚钱，不知道人生中的目标与追求到底是什么，甚至不知道自己究竟想要什么。这种缺乏信念与理想的状态，难以产生长久、快乐的幸福感。

第七，不知道奉献。美国哈佛大学一项研究曾显示，在生活中多去帮助他人，能让自己感到更快乐。但现代社会中，乐于无私奉献的人越来越少，斤斤计较的人越来越多。如果你总算计着“我能从中得到什么”“做这件事值不值得”，就会生活得很累。

第八，相互不信任。虽然现在通讯高度发达，但人们的心灵却渐渐疏远了，如对他人不信任，自然也就得不到他人的信任。

所以，我们如果想要变得越来越幸福，除了要努力地减少贫富差距之外，还要有良好的心态。懂得知足，彼此信任，善于奉献，这是幸福的根源。

幸福可以经营，因为它更接近一种主观感受

有没有想过该怎么样经营自己的幸福，提升自己的幸福指数？有些人听到这个话题，难免会说，幸福又不是生意，为什么需要经营？顺其自然，该是自己的幸福就是自己的，不是自己的幸福再怎么经营也得不到。“命里有时终须有，命里无时莫强求。”真的是这样吗？幸福不需要经营吗？事实上并不是这样。

子欣是女强人，工作能力特别强，曾临危受命，使得一个亏损严重、濒临倒闭的企业起死回生。然而就是这么一个力挽狂澜的女人，却一度在婚姻危机面前束手无策。

子欣结婚后的十几年都一心扑在工作上，家里大小事情几乎全由丈夫承担。而且，她在家里也是领导作风，说一不二，丈夫和儿子都惧她几分。没想到，丈夫逐渐厌倦了这种生活，最终向她提出了离婚。这件事令她十分苦闷，她甚至觉得工作、生活都失去了意义。一个朋友看出了她心事重重，一语点醒梦中人："你把企业经营得这么好，怎么就不懂得经营婚姻呢？"于是她下决心改变。

不久后的一天，她到了家门口才发现自己没带钥匙。当时已经是晚上10点多了，她知道丈夫、儿子一定在家，于是敲门，打丈夫手机、家里座机。但是都没有人出来帮她开门，她又气又急。要是在往常，她早就开始骂人了。但转念想到要"经营婚姻"，她便强压住火气，开始想办法。

还好她家住在一楼，平常总有一个窗户关不严。于是她不再敲门，而是绕到窗户下，推开窗户爬了进去。当她梳洗完毕，准备上床睡觉的时候，丈夫醒来了，问她怎么回事。按照以前的风格，她势必会大骂丈夫一顿。但这次她没有，只是淡淡地说："你玩笑开得也太大了！"然后便若无其事地睡了。

第二天早上起来的时候，

她意外地发现丈夫已经把早餐做好了，并坐在餐桌边等她。这种场景已经很久没有出现了，她一下子感动得掉下泪来，感慨道："家中有一个男人在关怀着你，这是多么幸福！"

很幸运，由于子欣的及时改进，亮起红灯的婚姻终于化险为夷，她和丈夫重修旧好。

人们在拥有的幸福面前总会觉得是理所当然，不珍惜，也不经营，甚至还抱怨自己过得不幸福，等到失去了便懊悔莫及。殊不知，当幸福还在时不用心经营，等到幸福溜走时，花上十倍的功夫也不见得能把幸福留住。

所以，我们常说的"经营幸福"并不是一句空话。据心理学家称，幸福在更多的时候，和我们从外界感受到的刺激关系不大，而是取决于我们自己的观念和内心感受。当我们觉得此刻应该"幸福"时，哪怕是一件十分微小的事情，也会让我们感受到莫大的愉悦。

那么，幸福该怎么经营呢？

第一，常怀赞美之心。人类生来就是群居动物，人性最基本、最深切的渴望之一就是得到群体的欣赏。无论是小孩还是成年人，都希望自己能得到别人的肯定和赞美。但在生活中，人们往往习惯于挑剔他人。大部分人对陌生人的赞美从不吝啬，但对身边越亲近的人的赞美就越少。所以，得不到身边最亲近的人的赞美的人总是觉得还不够满足，觉得离幸福总差那么一点。常怀赞美之心，对所有的人都以赞美的眼光看待，会发现，他们都很好，其实自己过得很幸福。

第二，少抱怨、少争执。幸福总是在我们抱怨着生活的不如意时悄悄离去。当人们的眼光集中在争执的时候，就会忽视了幸福的存在。幸福的经营，要学会看到自己的缺点，发现别人的优点。曾经有人说过这么一句话，如果你发现身边的人缺点越来越多，实则是自己的缺点越来越多；如果看到别人的优点越来越多，则是自己的性格越来越趋向于完美。

第三，幸福最大化，摩擦最小化。现实社会中，往往很多人习惯了用放大镜来挑剔对方的毛病，所以总觉得怎么和他人的相处会存在那么大的摩擦。可如果反过来，把幸福放到显微镜下，就会突然发现，原来自己拥有这么多的幸福。任何人都希望得到别人的认可，要满足别人的这个愿望并不难，只要乐于寻找总能找到。用一颗感激的心去赞扬、去欣赏，就能使得幸福最大化，而把摩擦降到最低。

第四，做好“期望管理”。生活中，人们总会面对失败和痛苦，如果一直提高自我的期望，就会使得自己越来越难感受到幸福。如果不断降低自我期望呢？事实上，人还是不会觉得快乐。因为，太低的自我期望不能使我们得到满足。所以，我们要做好自己的“期望管理”。

在生活中，我们会对他人有许多期待。当期待得到满足时，我们会感到快乐、幸福，但当期待落空时，我们会失望、不幸福，甚至会对他人产生不满。因为不满时人就会产生负面的情绪，这情绪或累积或扩散，都会影响到彼此之间的关系，进而影响到对幸福的体验。

我们通过合理地设置期望，同时，我们面对现实，知道实现期望需要我们很努力地去做，知道失败和痛苦是幸福的组成部分，这样我们就能不断地提高我们的幸福指数。

幸福是需要用心经营的。这样才能用力最小化，收益最大化。若想提高生活的幸福指数，不如好好研究一下，幸福生活该如何经营吧！

✿ **幸福**不是拥有得多，而是**计较**得少

所有的人都渴望幸福，并追求幸福，但人们往往在追求幸福的过程中忽略了幸福。人们总以为，幸福就是拥有很多的财富，拥有成功，拥有美满的家庭，拥有懂事的儿女，拥有健康的身体，等等。但事实上，并不是我们拥有越多就越能感受到幸福。问一问身边那些觉得自己幸福的人，为什么他们那么容易感受到幸福。他们往往会说出这么一个答案——幸福不是拥有得多，而是计较得少。也就是说，不是你拥有的东西越多越幸福，而是你计较的东西越少，心宽了，接受幸福的空间也就大了，你就觉得幸福了。

笑笑比他小20岁，嫁给他的时候，家乡的人都以为她傍上了大款。只有她知道，他到底是个什么样的男人。

他很普通，又黑又丑，不富有。媒人那时候只是说，他是个靠手艺吃饭、会过日子的男人。由于急着离开那个老是打骂她的家庭，她没问清楚就选择嫁给了他。嫁过去后才发现，他只不过是个修鞋匠。回去，已经不可能了，她只好将就着和那个男人生活下去。

男人很宠她，隔三岔五地给她买些小玩意：一支口红、几

串荔枝……她活到30岁，从来没有用过口红，更不用说吃荔枝了。吃荔枝的时候，男人不吃，只是傻傻地看着她吃。她让他吃，他说他不爱吃，只要看着她吃就很高兴。后来，她偶然上街，随口问了一下，吓了一跳，1斤竟然要20元。她的眼睛一亮，他怎么可能不爱吃荔枝？他是舍不得吃呀！

她更加疼他，每天早早起来给他做饭，晚上做好热乎乎的饭菜等他回来。冬天的时候，男人在街上修鞋，一天下来，冻得全身冰冷，女人就把男人的脚放到自己怀里暖着。男人也很知足，说是上辈子修来的福气才娶到她。说得女人心花怒放。

笑笑见他每天那么累很心疼，要和男人一起上街修鞋。男人拗不过她，便同意了。于是街上总能看到一对老夫少妻在修鞋，两人紧挨着，修鞋的时候就一起忙，空闲的时候就有说有笑地聊着。有一天，男人对她说，自己总有一天会走在她前面，他为她

种下了500棵树，这样就算以后她老了，这些树也能养活她。笑笑哭了，她觉得这辈子值了，她很知足，身边的这个男人不仅宠了她前半辈子，连她的后半辈子都想得十分周到。

虽然，笑笑和她的男人过得很艰苦，他们没有足够多的财富，也不算成功，甚至他们的工作还会被一些人看不起，可是，幸福并没有因为他们拥有得少而远离他们。他们依然过得开心，时刻感受到幸福。他们拥有得不多，但他们计较得少。就像笑笑不在乎他的年龄、不在乎他的外貌、不在乎他的身家，她只在乎他对她的那颗真心。她不计较他给不了她富足的生活，不计较他给不了她高贵的社会地位，她只计较两个人的心是否能紧紧地依偎在一起。计较得少，她就容易知足，容易感受到幸福，体验生活中的真快乐。

从人类欲望这个角度来说，当我们对自己有更多的要求或者更高的挑战时，我们的野心或者说“不满足感”就会一直拉着我们往前走，直到我们最终实现了自己原有的要求。而那个时候，我们又再次产生不满足感，再次渴望有更高的追求。于是，我们就陷入了这样无限循环的怪圈之中。

其实，人之所以快乐不是因为得到得多，而是因为计较得少。曾经有位知名物流行业的老总这么说过，作为领导，她最希望看到的是她的员工每一天开开心心地来上班，然后开开心心地下班回家。物流属于服务行业，很多身处服务行业的人常常觉得要保持开心的心态很难，更别提幸福了。其实，无论在哪个行业，想要保持开心，感受到幸福是很简单的事——不要去计较。她这么对公司的员工说，要学会把自己当成自己，把别人当成自己，把自己当成别人，把别人当成别人。这一句里包含着许多的期望和寄托，同时也是一种交流合作的技巧。计较少了，心就放宽了，不舒心的小事就不会累积在心里了。于是人就变得开心了，生活的幸福感也就增强了。所以说，一个人的快乐不是因为他拥有得多，而是因为他计较得少。多是负担，是另一种失去；少非不足，是另一种有余；舍弃也不一定是失去，而是另一种更宽阔的拥有。

美好的生活应该是时时拥有一颗轻松自在、不计得失的心，不管外在世界如何变化，自己都能保持心中那片清静的天地。清静不在热闹繁杂中，更不在一颗索求太多的心中，摒弃贪念、开阔心胸，心里自然清静无忧。若能做到不计得失的话，选择简单的生活，计较少点，幸福就能多点。

社会就是一个大舞台，在工作和生活中我们都在扮演着不同的角色，一个属于自己的角色。人与人之间，难免会有一些摩擦，而微笑着不去计较就能体验到真正的快乐，幸福也将随之而来。

PART

02

虚荣，是一场必输的赌局

虚荣，人性的弱点

生活中，每个人多多少少都会有一些虚荣心。

曹操与刘备煮酒论英雄，认为“唯使君与操耳”，其实不过是用刘备做陪衬，标榜的正是他自己。曹操雄才大略，自视甚高，可偏偏碰上一个故作聪明的杨修，一而再、再而三地当众道破他心中的玄机，使他的虚荣心受到伤害，以致杨修遭到杀身。而杨修之死，又何尝不是他自己的虚荣心所招致的呢？因此，虚荣不可以脱离实际，物极必反，过度膨胀的虚荣心很容易走向它的反面，以致采取不道德或者不合法的手段，去攫取自己想要得到而得不到的东西，从而走上罪恶的道路。

虚荣心常使一个人处于恐惧、匮乏之中，因为害怕羞辱，所以不定时地活在恐惧中，经常没有安全感，不满足。虚荣心强的人，与其说是为了脱颖而出、鹤立鸡群，不如说是自以为出类拔萃，所以不惜玩弄欺骗、诡诈的手段，使虚荣心得到最大的满足。心理学家告诉我们：虚荣是人生的矛盾，人类的特

征，它很可怕，而且这可怕的范围几乎是无限的。无数事实表明，很多正常的社交关系，都因为虚荣而丧失了。

韦格是一个奥地利女孩，她天生丽质，自小就聪明过人。长大后的韦格在一所大学专修油画，韦格很有绘画天分，她的男朋友为了让她完成自己的梦想，一直积极地为她筹备一个个人画展。可是，这并不是一件容易的事情，画展筹备到一半时，他们在经济上遇到了困难。

这时，世界小姐大赛正在征集选手，奖金十分诱人，仅初赛的奖金就高达5000美元。于是，韦格的男朋友鼓励她去参加世界小姐选美，韦格去了，而且一路进军到了拉斯维加斯——她成了1987年度的世界小姐。

韦格曾一直梦想可以开个人画展，而如今她已不再需要画展。韦格曾经幻想有一个自己的家庭，和男朋友过着浪漫温馨的日子，然而她成为世界小姐以后，整天被阔佬阔少们包围着，理所当然地接受他们的大献殷勤，她再也不缺少浪漫与温馨了。作为世界小姐，高高站在财富与荣耀的顶端，似乎曾经的一切都不那么重要了。

韦格心安理得地享受着这一切，享受着世界小姐的荣耀带给她的琳琅满目的、意外的“财富”。

正当事业如日中天时，她却生病了，患上一种名叫克里曼特的综合征。

这种病的最大危险在于，她的双眼视力将逐渐衰退，最终将会失明。韦格因此而陷入绝望之中。

她的情绪低落到了极点，她开始诅咒上帝，不该把她的意外收获在一瞬间统统收回去，她认为是上帝妒忌她的天资聪颖。因此她更加怨恨交加。

就在韦格病重的消息传出不久，一个名叫帕迪的非洲小男孩寄给她一包土，说他们那里的人都用这种土来治病。韦格并不相信土可以治病，但还是抱着试试的态度用了，结果，她的病竟奇迹般地好了。

又是一次意外，使她欣喜若狂，她的财富又可以回到她的身边了，于是她发誓这次一定要紧紧抓住这些财富，绝不能再失去。

后来她嫁给了一个美国富翁。

在以后的日子里，韦格先后改嫁6次，可是没有一个男人令她满意。终于在一天夜里，她明白了，自己看起来拥有一切，其实却一无所有，她觉得自己这辈子没有什么价值可言，于是她选择了自杀……如果在她发达时没有抛弃男朋友，被评为世

界小姐之后，依然继续她的事业，也许她会活得更加幸福。追求金钱，爱慕虚荣，让她彻底迷失了自己，陷入虚荣的泥潭里无法自拔。

虚荣并不可怕，可怕的是人的不自知、不满足，让虚荣心无限膨胀，失去了尺度。其实，人自降生以来，虚荣就开始与我们相伴。年幼时，凡事都以自我为中心；长大以后，也只是学会让步。即使人死了，虚荣也不会消失，墓碑也会向人们炫耀自己的“光荣”。

每个人多多少少都会有一点虚荣，而且虚荣在某种程度之内是被允许的。每一个人都希望别人眼中有自己，所以当别人夸奖自己时，每一个人都会很高兴。

虚荣必须有个尺度，特别是在与竞争对手或敌人相处时，更应该力戒虚荣，否则就会被别人利用。

当今普遍存在的一种虚荣是指对名的变态追求，它会使社会形成不务实的浮夸之风，使个人丧失生活的基础，从而陷入钩心斗角之中。因此，我们要控制住自己的虚荣心，让它停留在萌芽状态，作为鼓励我们向上的原始动力，千万不要让它恣意疯长，毁了自己的好前程。

过度虚荣是一条**不归路**

过度虚荣的人，往往会迷失自我，久而久之，必然会走上一条不归路。虚荣是一种极端无聊的心态，它构筑了一个人的名气，却毁灭了一个人的人格与人品。

人并不是不知道虚荣的腐蚀性，也不是因为基本生计不得不虚荣一把，而是甘愿甚至热衷于献身于这巨大的腐蚀性之中。因为这种腐蚀性所带来的痛苦是潜在的，隐蔽在幕后，拒绝虚荣，需要崇高的心理和坦诚的勇气，需要人格的反省和人品的拷问。

心理学上认为，虚荣心是自尊心的过分表现，是为了取得荣誉和引起普遍注意而表现出来的一种不正常的社会情感。有的人在虚荣心的驱使下，往往只追求面子上的好看，不顾现实的条件，最后害了自己。在强烈的虚荣心支使下，有时会产生可怕的动机，带来非常严重的后果。因此，虚荣心是要不得的，应当把它克服掉。

小李是一家果品公司仓储管理员，几年前从苏北的一个小城来到北京，没过多久，小李认识了小王，小王是一个年轻漂亮的姑娘。

接触了一段时间之后，小李发现自己对小王有了不一样的感情，他觉得自己喜欢上小王了。但是从小城来的他在这位年轻漂亮的北京姑娘面前，总觉得自己过于寒酸。为得到小王的爱，小李常常在她面前装作很大方的样子，他会给小王买贵重的礼物，重要的节日里还要送花，有时候还请小王去星级饭店消费。

但是，不管怎样装大方，没钱还是没钱。

有一次，小李顺手牵羊获得了一笔意外的财产，这让他体验到了有钱人的荣耀。

从此以后，他便一发而不可收，先后偷窃各类财物价值十多万元。然而，法网恢恢，他最终还是难以逃脱法律的制裁，落入了法网。小李本性是不坏，可就是为了博得女友的青睐与好感，他竟然靠盗窃得来的钱财维系自己的虚荣，最后付出了惨痛的代价，想想真是可悲可恨。

一个人一旦被虚荣冲昏了头脑，为了获得满足虚荣的快感，常常会丧失理智，不顾后果。古希腊有这样一个传说：一位名叫赫洛斯特拉特的牧人，为了扬名四方，竟然放火烧毁了非常有名的古迹埃凡司阿泰密斯神庙。这就是后人用于比喻虚荣的所谓“赫洛斯特拉特荣誉”的来历。古往今来，为满足虚荣而不惜铤而走险、以身试法的事屡见不鲜，真是死要面子活受罪。

具有虚荣心态的人，其价值取向常常是扭曲的。为了虚荣，他们有的不懂装懂，即使对某一门知识或某一件事情茫然无知，却总要摆出一副见多识广者的架势来；有的不富装富，纵然自己家境贫寒、生活窘迫，也要讲排场，竭尽奢侈铺张之能事；有的嫉贤妒能，看到能力比自己强、水平比自己高、生活比自己好甚至外表比自己美的人，心里都会感到不舒服、不痛快；有的弄虚作假，为了满足日益膨胀的虚荣心，公然违背实事求是的做人处世原则，不惜出卖良心。

把持住自己的欲望，别让虚荣钻了空子，害了你的一生。

不要活在别人的**价值观**里

实际上虚荣心很强的人，其深层心理是心虚。为了追求面子，打肿脸充胖子，内心是很空虚的，表面的虚荣与内心的心

虚总是相斗争的。因此有虚荣心的人，至少受到来自两个方面的心灵折磨，一是达到目的之前，为自己的不尽如人意的现状所折磨；二是达到目的之后，为唯恐自己的真相露馅所受的折磨。因此他们的心灵总是痛苦的，是没有幸福可言的。

过度爱面子是极度虚荣的表现，产生虚荣心理之后，人只能死要面子活受罪了。通常情况下，自尊心很强的人往往最容易产生虚荣心理，因为他们非常注重自己在同伴中以及整个社会群体中的位置，也最关心自我价值的存在。

适度的维护荣誉可起到提醒自己维护自尊的作用。如以不正当的或虚伪的方式去达到自尊心的满足，以求得不真实的荣誉，这就是一种虚荣心理的表现。其实，这是完全没有必要的。学着让自己安于平淡，学会自尊与自重，有自知之明，追求内心真实的美丽，这样才能活得潇洒而自在，不为外物所累。

富兰克林有句名言：牺牲眼前的一些虚荣，日后会有大收获。蜚声世界的作家小仲马的故事，就是一个极好的例子。

有一天，大仲马得知自己的儿子小仲马寄出的稿子总是碰壁，就告诉小仲马说："如果你能在寄稿时，随稿给编辑们附上一封短信，说'我是大仲马的儿子'，或许情况就会好多了。"小仲马断然拒绝了父亲的建议，他说："不，我不想坐在你的肩头上摘苹果，那样摘来的苹果没味道。"

年轻的小仲马不但拒绝以父亲的盛名做自己事业的敲门砖，而且不露声色地给自己取了十几个其他姓氏的笔名，以避免那些编辑把他和大名鼎鼎的父亲联系起来。

面对那些冷酷而无情的退稿笺，小仲马没有沮丧，仍然坚持创作自己的作品。他的长篇小说《茶花女》寄出后，终于以其巧妙的构思和精彩的文笔震撼了一位资深编辑。这位知名编辑曾和大仲马有着多年的书信来往。他看到寄稿人的地址同大作家大仲马的丝毫不差，便怀疑是大仲马另取的笔名，但作品的风格却和大仲马的截然不同，带着这种兴奋和疑问，他迫不及待地乘车造访大仲马家。

令他大吃一惊的是，《茶花女》这部伟大的作品，作者竟是大仲马名不见经传的儿子小仲马。

"您为何不在稿子上署上您的真实姓名呢？"老编辑疑惑地问小仲马。

小仲马说："我只想拥有真实的高度。"

老编辑对小仲马的做法赞叹不已。

《茶花女》出版后，法国文坛书评家一致认为这部作品的价值大大超越了大仲马的代表作《基督山伯爵》，小仲马一时声名鹊起。没有艰辛，便没有收获。这句浅显的人生哲学，其实每个人都懂得，只不过，在潜意识中，人们通常会对捷径更有热情。每一个成功者之所以成功，是因为他们付出了自身的努力，是因为他们懂得，一个人的价值只有通过自己辛勤努力取得的成绩才能够证明。

天底下没有不劳而获的事，假如小仲马当初动了贪慕名利之心，他绝不会成为一个享誉世界的作家。一个人的价值，需要自身去体现，不要去别人的价值观里找位置，那样，我们只会迷失自己。一个人要清楚地认识自己，认识自己真实的高度，就应当凭借自己辛苦的努力获得一定的业绩，这样，才是对自己的人生负责。

给虚荣者一剂良药

心理学家曾得出这样一个结论：虚荣心是20世纪末过渡到下一个世纪间，最顽强的类似艾滋病的痼疾。而要迈向成功，必须远离虚荣；如果不想成功，就会爱慕虚荣。只有事事踏实，才会远离虚荣；想获得不实在的荣誉，就会满足虚荣。

从另外一种角度看，虚荣心其实是自尊心的过分表现。虚荣心是一种常见的心态，因为虚荣与自尊有关。人人都有自尊心，当自尊心受到损害或威胁时，或过分自尊时，就可能产生虚荣心。

虚荣心理的表现是多方面的：对自己的能力、水平过高估计；处处炫耀自己的特长和成绩，喜欢听表扬，对批评恨之入骨；常在外人面前夸耀自己有点权势的亲友；对上级竭尽拍马奉承；不懂装懂，打肿脸充胖子，喜欢班门弄斧；家境贫寒却大手大脚，摆阔气赶时髦；处处争强好胜，觉得处处比人强，自命不凡；把生活中的失误归咎于他人，从不找自身的原因；有了缺点，也寻找各种借口极力掩饰；对别人的才能妒火中烧，说长道短，搬弄是非，等等。

虚荣心强的人不是通过实实在在的努力，而是利用撒谎、投机等不正常手段去渔猎名誉。虚荣心的产生与人的需要有关。人类的需要分生理需要、安全需要、归属和爱的需要、尊重的需要和自我实现的需要。其中尊重的需要包括对成就、力量、权威、名誉、地位、声望等方面的需要。一个人的需要应当与自己的现实情况相符合，否则就要通过不适当的手段来获得满足，在条件不具备的情况下，达到自尊心的满足就会产生虚荣心。

如果说虚荣是一种病，那么又该如何治疗呢？

首先，要认识虚荣心的危害。一些虚荣心很强的人，意识不到自己的虚荣，不肯承认自己的虚荣，所以很难克服虚荣。因此，要正确认识自己，清醒地分析虚荣的危害。虚荣是一种虚假的荣誉，它可能使你得到一时的满足，填补一下内心的空虚，但它会使你背上沉重的包袱，时刻担心失去给你带来虚荣的事物，一旦失去，就会痛苦不堪。所以，只有认识到自己身上的虚荣以及虚荣的危害，才能下决心克服虚荣。

其次，要克服个人主义的私心。虚荣的人过于关注自己的名字和荣誉，很少考虑别人的感受和评价，有较强的自我表现欲，只要能给自己带来表现的机会，他都不会放过，争强好胜、不计后果，这是一种个人主义自私心理的表现。所以，要克服虚荣心，还要克服个人主义的自私心理和自我表现欲。

再次，培养脚踏实地、实事求是的思想作风。过于虚荣的人往往都缺乏脚踏实地的思想作风和工作作风，情绪不稳，能满足虚荣心时就有很高的热情，一旦虚荣心得不到满足，情绪就会一落千丈。

一位作家的寓所附近有一个卖油面的小摊子。一次，这位作家带孩子散步路过，看到面摊生意极好，所有的椅子都坐满了人。作家和孩子驻足围观，只见卖面的小贩把油面放进烫面用的竹捞子里，一把塞一个，仅在刹那之间就塞了十几把，然后他把叠成长串的竹捞子放进锅里烫。接着他又以迅雷不及掩耳的速度，将十几个碗一字排开，放佐料、盐、味精等，随后他捞面、加汤，做好十几碗面前后竟没有用到五分钟，而且还边煮边与顾客聊着天。作家和孩子都看呆了。

在他们从面摊离开的时候，孩子突然抬起头来说："爸爸，我猜如果你和卖面的比赛卖面，你一定输！"对于孩子突如其来的话，作家莞尔一笑，并且立即坦然承认，自己一定会输给卖面的人。作家说："不只会输，而且会输得很惨。我在这世界上是会输给很多人的。"

他们在豆浆店里看伙计揉面粉做油条，看油条在锅中胀大而充满神奇的美感，作家就对孩子说："爸爸比不上炸油条的人。"

他们在饺子馆，看见一个伙计包饺子如同变魔术一样，动作轻快，双手一捏，个个饺子大小如一、晶莹剔透，作家又对孩子说："爸爸比不上包饺子的人。"

故事中的作家不仅善于观察他人的优点，并且勇于承认自己在某些方面不如人。这种正视自己，并能欣赏他人的行为就是一种大智慧的体现。事实上，我们没必要为了满足自己的虚荣心而让自己显得处处比别人强，仿佛自己什么都能做到。每个人都有缺陷，不要试图每一样都在人之上。有智慧的人，敢于承认自己不如人，也敢于对自己不会做的事说不，所以他们自然能赢得一份适意的人生。

因此，要克服虚荣心，还要从实际出发，踏实工作，培养锻炼自己的真才实学和良好的心理品质。

✿ 放下**虚荣**，回归**本真**

虚荣心是一种很复杂的社会心理现象，它借用外在的、表面的东西来弥补自己的不足，以赢得别人的注意和赞扬。

虚荣心很难说是一种错误，但很多严重的错误都因虚荣心产生。虚荣心作为人的一种心理需要，是普遍存在的。它有双重作用，如果正确利用虚荣心，使它同上进心结合在一起，会调动人的工作积极性和热情；如果一味地为了满足自己的虚荣心，被虚荣牵着鼻子走，就会深受其害，给工作和人际关系带来消极影响。

虚荣者的虚荣心很强，但他的深层心理却是心虚，为了追求面子，不惜打肿脸充胖子，内心是很空虚的。虚荣者表面的虚荣与内心深处的心虚总是在斗争着，表面一个样，实际上是另一个样。虚荣者想把美好的一面展现给世界，但其实那不是真实的自己。

一个干了一辈子农活的庄稼人，生平第一次买彩票，竟然中了千万大奖，就这样，他一夜之间成了暴发户。有了钱之后，他觉得自己现在身份也不一样了，想着自己需要一辆车。于是，第二天他就去买了一辆豪华轿车。

买了车之后，他又想到反正有这么多钱，干吗还要住在这个穷困的山村，于是，他又在城市里买了一套房子。但是，住在城市里的庄稼人每天都要开车到以前住的村子里去。他希望看到任何人，也希望任何人都能看到他。因为他喜欢炫耀自己，所以，总是开着轿车左拐右拐地穿过大街小巷，去与每一个人讲话。可是他开得很慢，比自行车还要慢。原因非常简单，这辆既美丽又气派的轿车是用两匹马拉着的。

其实，并不是汽车引擎不能发动，而是老农民不晓得把钥匙插进去发动它。

有了钱的庄稼人渐渐觉得孤独起来，他发现自己的朋友越来越少，连他的亲人都不搭理他了，就算是碰面了也只是说几句奉承他的话，有的亲人还算计他。庄稼人觉得自从有了钱以后，很多东西都变了，生活越来越无趣了，他开始怀念干农活的日子，和乡亲们说说话，小聊几句，开开玩笑，多么惬意啊！可是，现在呢，他觉得自己什么都没有了。

最后，他又回到农田里继续耕田种地，因为他觉得只有这样他才会感到充实和快乐。

一些虚荣心很强的人，通常情况下意识不到自己的虚荣，即使意识到也不肯承认自己的虚荣。

现实生活中，有很多贪图虚荣的人，绝不仅仅是为了满足荣誉上的需求，归根到底是通过争名而夺利，这才是虚荣的本质属性。因此，好利是好名之因，争利是争名之源，只有抗拒利的诱惑，才能摆脱虚荣心理的纠缠，坚持自我本色。

PART

03

为什么生活越简单反而越快乐

✿ 剔除了杂质，才会留下**无瑕之美**

心理学家曾指出，人是最会制造垃圾污染自己的动物之一。清洁工每天早上都要清理人们制造的成堆的垃圾，这些有形的垃圾容易清理，而人们内心诸如烦恼、欲望、忧愁、痛苦等无形的垃圾却不那么容易清理了。

我们在装修房子的时候，总是会小心谨慎地制定详细的方案，研究每一个细节，墙壁的颜色、地板的质地、吊灯的造型，都是不可忽视的部分。我们为自己的家园精心选择了最好的建材。但是在建设精神家园的时候，我们却太粗心了。虽然精神家园比物质家园重要得多，但是很多人却出于各种原因不肯多费心思。那些类似恐惧、烦恼、焦虑、不安等消极念头一旦成为精神家园的建材，那么它们便可能发霉、腐烂，我们的心灵世界就岌岌可危了。

所以，为了保持心灵家园的纯洁，我们必须选择勇敢、乐观、积极的思想，并且及时进行“精神扫除”，丢弃或扫掉拖累心灵的东西。除此之外，还可以用美德来充盈我们的心灵空间，让垃圾再无容身之处。

有这样一位哲学家，他带着他的一群学生去漫游世界，十年间，他们游历了所有的国家，拜访了所有有学问的人，现在他们回来了，个个满腹经纶。在进城之前，哲学家在郊外的一片草地上坐下来，对他的学生说：“十年游历，你们都已是饱学之士，现在学业就要结束了，我们上最后一课吧！”

弟子们围着哲学家坐了下来，哲学家问：“现在我们坐在什么地方？”弟子们答：“现在我们坐在旷野里。”哲学家又问：“旷野里长着什么？”弟子们说：“旷野里长满杂草。”

哲学家说：“对，旷野里长满杂草，现在我想知道的是如何除掉这些杂草。”弟子们非常惊愕，他们都没有想到，一直在探讨人生奥妙的哲学家，最后一课问的竟是这么简单的一个问题。

一个弟子首先开口说：“老师，只要有铲子就够了。”哲学家点点头。

另一个弟子接着说：“用火烧也是很好的一种办法。”哲学家微笑了一下，示意下一位。

第三个弟子说："撒上石灰就会除掉所有的杂草。"

接着第四个弟子说："斩草除根，只要把根挖出来就行了。"

等弟子们都讲完了，哲学家站了起来，说："课就上到这里了，你们回去后，按照各自的方法除去一片杂草，一年后再来相聚。"

一年后，他们都来了，不过原来相聚的地方已不再是杂草丛生，它变成了一片长满谷子的庄稼地。

所以，如果你想让自己的心灵世界再无纷扰，唯一的方法就是用好的品格占据它。

一个人在尘世间走得太久了，心灵无可避免地会沾染上尘埃，使原来洁净的心灵受到污染和蒙蔽。的确，对一个未知的开始，你不确定哪些是你想要的。所以，不要害怕自己选择了错误的东西，但一旦发现错误，一定要及时修正，清除心中的杂质，让自己纯净的心灵重新显现。

不为物累，简单生活

幸福与快乐源自内心的简约，简单使人宁静，宁静使人快乐。

人心随着年龄、阅历的增长而越来越复杂，但生活其实十分简单。保持自然的生活方式，不因外在的影响而痛苦抉择，便会懂得生命简单的快乐。

头上是万里无云的朗朗晴空，手中是沁人心脾的冰镇啤酒。停在这片光秃秃的灼热沙漠上的东一辆西一辆旅宿汽车和拖车的门吱吱扭扭地推开了，"独身漫游者"俱乐部的一些成

员到这漫漫荒原来享受一个下午的快乐时光。

这数十名俱乐部成员全都是头发灰白的老者，而且全都是单身人士。他们聚集在一簇簇风滚草旁开始饮酒、讲故事。这个俱乐部是在西部的高速公路上打发时光的、人数越来越多的退休者大军中的一支队伍，斯拉布城是他们的最新休憩地点。他们在临时搭起的帐篷上空升起美国国旗，国旗在沙漠的疾风中呼啦作响。

埃尔伍德·威尔逊问道："你以为我们会愿意整天闲坐着不动吗？"他喝下一大口米尔沃基啤酒后说："绝非如此。"上年纪了，住进退休者之家，日夜守在电视机旁，周日没完没了地招待儿女和孙辈——谁愿意过这样的日子？他们所向往的是没有尽头的公路，尤其是西部那些一流的高速公路。

由于医学的进步使更多的老年人健康长寿，也由于现在有了像佛罗里达公寓一样舒适的新型车辆，以公路为家变成了一种比较容易适应的生活方式。许多人卖掉房子，把家当存放起来，把终生的储备兑换成金钱，然后告别自己旧有的生活方式，乘坐各式各样的车辆，冬季穿行于西部广袤的沙漠，夏季漫游于太平洋西北沿岸茂密的森林，然后在适当的时候再转动方向盘，开始新的游历。

有些人在公路上生活得太久了，以至于对任何其他生活方式都不能接受。退休护士佩吉·韦布自5年前和她那退役的丈夫卖掉房子起，就一直驾车漫游。一天早上，她一边在画板上练习绘画一边说："我从未想到我会有这样的勇气。但是，我们的孩子都长大成人了。我们住在空空荡荡的房子里，不知该干什么。于是我们便上路了。现在我认为我永远不会再像以前那样生活了。”

也许，这种生活方式该算最彻头彻尾的“简单生活”了。人们几乎都在通过自己独特的途径探索最简单的、最符合心灵需求的新生活方式，以替代目前日渐奢侈、日渐烦冗的生活。

简单的生活，快乐的源头，为我们省去了汲汲于外物的烦恼，又为我们开阔了身心解放的快乐空间。“简单生活”并不是要你放弃追求，放弃劳作，而是要抓住生活、工作中的本质及重心，以四两拨千斤的方式，去掉世俗浮华的琐务。

简单，每每能找到生活的快乐，平凡是人生的主旋律，简单则是生活的真谛。

✿ 跳出忙碌的圈子，丢掉过高的**期望**

欧仁和他的妻子王佳原来在一家国营单位供职，夫妻双方都有一份稳定的收入。每逢节假日，夫妻俩都会带着5岁的女儿小燕去游乐园打球，或者到博物馆去看展览，一家三口其乐融融。后来，经人介绍，欧仁跳槽去了一家外企公司，不久，在丈夫的动员下，王佳也离职去了一家外资企业。凭着出色的业绩，欧仁和王佳都成了各自公司的骨干力量。夫妻俩白天拼命工作，有时忙不过来还要把工作带回家。5岁的女儿只能被送到寄宿制幼儿园里。王佳觉得自从自己和丈夫跳到体面又风光的外企之后，这个家就有点旅店的味道了。孩子一个星期回来一次，有时她要出差，就很难与孩子相见。不知不觉中，孩子幼儿园毕业了，在毕业典礼上，她看到自己的女儿表演节目，竟然有点不认得这个懂事却可怜的孩子。孩子跟着老师学习了那么多，可是在亲情的花园里，她却像孤独的小花。频繁的加班侵占了周末陪女儿的时间，以至于平时最疼爱的女儿在自己的眼中也显得有点陌生了。这一切都让王佳陷入了一种迷惘和不安当中。

你是否和王佳一样经常发现自己莫名其妙地陷入一种不安之中，而找不出合理的理由？面对生活，我们的内心会发出微弱的呼唤，只有躲开外在的嘈杂喧闹，静静聆听并听从它，你才会做出正确的选择，否则，你将在匆忙喧闹的生活中迷失，找不到真正的自我。

一些过高的期望其实并不能给你带来快乐，但却一直左右着我们的生活：拥有宽敞豪华的寓所；幸福的婚姻；让孩子享受最好的教育，成为最有出息的人；努力工作以争取更高的社会地位；能买高档商品，穿名贵的时装；跟上流行的大潮，永不落伍。要想过一种简单的生活，改变这些过高期望是很重要的。富裕奢华的生活需要付出巨大的代价，而且并不能相应地给人带来幸福。如果我们降低对物质的需求，改变这种奢华的生活时装，我们将节省更多的时间充实自己。清闲的生活将让人更加自信果敢，珍视人与人之间的情感，提高生活质量。幸福、快乐、轻松是简单生活追求的目标。这样的生活更能让人认识到生命的真谛所在。

生活需要简单来沉淀。跳出忙碌的圈子，丢掉过高的期望，走进自己的内心，认真地体验生活、享受生活，你会发现生活原本就是简单而富有乐趣的。简单生活不是忙碌的生活，也不是贫乏的生活，它只是一种不让自己迷失的方法，你可以因此抛弃那些纷繁而无意义的生活，全身心投入你的生活，体验生命的激情和至高境界。

✿ 内心不依赖外物，即获得**自由**

何为逍遥？庄子在《逍遥游》中将其解说为："若夫乘天地之正，而御六气之辩，以游无穷者，彼且恶乎待哉！"意思是说，如果人们能做到顺应天地万物的本性，把握六气的变化，而在无边无际的境界中遨游，他们就不必再仰赖什么了。这样的人，因为不依赖外物，自然能逍遥遨游于天地之间。

一个人为什么不能够得到逍遥，他的精神为什么不能获得自由呢？学术大师徐复观先生通过对《庄子》一书分析认为，一个人之所以不能获得自由，就是因为自己不能支配自己，而须受外力的牵连。受外力的牵连，即会受到外力的限制甚至支配。这种牵连，庄子称之为“待”。

现实生活中，我们每天都渴望获得自由，一个人要想获得人生的自由，必须超越“待”字，摆脱外力的牵连，才能真正达到逍遥游的境界。

有一则逸事，即在告诫人们无谓的执着是多么愚蠢的事情。

那是马祖和尚和南岳和尚在修行时所发生的事情。一天，南岳和尚来拜访马祖和尚说：“马祖，你最近在做什么？”

“我每天都在坐禅。”

“哦，原来如此，你坐禅的目的是什么？”

“当然是为了成佛呀！”

坐禅是为了观照真的自我，而悟道成佛，

是一般人对坐禅的认识，马祖也这么认为。

可是，南岳和尚一听到马祖的话，竟然拿来一枚瓦片，默默地磨了起来，觉得不可思议的马祖便开口问：

“你究竟想干什么啊？”

南岳平静地回答：“你没有看到我在磨瓦吗？”

“你磨瓦做什么？”

“做镜子。”

“大师，瓦片是没法磨成镜子的。”

“马祖啊，坐禅也是不能成佛的。”

南岳和尚用瓦片不能磨成镜子的道理来告诉马祖，坐禅也不能成佛，这个对话的内容看似有点滑稽，实际上意义深远。

如前所述，一般人都认为坐禅是悟道成佛的唯一方法，因此在修行时非常重视坐禅，主张彻底地去做；不过，南岳看到马祖天天坐禅的生活，却予以否定的评价。

为什么呢？南岳言外之意是想告诉马祖，他过分执着于坐禅的形式和手段。虽然坐禅很有意义，可是如果被坐禅束缚，心的自由就会受到制约、控制，也就无法悟道成佛了。因此，坐禅的方法虽然是禅最重视的，但是一旦过分执着其中，反而需要予以否定了。如此这般，以禅的立场来看，执着必须全被否定，否则一旦陷入执着，就什么东西也得不到了。

换言之，人们常常执着于一些东西来过日子，可是一旦持有执着的心情，就无法真正自由地生活，也无法用禅性的想法来谋求自我实现。一个人如果不懂得放下，就会执着于外物，就会在做事的时候有所分心，这样的人无法获得最后的成功，更何谈精神的自由呢？

因此，一个人不但要学会执着，更要学会放手，就像庄子所说的，如果能够遵循宇宙万物的规律，把握“六气”的变化，遨游于无穷无尽的境域，他还仰赖什么呢？一个人不再依赖外物的时刻，就是获得自由的时刻！

太忙碌，会错失身边的风景

生活中，无数人的口头禅是“我忙啊”，没时间回家看看，没时间与好友聚会，没时间慢慢恋爱，忙得无心，忙得无情。

朋友啊，要充分享受生活，就一定要学会放慢脚步。当你停止疲于奔命时，你会发现生命中未被发掘出来的美；当生活在欲求永无止境的状态时，你永远都无法体会到生活的真谛。

虽然放慢脚步对一向急躁惯了的现代人来说是件难上加难的事，而且许多人对此根本就无暇考虑。但享受生活的一个重要条件就是，你必须注意自己的所作所为，然后放慢脚步。

因为我们总是在赶时间，所以很少有机会与朋友进行心灵的恳谈，结果我们就变得越来越孤独；因为忙碌，我们只知根据温度来添减衣服，却忽略了四季的更替，就这样不知不觉地过了一年又一年。因为我们忙得没有时间注意所有征兆，甚至连身体有病的早期征兆都觉察不出来……

古人云：“此生闲得宜为家，业是吟诗与看花。”这种寄生于绿柳红墙的庄园主情趣，现代人怕是难得再享受了，现代文明早已将此情调连同那个社会一同埋葬了。

英国散文家斯蒂文森在散文《步行》中写道："我们这样匆匆忙忙地做事、写东西、挣财产，想在永恒时间的微笑的静默中有一刹那使我们的声音让人可以听见，我们竟忘掉了一件大事，在这件大事中这些事只是细目，那就是生活。我们钟情、痛饮，在地面来去匆匆，像一群受惊的羊。可是你得问问你自己：在一切完了之后，你原来如果坐在家里炉旁快快活活地想着，是否比较更好些。静坐着默想——记起女子们的面孔而不起欲念，想到人们的丰功伟绩，快意而不羡慕，对一切事物和一切地方有同情的了解，而却安心留在你所在的地方和身份——这不是同时懂得智慧和德行，不是和幸福住在一起吗？……"

他告诫我们，太忙碌，会忘却生活的本来意义和幸福。

时间飞快地从我们身边滑过，开始我们总认为这样紧张忙碌是有价值的，结果我们最终两手空空地走向了时光的尽头。

所以，放慢一些脚步，尽情地去享受你的人生、你的生活吧！因为享受生活是帮助我们充实人生、帮助人生充满活力的方法。

第五章

习惯成自然：为什么人会有命运

PART

01

自控力改变习惯，习惯决定命运

习惯的力量无比巨大

习惯的力量是巨大的。1873年，美国发明家克利斯托弗发明了世界上第一台打字机，键盘完全是按照英文字母的顺序排列的。慢慢地，他发现打字的速度一旦加快，键槌就很容易被卡住。他的弟弟给他出了一个主意，建议他把常用字的键符分开布局，这样每次击键的时候，键槌就不会因为连续击打同一块区域而卡死。经过这样不规则的排列后，卡键的次数果然大大减少，但同时打字速度也减慢了。在推销打字机的时候，在利润的驱动下，克利斯托弗对客户说，这样的排列可以大大提高打字速度，结果所有人都相信了他的说法。现在，人们已经习惯了这样的键盘布局，并始终认为这的确能提高打字速度。

国外一些数学家经过研究得出结论，目前的排列是最笨拙的一种，凭借目前的技术已经解决了卡键问题，可现在出现第二种排列的键盘似乎不太可能，因为人们都习惯了。在强大的习惯面前，科学有时也会变得束手无策。

说起来你可能不信，一根矮矮的柱子，一条细细的链子，竟能拴住一头重达千斤的大象，可这令人难以置信的景象在印度和泰国随处可见。原来那些驯象人在大象还是小象的时候，就用一条铁链把它绑在柱子上。由于力量尚未长成，无论小象怎样挣扎都无法摆脱锁链的束缚，于是小象渐渐地习惯了而不再挣扎，直到长成了庞然大物，虽然它此时可以轻而易举地挣脱链子，但是大象依然选择了放弃挣扎，因为在它的惯性思维里，它仍然认为摆脱链子是永远不可能的。

小象是被实实在在的链子绑住的，而大象则是被看不见的习惯绑住的。

可见，习惯虽小，却影响深远。习惯对我们的生活有绝对的影响，因为它是一贯的。在不知不觉中，习惯经年累月

地影响着我们的品德，决定我们思维和行为的方式，左右着我们的成败。

✿ 习惯是什么

狗家族出了一条很有志气、很有抱负的小狗，它向整个家族宣布：要去横穿大沙漠。所有的狗都跑来向它表示祝贺。在一片欢呼声中，这只小狗带足了食物、水，然后上路了。3天后，突然传来了小狗不幸死亡的消息。

是什么原因使这只很有理想的小狗死亡了呢？检查食物，还有很多；水不足吗？也不是，水壶还有水。后来经过研究，终于发现了小狗死亡的秘密——小狗是被尿憋死的。

之所以被尿憋死是因为狗有一个习惯——一定要在树干旁撒尿。由于大沙漠中没有树，也没有电线杆，所以可怜的小狗一直憋了3天，终于被憋死了。

狗是如此，人呢？

狗是习惯的动物，同样人也是习惯的动物，习惯中的高级动物。

一个人的行为方式、生活习惯是多年养成的。比如，与人交往的形式、与人沟通的方式、与人相处的模式……都是多年习惯累积慢慢成形的。孔子在《论语》中提到："性相近，习相远也。""少小若无性，习惯成自然。"意思是说，人的本性是很接近的，但由于习惯不同便相去甚远；小时候培养的品格就好像是天生就有的，长期养成的习惯就好像完全出于自然。

一句俗话说："贫穷是一种习惯，富有也是一种习惯；失败是一种习惯，成功也是一种习惯。"如果你重视观念和思考，那么，你对此可能会有一些同感。

习惯也称为惯性，是宇宙共同法则，具有无法阻挡的一股力量。"冬天来了，春天还会远吗？"这就是无法阻挡的一股力量；苹果离开树枝必然往下掉，同样是具有无法阻挡的一股力量。

没有惯性则没有力量，例如，静止的火车，要防止其滑行只需在每个驱动轮面前放一块1寸厚的木头就行了，但如果火车以每小时100公里的速度行驶的话，哪怕是一堵5尺厚的钢筋水泥墙也无法阻挡，可见惯性的力量多么巨大！

我们可以对"习惯"下一个定义：所谓的"习惯"，就是人和动物对于某种刺激的"固定性反应"，这是相同的场合和反应反复出现的结果。所以，如果一个人反复练习饭前洗手的话，那么这个行为就会融合到他更为广泛的行为中去，成为"爱清洁"的习惯。

习惯是某种刺激反复出现，个体对之做出固定性反应，久而久之形成的类似于条件反射的某种规律性活动。它包括生理和心理两方面，即能够直接观察及测量的外显活动和间接推知的内在心理历程——意识及潜意识历程。而且，心理上的习惯，即思维定式一旦形成，则更具持久性和稳定性，在更广泛的基础上，就成了性格特征。

✿ 习惯能成就一个人，也能够摧毁一个人

有一个猎人，他在一次打猎中捡回一只老鹰蛋，回到家里，他把老鹰蛋和母鸡正在孵的鸡蛋放在一起。

没过多久，小鹰和小鸡一起出世了。在母鸡的照顾下，小鹰很开心地和小鸡们生活在一起。

小鹰当然不知道自己是一只鹰，它和小鸡们一样学习鸡的各种生存本领。母鸡也不知道它是一只鹰，母鸡像教育其他小鸡那样教育小鹰。这只小鹰一直按照鸡的习惯生活。

在它们生活的地方，不时有老鹰从空中飞过。每当老鹰飞过时，小鹰就说："在天空飞翔多好啊，有一天我也要那样飞起来。"

听它这么说，母鸡每次都要提醒它："别做梦了，你只是一只小鸡！"

其他小鸡也一起附和："你只是一只鸡，你不可能飞那么高！"

被提醒的次数多了，小鹰终于相信它永远不可能飞那么高。小鹰再看到老鹰飞过时，它便主动提醒自己："我是一只小鸡，我不可能飞那么高。"

就这样，这只鹰到死那一天也没有飞翔过——虽然它拥有翱翔蓝天的翅膀和体格。

可见，习惯虽小，却影响深远。你可以遍数名载史册的成功人士，哪一个人没有几个可圈可点的习惯在影响着他的人生轨迹呢？当然，习惯人人都有，我们的惰性和惯性会使我们不止一次地重复某些事情，而经常反复地做也就成了习惯，比如

爱笑的习惯、吝啬的习惯，甚至于饭前洗手的习惯，等等。习惯有大有小，有好有坏，林林总总。

习惯决定命运。这里面隐藏着人类本能的秘诀。

看看我们自己，看看我们周围，看看芸芸众生，好习惯造就了多少辉煌成果，而坏习惯又毁掉了多少美好的人生！习惯一旦形成，它就极具稳定性，心理上的习惯左右着我们的思维方式，决定我们的待人接物；生理上的习惯左右着我们的行为方式，决定我们的生活起居。日常的生活本身就是习惯的反复应用，而一旦遇上突发事件，根深蒂固的习惯更是一马当先地冲到最前面，所以，当我们的命运面临抉择时，是习惯帮我们做的决定。

事物总是一分为二，凡事都有其两面性。习惯也是一样，有正面就有负面。正面的是好习惯，好习惯有助于我们的成功；而负面的是坏习惯，坏习惯则导致我们的失败。

例如，礼貌是一种好习惯，走到哪里都能够彬彬有礼、以礼相待的人一定会深受欢迎，拥有这种习惯的人则容易成功；相反，失礼就是一种坏习惯。

微笑是一种习惯，可以预先消除许多不必要的怨气，化解许多不必要的争执，而老是板着面孔的人走到哪里都会制造紧张气氛。

所以说，习惯决定命运。习惯是通往成功的最实际的保证，习惯也是通向失败的最直接的通道。

卓越是一种习惯，平庸也是一种习惯

在我们的工作和生活中，有很多效率低下的例子。例如有些人只知道一味地例行公事，而不顾做事的实际效果：他们总是采取一种被动的、机械的工作方式。在这种状态下工作的人，往往缺乏主观能动性和创造性，在工作中不思进取、敷衍塞责，总是为自己找借口，无休止地拖延……

另一方面，我们也可以看到很多做事高效的例子。例如有些人做起事来注重目标，注重程序，他们在工作中往往采取一种主动而积极的方式。他们工作起来对目标和结果负责，做事有主见，善于创造性地开展工作；工作中出现困难的时候会积极地寻找办法，勇于承担责任，无论做什么总是会给自己的上司一个满意的答复。

举一个例子来说吧，某公司的一位服务秘书接到服务单，客户要装一台打印机，但服务单上没有注明是否要配插线，这时，服务秘书有3种做法：

（1）开派工单。

（2）电话提醒一下商务秘书，看是否要配插线，然后等对方回话。

（3）直接打电话给客户，询问是否要配插线，若需要，就配齐给客户送过去。

第一种做法，可能导致客户的打印机无法使用，引起客户的不满；第二种做法，可能会延误工作速度，影响服务质量；第三种做法，既能避免工作失误，又不会影响工作效率。

显然，第三种做法就是一个高效做事的例子。

高效能人士与做事缺乏效率的人的一个重要区别在于：前者是主动工作、善于思考、主动找方法的人，他们既对过程负责，又对结果负责；而后者只是被动地等待工作，敷衍塞责，遇到困难只会抱怨，寻找借口。

另外，高效能人士不仅善于高效工作，同时也深谙平衡工作与生活的艺术。他们既不会为工作所苦，也不为生活所累。他们不是一个不重结果、被动做事的“问题员工”，也不是一个执着于工作，忽视了生活、整日为效率所苦的“工作狂”。

一个游刃于工作与生活之中的高效能人士应当具备很多素质，比如“做事有目标”，“能够正确地思考问题”，“是一个解决问题的高手”，“重视细节”，“高效利用时间”，“勇于承担责任，不找借口”，“正确应对工作压力”，“善于把握工作与生活的平衡”，“善于沟通交际”，“拥有双赢思维”，等等。

一位哲人说过：“播下一种思想，收获一种行为；播下一种行为，收获一种习惯；播下一种习惯，收获一种性格；播下一种性格，收获一种命运。”要不断提升自己的素质，做一名合格的高效能人士，就要养成正确的工作和生活的习惯。

PART

02

你不控制习惯，习惯就会控制你

不让习惯成偏见

世俗的目光是永远看不见自己的模样的。

有一位老妇人，一直不喜欢她家对面的那位年轻妇女。老妇人抱怨说：“我没见过比她更邋遢、更懒惰的人了。她的衣服永远都洗不干净。你看看她晾在院子里的衣服，你就会发现，那上面总是有斑点，她怎么会连洗衣服都洗成那个样子呢？”

有一天，一个朋友到这位老妇人家，当老妇人又开始抱怨的时候，这位细心的朋友向对面院子仔细看了一下，才发现事情的症结所在。这位朋友拿了一块抹布，把老妇人家窗户上的玻璃擦了擦，将玻璃上面的灰渍抹掉了，然后拉着她再去看对面年轻妇人的衣服，说：“你看，她的衣服现在怎么样？”这位老妇人再一看，发现对面年轻妇人的衣服是干净的——原来是自己家里的玻璃脏了。

老妇人因为自己不了解真实情况，想当然地认为年轻妇女太懒惰，这时候，偏见就产生了。很多人都不了解自己，原因就在于我们总是把目光放在别人身上，而没有看到自己存在的问题。

所谓“人无完人”，我们每一个人都或多或少地存在一些缺点。在面对自己的优点与缺点时，要扬长避短，充分发挥自身优势。但是，怎样面对别人的缺点呢？宽容与理解是必不可少的。如果你总是对别人的缺点十分苛刻，就会引起别人的反感，甚至“以恶为仇，以厌为敌”。一个能够容忍别人缺点的人，必定是胸怀宽广、受人尊敬的人，而且也是拥有辉煌人生与成就的人。

容忍别人的缺点是尊重别人，同时，你也将赢得别人的尊重。相反地，一个不能容忍别人缺点的人，不可能拥有真正的朋友，而他的人生也难以成功。要改变人生，就要赢得朋友的支持。所以，在面对别人的缺点时，要尽量多一份容忍与理解。

我们都有缺点，我们可以设身处地地想一想，假如自己的缺点不能被别人容忍会有什么样的结果，对自己的影响有多大。这样，我们就能找到容忍别人缺点的理由。曾经有一位非常出色的外交家说：“以前社交圈比较狭窄，只知道别人有很多缺点。现在随着社交圈的扩大，接触了形形色色的人后，才有知心朋友告诉我，其实我自己也有类似的缺点。我希望别人能够容忍我的缺点，所以我也常常容忍别人的缺点。”

✿ 不要自我**设限**

有个农夫在农场展览会上展出一个形同水瓶的南瓜，参观的人见了都啧啧称奇，追问是用什么方法种的。农夫解释说：“当南瓜拇指般大小时，我便用水瓶罩着它，一旦它把瓶里的空间占满，便停止生长了。”

人也是这样，自我设限，就是把自己关在心中的樊笼里，就像被水瓶罩住的南瓜一样，等于是放弃自我成长的机会，成长当然有限。

一对夫妻，他们相处存在许多问题，太太经常抱怨丈夫自私、不负责任，从来没有关心过她。

当问及丈夫“为什么你不好好跟妻子沟通”时，他回答：“哦！我的本性就是这样。”“没办法，我就是大男人。”

丈夫对他行为的解释，是他的自我定义。这源于过去他一直如此，其实是在说：“我在这方面已经定型了。”“我要继续成为长久以来的那个样子。”人生若抱持这种态度，根本就是在扼杀可能的机会，从而给自己留下永远而无可改变的问题。

标定自己是何种人——“我一向都是这样，那就是我的本性”，这种态度会加强你的惰性，阻碍成长。因为我们容易把“自我描述”当作自己不求改变的辩护理由，更重要的是，它帮助你固持一个荒谬的观念：如果做不好，就不要做。

丹麦哲学家齐克果说：“一旦你标定了自己是什么样的人，你就是否认自我。”一个人必须去遵守标签上的自我定义时，自我就不存在了。他们不去向这些借口以及其背后的自毁性想法挑战，却只是接受它们，承认自己一直是如此，终将带来自毁。

有一则寓言说，一只青蛙和一

只蝎子同时来到河边，望着滚滚河水，正思索着如何渡过河去。

这时蝎子开口向青蛙说："青蛙老弟，不如你背着我，而我也可以辅助你指引方向，我们就可以到达对岸。"

青蛙说："我才不傻，背你，搞不好你毒针乱刺，我就会一命呜呼。"

蝎子说："不会，不会，在河中如果你溺水，那我不也完了吗？"

青蛙一想有道理，就背着蝎子向对岸游去。在河中央青蛙忽感身上一阵刺痛，破口大骂蝎子："你不是承诺不刺我的吗，为什么背叛诺言？"

蝎子脸不红气不喘、毫无悔意地说："没有办法，这是我的本性啊。"

这则寓言，不正是印证了许多人总是用"我没办法，我一直就是这样"来掩饰自己行为的过错，而不去注意约束自己吗？

没错，描述自己比改变自己容易多了。无论什么时候你要逃避某些事，或掩饰人格上的缺陷，总可以用"我怎样怎样"来为自己辩解。事实上，这些定义用了多次以后，经由心智进入潜意识，你也开始相信自己就是这样，到那时候，你似乎定了型，以后的日子好像就是这样了。

记住，无论何时，你一旦出现那些"逃避"的用语，马上大声纠正自己。把"那就是我"改成"那是以前的我"；把"我没办法"改成"如果我努力，我就能改变"；把"我一向是这样"改成"我要力求改变"；把"那是我的本性"改成"我以前认为那是我的本性"。任何妨碍成长的"我怎样怎样"，均可改为"我选择怎样怎样"。

PART

03

重塑习惯，改变命运

成功没有固定的模式

成功没有不变的模式，成功的道路千差万别。如果刻意地去模仿，非但不能成功，更会适得其反。

缺乏审时度势、客观分析的结果，不知气候，不问土壤，种子随意撒下去，哪有不吃亏的呢？

春秋时期，鲁国施姓人家有两个儿子，一个好学问，一个善兵法。他们都想以自己的专长谋得好前程。于是，好学问的到齐国，以仁义道德的治国理论游说国君，深得齐君赏识，被聘为公子们的老师；爱好兵法的到了楚国，把用兵打仗、强国拓疆的道理说给楚君，楚王很高兴，封他为执法将军。兄弟俩都当了大官。

孟氏是施家近邻，也有两个儿子，也是一个好学问，一个善军事。他们效仿施家儿子的做法，也出外谋富贵去了。好学问的到了秦国，用仁义道德劝说秦王，秦王非常生气，认为是帮倒忙。秦王说：各国纷争，秦国志在发展，此时最需要的是强军，如果只知仁义，岂非要走上灭亡之路。于是将他处了宫刑，而后逐出。好兵法的到了卫国，宣传他练武强兵的治国之道。卫侯说：卫国弱小，夹于大国之间，对于大国，卫国只能顺从以求安；对于小国，只能安抚以得友。倘若武力对外，到处树敌，则灭亡的日子不远了。为免此人到其他国家宣传武功，于己不利，卫国遂将他的双脚砍掉，送回鲁国。

施孟两家兄弟，所好相同，所得结果迥异。原因何在？完全是空间视角的缘故。同样一种理论，一种方法，在甲地行得通，在乙地行不通，这是不奇怪的。

因为甲乙两地地况不同，齐国强盛，无人敢欺，它急需的是国内治理，是内在实力，因而仁义道德的治国之术正合齐侯口味；楚国志在拓展疆土，使列国臣服，称雄天下，欲与秦一争高低，军力的扩张正是楚王梦寐以求的。

施氏二子怀揣学识才能，各自选准了对象，选准了空间，投其所好，因而，都有好结果。孟氏二子就不够聪明了，到一心想要以武力统一天下的秦国兜售仁义道德，让他们放下武器讲仁义，岂不是自讨苦吃，自寻没趣？同样，到在夹缝中苟且偷安、勉强得以安身的卫国推销强兵之策，把卫国推向水火，当然也得不到欢迎。可见，关注思维对象所处的空间，充分考虑思维对象所处的环境，才能突破习惯窠臼。

播种行为，收获习惯

比尔·盖茨认为，是4种良好的习惯——守时、精确、坚定以及迅捷——造就了成功的人生。没有守时的习惯，你就会浪费时间、空耗生命；没有精确的习惯，你就会损害自己的信誉；没有坚定的习惯，你就无法把事情坚持到成功的那一天；而没有迅捷的习惯，原本可以帮助你赢得成功的良机，就会与你擦肩而过，而且可能永不再来。

亚伯拉罕·林肯是通过勤奋的训练才练成了他讲话简洁、明了、有力的演讲风格。温德尔·菲里普斯也是通过艰苦的练习才练就了他那出色的思考能力和杰出的交谈能力。

常言道："播种一种行为，就会收获一种习惯；播种一种习惯，就会收获一种性格。"好的习惯主要依赖人的自我约束，或者说是依靠人对自我欲望的否定。然而，坏的习惯却像芦苇和杂草一样，随时随地都能生长，同时它也阻碍了美德之

花的成长，使一片美丽的园地变成了杂草丛生的芦苇丛。那些恶劣的习惯一朝播种，往往10年都难以清除。

当人到了25岁或30岁的时候，我们就很难发现他们会再有什么变化，除非他现在的生活与少年时相比有了巨大的改变。但令人欣慰的是，当一个人年轻的时候，尽管养成一种坏习惯很容易，但要养成一种好习惯同样容易；而且，就像恶习会在邪恶的行为中变得严重一样，良好的习惯也会在良好的行为中得到巩固与发展。

习惯的力量是一种使所有生物和所有事物都臣服在环境影响之下的法则。这个法则可能会对你有利，也可能对你不利，结果如何全由你的选择而定。

当你运用这一法则时，连同积极心态一起应用，所产生的力量是巨大的，而这就是你思考致富或实现任何你所希望的事情的根本驱动。

也许你并没有很好的天赋，但是，一旦你有了好的习惯，它一定会给你带来巨大的收益，而且可能超出你的想象。

那么，如何破除恶习，而代之以良好习惯呢？这样的改变往往在一个月内就可完成。办法如下：

（1）选择适当时间。事不宜迟，想改变习惯而又一再地拖延，你会更加害怕失败。在较为轻松的日子，所下的决心即使面临考验也较易应付，因此选择的月份应没有亲朋好友来你家小住，也没有太多限期完成的工作待办。不要选择年底之前，年底既要准备过节，又要赶做年终的工作，不免忙碌紧张，那种压力只会使恶习加深，令人故态复萌。

（2）运用意愿力而非意志力。习惯之所以形成，是因为潜意识把这种行为跟愉快、慰藉或满足联系起来。潜意识不属于理性思考的范畴，而是情绪活动的中心。“这种习惯会毁掉你的一生。”理智这样说，潜意识却不理会，它“害怕”放弃一种一向令它得到安慰的习惯。

运用理智对抗潜意识，简直难以制胜。因此，要戒掉恶习，意志力不及意愿力有效。

（3）找个替代品。另外培养一种新的好习惯，那么破除坏习惯就会容易得多。

有两种好习惯特别有助于戒除大部分的坏习惯。第一种是采用一个有营养和调节得宜的食谱。情绪不稳定使人更依赖坏习惯所带来的慰藉，防止因不良饮食习惯而造成的血糖时升时降，有助于稳定情绪。

第二种是经常做适度运动。这不仅能促进身体健康，也会刺激脑啡（脑内一种天然类吗啡化学物质）的产生。近年来科学研究指出，慢跑的人能够感受到自然产生的“奔跑快感”，全是脑啡的作用。

（4）按部就班。一旦决定改变习惯，就拟定当月的目标。要切合实际，善于利用目标的“吸引力”。如果目标太大，就把它化整为零。

达成一项小目标时不妨自我奖励一下，借以加强目标的吸引力。

（5）切勿气馁。成功值得奖励，但失败也不必惩罚。在改变习惯的时间内如果偶有失误，不要引咎自责或放弃，一次失误不见得是故态复萌。

人们往往认为，重拾坏习惯的强烈愿望如果不能达到，终会成为破坏力量。然而只要转移注意力，即使是几分钟，那种愿望也会消散，而自制力则会因此加强。

避免重染旧习比最初戒掉时更困难。但是如果你能够把新习惯维持得越久，就越有把握不重蹈覆辙。

比别人多做一点

生性懒惰，却还想得道成仙，这无疑是异想天开。懒惰不改，要想获得成功，必定会碰壁的。

很多人想找一条通向成功的捷径，当众里寻他千百度之后，发现“勤”字是成大事的要诀之一。

天道酬勤。没有一个人的才华是与生俱来的，在成功的道路上，除了勤奋，是没有任何捷径可走的，在每个成功者的身

上，都可以看到勤劳的好习惯。

鲁迅说得更清楚："其实即使天才，在生下来的时候第一声啼哭，也和平常的儿童一样，绝不会就是一首好诗。""哪里有天才，我是把别人喝咖啡的工夫用在工作上。"

笨鸟先飞，尚可领先，何况并非人人都是"笨鸟"。勤奋，使青年人如虎添翼，能飞又能闯。

任何事情，唯有不停前进方可有生命力。在这个竞争激烈的

世界里，人才云集，竞争对手强大。快节奏的生活、高度的竞争又时刻令人体会到一种莫大的压力，潜移默化地催人上进。

成功的得来可不像老鹰抓小鸡那样容易，而是勤奋工作得来的。只有辛勤的劳动，才会有丰厚的人生回报。即使给你一座金山，你无所事事，也总有一天会坐吃山空的。传说中的点石成金之术并不存在，而在劳动中获得财富才是最正确的途径。你想拥有金子，最好的办法是辛勤地耕耘。

人生是一个充满谜团的过程。在这个过程中，会有许许多多悲欢离合、喜怒哀乐的事情，也会有许多意想不到却又似乎是上天特意考验我们的事情出现。在这些事情的考验下，有的人充实而成功地走完了这一过程，有的人却相反，在遗憾中随风逝去。

我们每一个健康生活的人都希望自己能够走向成功，都想在成功中领略人生的激动，而成功又不是轻易予人的。

那些形成了勤奋工作习惯的人总是闲不住，懒惰对他们来说是无法忍受的痛苦。即使由于情势所迫，不得不终止自己早已习惯了的工作，他们也会立即去从事其他工作。那些勤劳的人们总是很快就会投入到新的生活方式中去，并用自己勤劳的双手寻找、挖掘出生活中的幸福与快乐。要享受成功的幸福，首先要付出你的辛劳汗水，只有这样，你才会收获耕耘的快乐。

第六章

累到无力抵抗：为什么自控力像肌肉一样有极限

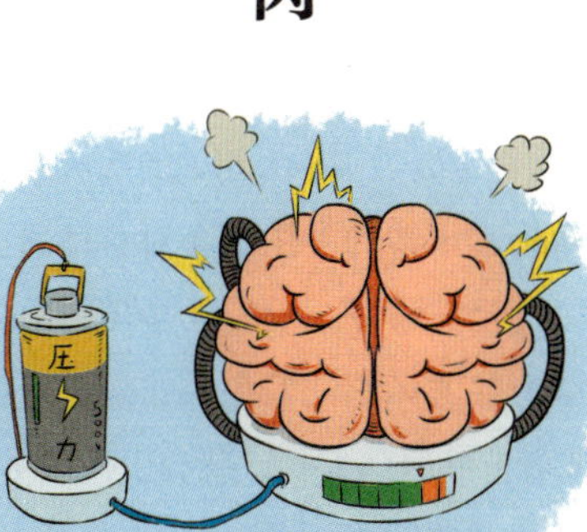

PART

01

压力，生命不可承受之重

什么是压力

小小的巧克力曲奇饼会带来什么压力呢？如果你每天吃两块，作为正常饮食的组成部分，那就没有压力。如果你一个月不吃甜食，然后吃了一整条双层的巧克力软糖，那就有问题了。你的身体适应不了这么多糖分，这就产生了压力。虽然没有变卖汽车或移居西伯利亚那么严重，但还是有压力。

根据“纽约州居民压力协会”的调查报告，43%的成年人遭受着压力对健康的负面影响，向基础保健医师咨询的人群中，75%～90%的问题都是因为与压力相关的疾病而引发的失调。

同样，任何反常事情的发生都会对身体造成压力。有些压力的感觉不错，甚至非常好。没有丝毫压力的生活必将无聊至极。事实上，压力并非坏事，但也并非总是好事。如果压力发生得过于频繁或者持续时间太长，就会引发严重的健康问题。

然而，压力并非都是反常的事物。压力也能隐藏在你的生活深处。如果你无法忍受中层管理的工作，却又害怕自己创

奶粉
奶粉

业，也不敢放弃定期的薪水收入，因此，不得不每天上班；如果你与家人的沟通出现严重的问题，或者生活在没有安全感的环境中……遇到这些情况，你会有什么感受呢？也许一切都很正常，可你就是不开心。即使你适应了生活中的某些事情，比如水槽中的脏盘子、对你袖手旁观的家人、每天12小时的办公室工作，你仍然会感到压力。你甚至可能在事情进展顺利的时候感到巨大的压力。也许别人对你很好，你却疑心重重；也许你对过于干净的屋子反而觉得不舒服；你太习惯于困难，反而不知道如何调整。总而言之，压力是一种奇怪而且高度个人化的现象。

除非生活在没有电视机的山洞里（其实这不失为消除生活压力的好方法），否则，你肯定能从媒体、工作休息室、报纸、杂志等处听到或看到有关压力的报道。大多数人对普通意义上的压力和自己的个人压力都有一个预想的观念。那么，压力对你来说意味着什么呢？

- 不适
- 疼痛
- 担心
- 焦虑
- 兴奋
- 害怕
- 不确定

这些情绪使人感到有压力，同时这也是由压力造成的。那么，压力本身是什么呢？压力的含义如此宽泛，又有如此多种的压力以如此多的方式影响如此多的人，以至于压力已经无法定义。一个人的压力可能是另一个人的愉悦。那么，压力到底是什么呢？

压力有很多形式，有些明显，有些剧烈，有些是阶段性的，有些则持续不断。从现在开始，我们将进一步分析各种压力以及压力对你的影响。

当生活改变时：**急性压力**

急性压力是最显著的压力形式，如果你能联系上这件事情，就很容易鉴别。

急性压力＝变化。

是的，这就是全部：变化即生活中出现你不熟悉的事物，包括饮食的变化、锻炼习惯的变化、工作的变化、周围人群的变化，无论失去旧友还是结交新友。

换句话说，急性压力是身体平衡的扰乱因素。你的生理、心理、情绪，甚至体内的化学反应已经适应了事物的某种状态。你的生物钟调好了特定的睡眠时间，你的体能也在特定的时间达到顶峰或跌入低谷，你的血糖也随着每天特定时间的进餐而变化。沿着这条路走下去，在日常习惯和“正常”生活的庇护之下，你的身体和精神将会时刻知道接下来会发生什么。

以下情况都将对你的情绪和身体造成压力：严重的疾病（你的疾病或爱人的疾病）、离异、破产、超负荷的工作负担、升职、失业、婚姻、大学毕业、彩票中奖。

无论是物理变化（比如感冒病毒、扭伤的脚踝），还是化学变化（比如药物治疗的副作用、产后的激素波动），或是情绪变化（比如婚姻、孩子的独立、配偶的死亡），只要我们目前的状况发生改变，平衡就会被打破，生活也会变化。我们的身体和情绪被迫离开了预期的轨道，变化之后就是压力。

人类的习惯意识非常强烈，因此，急性压力对身体和情绪的影响非常之大。即使最随性、最厌恶计划的人也有自己的习惯，而习惯并非只是享受早晨的咖啡或者睡在钟爱的床上。习惯包括物理因素、化学因素以及情绪因素对身体造成的细微、复杂、相互交叉的影响。

假设你每周工作5天，6点起床，就着咖啡吞下百吉饼，然后挤上拥挤的地铁。每年2周的假期中，你每天睡到11点，享受丰盛的早午餐。这也是压力，因为你改变了以往的生活习惯。

你或许感觉不错，从某种意义上说，假期确实能缓解长期以来的睡眠不足问题。但是，如果突然改变睡眠时间和饮食结构，你的生物钟和血液循环必须做出相应的调整。当你刚刚调整好时，又不得不回到6点起床、享用咖啡和百吉饼的老路上来。

这不是说不应该休假。你当然不能避免所有的变化。没有变化，生活也就没有乐趣。人们渴求也需要一定程度的变化。变化使生活更刺激，更值得留念。在一定范围内，变化就是趣味。

不易拿捏的是，在产生负面影响之前，你能承受多少变化？完全因人而异。一定的压力是好的，太多了就会损害健康、稳定和平衡。没有任何公式可以计算出每个人的承压范畴，你所能承受的急性压力可能和你的朋友或家人所能承受的完全不同（虽然低程度的压力容忍力是可遗传的）。

工作太累、睡得太晚、吃得太多（或者太少）或者时刻担心不已，这些不仅会给你带来情绪上的压力，还会造成身体压力。很多医学专家认为，压力会引发心脏病和癌症，还会提高事故发生的可能性。

当生活成为过山车的时候：**阶段性压力**

阶段性压力就像很多急性压力，或者说很多生活变化，在一段时期内同时发生。遭受阶段性压力的人都有某些悲痛的经历。他们常常过于劳累，显得紧张、急躁、愤怒和焦虑。

如果你经历过1个星期、1个月或者1年的连续不断的个人灾祸，你或许就知道什么是阶段性压力的痛苦了。

先是炉子坏了，接着是支票被银行退票，然后又因为超速驾驶而被罚款，现在，所有亲戚打算在你家里逗留4个星期，你的小姨驾着你的车冲进了

车库，最后是你自己得了流感。对有些人来说，阶段性压力就像是拟定的程序，他们已经十分适应；对另一些人而言，这种压力状态非常明显。“噢，多可怜的女人！她太不走运了！”“你听说杰瑞这次的遭遇了吗？”

和急性压力一样，阶段性压力也有积极的一面。从狂热的追求，到盛大的婚礼，巴厘岛的蜜月，然后和爱人一起搬进新居，1年之内发生这么多事情，其间的压力可想而知。愉快，那是肯定的；浪漫，也毋庸置疑，甚至还有些惊心动魄。但这就是阶段性压力正面影响的典范，虽然压力程度并未减轻。

有时，阶段性压力会以更微妙的形式出现，比如“担心”。在压力和变化出现之前，甚至不太可能出现的情况下，担心就能将其制造出来。过度的担心与焦虑有关。即使担心没有持续如此长的时间，也会对身体技能造成损伤，而且通常都是没有理由的。

担心不能解决问题，往往只是在杞人忧天。担心使你陷入生活平衡遭到破坏的遐想中，而现实中根本没有发生过这些变化。

你是个自寻烦恼的人吗？以下哪些描述符合你的情况？

·你发现自己在担心那些极不可能发生的事情，比如遭遇惨祸、患上没有理由让你相信自己可能患上的疾病。

·经常失眠，担心失去爱侣之后自己该怎么办或者爱侣失去你之后该怎么办。

·深夜躺在床上的时候，因为放不下狂乱的担心而无法入睡。

·听到电话铃声或收到邮件的时候，立刻想到自己即将面对的坏消息。

·你总想被迫去控制别人的行为，因为担心他们无法照顾自己。

·只要是有可能对你或你周围的人造成伤害的事情，即使危险出现的概率微乎其微，你都过于谨慎，不愿参与（比如驾车、乘坐飞机、参观大城市）。

即使只有一项特征符合你的情况，你也有过度担心的可能。如果具有大多数或者全部的特征，担心对你就有非常严重的负面影响了。担心和由此产生的焦虑能够引发生理、意识和情绪上的各种症状，比如心悸、口干、呼吸困难、肌肉疼痛、倦怠、恐惧、惊慌、抑郁等。总而言之，担心会产生压力。

就像很多别的我们觉得不受自己控制的行为一样，担心在很大程度上是一种习惯。那么，怎样停止担心呢？重新训练你的大脑！下次担心的时候，让自己动起来。当你跟随健身录像进行锻炼或者跑过公园呼吸新鲜空气的时候，能量将被消耗，你就无暇顾及担心了。

当生活变质时：慢性压力

慢性压力和急性压力的差别很大，尽管两者的长期影响相差无几。慢性压力与变化无关，而是长期持续的对身体、情绪和精神的压力。比如，某人常年生活贫苦，这就是慢性压力。患有关节炎、偏头痛等慢性疾病的人也是慢性压力的影响对象。不健全的家庭生活以及让你憎恶的工作环境是慢性压力的引发因素。根深蒂固的自我仇恨和较低的自尊也是慢性压力的来源。

有些人的慢性压力很明显。他们生活在可怕的环境中，必须忍受恐怖的虐待；或者在监狱中，在战火纷飞的国家；或者是生活在种族歧视严重的国家或地区。

有些慢性压力没有这么明显。轻视工作，觉得永远无法达成梦想的人处在慢性压力之下，被破裂的感情纠缠不休的人也是如此。

有时，慢性压力是急性压力或阶段性压力的结果。某些急性病可能发展成为慢性疼痛。慢性压力的问题在于人们逐渐适应了压力，往往无法识别和摆脱这种状况。他们认为生活本来就是痛苦和压力重重的。

任何形式的压力都会引发生理、情绪、感情以及精神上的螺旋式损伤，包括疾病、抑郁、焦虑、崩溃等症状。压力过大是很危险的，不仅会磨灭生活中的乐趣，还可能置人于死地，比如心脏病突

发、暴力攻击、自杀、中风，还有某些研究中提到的癌症。

一家杂志的某篇文章称，习惯于久坐的40岁的女性开始每周4次的30分钟快走运动之后，心脏病突发的概率将会降到和坚持终身锻炼的妇女同样的水平。因此，任何时候开始关爱自己都不会太晚。

压力从何而来

压力可以来自内部，可以由你对事物的认识，而非事物本身引起。对某个人来说，工作调换可能是恐怖的压力；对另一个人而言，可能是千载难逢的机遇。关键是态度在起作用。

即使是不可否认的外界压力，比如你的钱财全部被盗，也会影响身体内部的一系列变化。更明确地说，任何形式的压力都会干扰身体制造3种维持平衡和正常的重要激素的功能。

（1）血清素是一种具有安眠作用的激素，产生于大脑深处的松果体。24小时之内，血清素转变成褪黑色素，然后再变成血清素，从而达到控制生物钟的目的。这个过程可以调节能量、体温和睡眠周期。血清素的循环和太阳周期同步，根据暴露在日光和黑暗中的时间进行自我调节。这正是那些常年不见阳光的人，比如生活在北方气候中的人，经历季节性情绪低落的原因，因为他们的血清素分泌出现了紊乱。压力也能造成紊乱，失眠也是。处在压力下的人常常会出现不正常的睡眠周期和失眠，还会因为睡眠质量不高，需要更多的睡眠时间。

（2）去甲肾上腺素是由肾上腺分泌的激素，与肾上腺素相对应，后者在身体感到压力的时候被释放，有助于克制压力。去甲肾上腺素与每天的体能循环有关。压力过重会干扰去甲肾上腺素的分泌，导致能量和动力的严重缺乏。这种感觉就像在很多重要事情需要完成的时候，你却只想坐下看电视一样。去甲肾上腺素的分泌如果遭到破坏，你就可能永远坐在那里，看着电视，完全没有兴致和力气做任何事情。

（3）多巴胺是一种与大脑释放胺多酚有关的激素。胺多酚具有止痛功能，从化学角度来看，胺多酚类似于吗啡、海洛因等镇静剂。受伤的时候，身体就会释放胺多酚帮助器官活动。如果压力破坏了身体分泌多巴胺的能力，也就破坏了分泌胺多酚的能力，你对疼痛的敏感度就会上升。多巴胺使你对喜爱的事物产生美好的感觉，也让你对生活本身产生幸福感。压力过大，多巴胺过少的结果就是乐趣和愉悦感的锐减，人生变得平淡而压抑。

压力能够干扰血清素、去甲肾上腺素和多巴胺的分泌。当这些化学物质的紊乱引起抑郁时，医生可能会开给你抗抑郁的药物。很多抗抑郁药物的原理就是调节血清素、去甲肾上腺素和多巴胺的分泌，重新建立身体的平衡。如果压力管理技术对你不起作用，可以尝试药物治疗，听听医生的建议。

正如你所看到的，压力既可能来自内部，也可能来自外部。怎样认识事件以及事件对身体和情绪的影响才是引起体内化学变化的真正原因。任何怀疑情绪和身体存在联系的人，只要看看人们感到压力和担心时的状况，就会疑云尽消了。两者不仅有联系，而且非常紧密。其间隐藏着控制压力的线索！

PART 02 别让过度的压力毁了你

身体压力

你可以控制部分的身体压力，比如，你可以决定自己的饮食量和运动量。这些压力属于生理应激物的范畴。除此之外，还有环境应激物，比如环境污染、物质欲望等。

（1）环境应激物。这是在你周围给身体带来压力的事物，包括空气污染、饮用水污染、噪音污染、人工照明、通风不畅、卧室窗外的豚草过敏源、喜欢躺在你枕头上的小猫留下的毛屑等。

（2）生理应激物。这是在你身体内部的导致压力的应激物。比如，怀孕期间或更年期的激素变化会给肌体带来直接的生理压力，经前综合征（PMS）也有类似的作用。激素的改变也能通过情绪变化造成间接的压力。此外，吸烟、酗酒、吃垃圾食品、久坐不运动等不良的生活习惯也会引起生理压力。疾病也是如此，无论是普通的感冒，还是更为严重的心脏病或癌症。外伤也会导致压力，断了的腿、扭伤的手腕、椎间盘突出等都会使你感到压力。

最常见的压力反应之一就是暴饮暴食。处理暂时缺陷的最佳方式是找出更健康的缓解压力的办法。你需要的也许只是一大杯水、一次环绕街区的散步或者给朋友打一次电话。记住，你能够控制自己的生活。

应激物通过情绪对身体施加的影响同样有效，只是没有那么直接。比如，交通堵塞产生的空气污染会给身体造成直接影响。与此同时，困在车队中的你血压升高，肌肉紧张，心跳加速，愤怒情绪不断积累，这就是压力对身体的间接影响。

如果你换个角度来看交通堵塞，比如，看成上班之前听音乐放松的机会，你或许就不会感到任何压力。这再次说明，态度起着至关重要的作用。

疼痛是另一个更为复杂的间接压力的例子。头很痛的时候，你的身体也许并未感到直接的生理压力，反而是你对疼痛的情绪反应引起了严重的身体压力。人们害怕疼痛，而疼痛是让我们知道出现问题的重要途径。疼痛可

以是伤害或疾病的信号。然而，我们有时已经知道哪里出了问题。比如我们得了偏头痛、关节炎或者因痛经、气候变化带来的膝盖酸痛等。这些熟悉的疼痛已经失去了提醒我们立刻采取药物治疗的作用。

但是，我们知道自己承受着某种形式的疼痛，就会有变得紧张的趋势。“噢，不，不是偏头痛！不，不要今天！”我们的情绪反应不会引起疼痛，但能导致与疼痛联系紧密的生理压力。疼痛本身不是压力，我们对疼痛的反应才是产生压力的原因。因此，学习压力管理技术可能无法消除疼痛，却能缓解与之相关的生理压力。

帮助人们控制慢性压力的治疗方法都会建议病人找出疼痛和疼痛的负面认识之间的差别。遭受慢性疼痛的人通过对冥想技术的学习，摆脱了大脑把疼痛当成受难根源的解释。

当你的身体经历这种压力反应的时候，无论是因为直接的还是间接的生理应激物所造成的，都会发生某些特定的变化。20世纪初，生理学家沃尔特·坎农提出了“打或逃”来形容压力给身体带来的改变，使其更安全、更有效地躲避或者面对危险。每当你感到压力的时候，就会发生这些变化，即使逃跑和打斗不切实际，或者对你没有帮助，也不会例外（比如，即将上台演讲、参加考试、面对岳母主动提出的建议，这些情况下，“打或逃”都不是有效的应对方法）。

这些是你感到压力时体内发生的变化：

（1）大脑皮层向视丘下部（大脑的组成部分，释放压力反应的化学物质）发送警示信号。大脑识别的任何压力都会引起这个效应，与你是否真正遭遇危险无关。

（2）视丘下部释放能够刺激交感神经系统抵制危险的化学物质。

（3）神经系统通过提高心率、呼吸频率和血压做出反应，一切都变得亢奋。

（4）肌肉变得紧张，做好行动的准备。血液离开四肢和消化系统，流入肌肉组织和大脑。血糖转向最需要的身体部位。

（5）意识变得敏锐。你的听觉、视觉、嗅觉和味觉都将显著提升，就连触觉也会更加敏感。

这听起来能解决所有问题，不是吗？想想精力充沛的执行官，带着目标演示和心知肚明每个问题绝佳答案的精明客户；想想冠军赛中足球队员的每个射门；想想考场上奋笔疾书的学生，完美的答案从笔尖流向A+的答卷；想想自己参加隔壁办公室的聚会，风趣而机智的言谈吸引了每一个人。压力太不可思议了！难怪人们会对此上瘾。

你可以通过自我暗示使自己放松下来。感觉舒适，深呼吸，大声重复具有积极意义的词语或声音（比如“爱”“啊哈”），坚持1分钟，与此同时，全神贯注地放松自己。连续1周，每天都重复几次。当你感到压力的时候，试着说这几个词语，体验身体的自动放松吧！

虽然适当的压力对我们有好处，过度的压力却是有害的，这是压力的不利方面，也是大多数事物的通性。更确切地说，压力会引起身体各个系统的问题。有些问题立刻就会发生，比如消化系统疾病、心率失常等；别的问题可能在长期承受压力的情况下才会发生。以下是某些不良压力症状，与肾上腺素直接相关：盗汗、四肢寒冷、恶心、呕吐、腹泻、肌肉紧张、口干、心里混乱、紧张、焦虑、易怒、急躁、沮丧、惊恐、敌意、好斗。

压力的长期影响更难纠正，比如抑郁、体重不正常变化造成的食欲增加或减少、频繁的轻微病症、各种疼痛、性功能障碍、倦怠、对社会活动失去兴趣、不断增多的上瘾行为、慢性头痛、痤疮、慢性背痛、慢性胃痛以及哮喘、关节炎等造成的恶化症状。

大脑压力

我们已经知道，压力可以促使大脑皮层释放某些激素，使

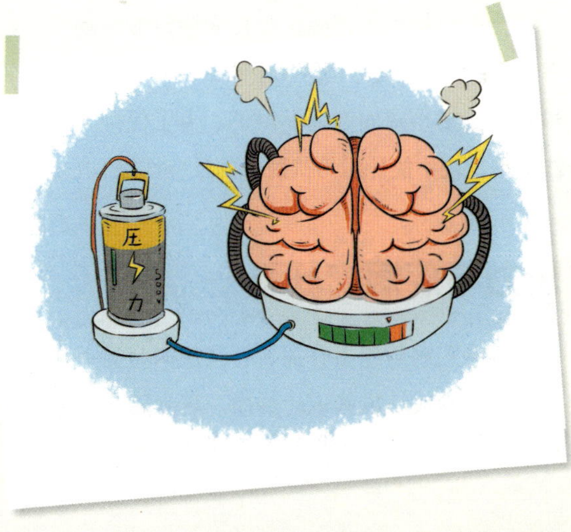

身体做好处理危险的准备。除此以外，大脑在压力过重时还会发生哪些反应呢？首先，你的思维和应对更加迅速。但是，到达忍受压力的临界点之后，大脑就无法正常运作了。你会忘记事情，丢失东西。你不能集中精神。你会丧失意志力，沉迷于酗酒、吸烟、暴饮暴食等不良习惯中。

很多人到了四五十岁就开始变得健忘，还担心自己会患阿尔茨海默症（是老年痴呆症的一种，是一种以进行性认知功能障碍和记忆力损害为主的中枢神经系统退行性疾病。此症由多种因素共同作用引起，自由基损伤在发病机理中起重要作用）。很多情况下，健忘和压力是联系在一起的，尤其是那些养育未成年人、经历失业和感情变故的人群，他们正处于压力的顶峰时期。

压力反应导致某些化学物质分泌增多，促使大脑和思维变得更加活跃，与此直接相关的却是其他物质的损耗，那些使你在巨大压力下保持思维正确性和反应敏锐度的物质。起初，你能毫不迟疑地回答测试问卷；3个小时后，却连应该用铅笔的哪一头填充那么多小圆圈都记不得了。为了保持大脑每天都能处于最佳水平，决不能让压力扰乱你的反应线路！

压力与疾病的联系

关于哪些疾病与压力有关、哪些疾病与病毒或遗传有关，不是所有专家都能达成共识。然而，越来越多的科学家相信，身体和精神的相互联系意味着压力能够影响绝大多数的生理问题。反之，生理疾病和伤痛也会影响压力。

结果就是“压力－疾病－更多压力－更多疾病”的恶性循环，最终导致身体、情绪和精神的严重损伤。现在讨论的不是“先有鸡还是先有蛋”的问题，争论哪些情况是由压力引起的、哪些不是由压力引起的，也同样没有意义。压力（无论是引起生理问题的原因，还是生理问题造成的结果）的有效管理将使身体处于平衡状态，大大提高肌体的自我治疗功能；同时改善人对外伤和疾病的情绪反应，缓解痛苦。压力管理或许不能治愈病痛，但能让你的生活更有乐趣。而且，压力管理毕竟可以协助治疗病痛。

请记住，压力管理技术不能在全面药物治疗的情况下使用，而应该作为已经接受或即将接受的病痛治疗的补充。遵循医生的建议，通过减轻压力，进一步提高身体的自然治疗机制。

情绪压力

压力能引起多种精神和情绪反应，反之，这些反应也能引起压力。工作太累，把自己逼得太紧，体能消耗太大，说话太多，或者生活在不快乐的环境中都会导致沉重的压力负担。和身体压力一样，情绪压力也会使生活变得艰难，更糟糕的是，情绪压力会进一步引发别的压力。你将陷入新一轮的螺旋式沉沦。

你或许正在经历一段困难的个人感情。你觉得有压力，却又置之不理（或许看似无法解决），你全身心地投入工作，加班加点，承接更多的项目。由此产生的工作困扰会给生活增添新的压力，长时间工作、睡眠不足、不良的饮食习惯等也是重要的压力来源。你的身体和精神都将遭受伤害。起初，你也许能找到额外的优势，因为个人压力已经转换成工作的能量和动力。但是最终，你总会达到忍受压力的临界点。精神调节大大削弱，你将无法集中精神，也不能集中注意力，还会产生剧烈的情绪波动。你会觉得自己的工作表现很差，以及自我效能感的下降。沮丧、焦虑、惊恐、抑郁等也将接踵而至。

不要陷入压力的恶性循环。如果因为积极事件而感到压力，由此产生的内疚和紊乱只会加重已有的压力负担。试着看清压力的本质：人类对变化的中性反应。

情绪压力有很多形式。社会应激物包括工作压力，即将来临的重大事件，和配偶、孩子、父母之间的感情问题，爱侣的

过世等。生活中的任何巨变都会引发情绪压力，关键在于你如何看待这些事件。即使是积极的（婚姻、毕业、新工作、加勒比海巡游）、暂时的变化，也可能让你难以承受。

情绪压力使人失去自尊，悲观厌世，渴望自我封闭，此时，大脑正在寻求一切办法遏制压力的扩张。经过1周的高压工作，如果你只想一个人躺在床上，依靠一本好书和遥控器安度整个周末的话，说明你的情绪正在试图重新获得平衡。过量的活动和变化让你渴望摆脱所有事件，回到舒适而熟悉的日常生活中（和最好的朋友争吵过后，美味的冰激凌就是恰到好处的解压剂）。

如果放任压力持续太久，你将变得精疲力竭，失去对工作的所有兴趣，控制能力也会不断下降。你可能会被恐惧袭击，会产生严重的抑郁甚至精神崩溃，这是精神疾病的暂时症状，会在较长的时期内突然或缓慢发生。

情绪压力非常危险，相对身体压力而言，你更容易忽视情绪压力。然而，两者对身体和生活的伤害却是等同的。找出情绪压力的源头是压力管理的关键。如果你能同时关注身体压力和情绪压力，生活将会更有乐趣。

精力枯竭的信号包括兴趣、快乐和生活动力的丧失，不断提升的失控感，持续的消极想法，与朋友和同事的疏远，生活目标的迷失等。

✿ 精神压力

精神压力更加难以琢磨。精神压力无法直接衡量，却是一种和身体压力、情绪压力密切相关的强烈有害的压力形式。什么是精神压力呢？精神压力是对丧失精神生活的无视，也是对部分自我期望、热情、梦想、计划、追求超越人性和生命的事物的忽视。这是无形的自我，是灵魂。无论你是否有宗教信仰，精神层面总是存在的。这是不能测量、计算和完全解释的部分，定义真实自我的部分。

精神层面一旦被忽视，我们的身体就会失衡。当身体压力和情绪压力使我们自尊下降、愤怒、沮丧悲观、丧失情感和创造力、失望、害怕的时候，精神生活会受到更为严重的威胁，我们将失去生活的力量和乐趣。

精神崩溃的信号包括性格变化，不可控制的行为，思想失去理智，过度焦虑，着迷的行为，狂躁或抑郁的行为，严重消沉，不可控制的情感爆发或暴力行为，自我封闭，非法行为，沉迷于不良嗜好，试图自杀及精神疾病的发作，比如精神分裂症等。

你曾经见过面临不可克服的障碍、痛苦、伤害、悲剧或损失，仍能保持开心快乐的人吗？这些人的精神层面十分完善，或许是自身努力所致，或许是与生俱来的品质。

当然，有些人并不相信精神层面或灵魂的说法，他们认为一切都是物质的。另一些人更赞同联系说，觉得所有事物就像硕大而复杂的网络相互关联。如果你把整个自我纳入压力管理的范畴，就将获得更全面、更有效的成果，也会找到真正适合自己的途径。对你自身网络中的每个部分悉心保护、珍爱和培养，无论你如何标记它们，非凡的管理艺术必将得以保全自我。

PART

03

认清压力，才能控制压力

压力面面观

压力本身是一个非常简单的概念：身体对特定程度刺激的反应。但是，压力对你的影响可能与对你朋友的影响完全不同。你的身体会释放肾上腺素和皮质醇应对压力，然而，你的压力可能来自苛求的上司，来自10个难以监督的下属，或者来自不可能达

到的最后期限。你朋友的压力可能来自留在家里需要照顾的4个孩子，来自紧张的经济预算。有人或许承受着慢性骨关节炎带来的压力，也有人可能被漫长无期的情感问题纠缠不休。

随意涂鸦！当你被某事困扰，或者急需某种合乎逻辑的解决方法时，就让你的左脑休息片刻，开动你的右脑。涂鸦可以激发创造性思维，使疲劳的大脑获得平衡。你的创造力很快就会找到你苦苦寻求的解决办法。

对于不同的人，“压力”有着千差万别的意义。因此，任何人在实施有效的压力管理方案之前，都必须分析自己的个人压力剖析图。只有识别了你在生活中经历的特殊应激物，与你的个性相联系的压力倾向，以及你处理压力的独有方式，才能设计真正适合你的压力管理组合。

比如，本来就被错综复杂的人际关系搞得精疲力竭的人，增加社交活动的方法就没有意义了。相反，那些因为缺乏支持而感到压力的人或许就能从社交活动中获益。有些人通过冥想可以获得深度镇静，有些人却深受折磨。有些人觉得自信训练能够释放压力，真正自信的人却学着把工作留给别人，让自己清闲无事。

你可以把个人压力剖析图（PSP）看成业务策划书。你就是业务，没有达到最高效能的业务。你的个人压力剖析图就是整项业务的概况，以及阻碍业绩提升的所有因素的具体性质。有了个人压力剖析图，你就能有效设计自己的压力管理组合。不知不觉中，你就已经进入顺利、高效、富有成果（快乐自然不在话下）的轨道。

2～3杯咖啡将使你摄入400毫克左右的咖啡因。这种化学物质会促使身体释放肾上腺素，加剧压力对人体的影响。

那么，你该怎样控制生活中纷繁复杂的压力呢？又该如何一一应对呢？你可以从本章提供的各项测试中获取关键信息，在此基础之上，编制自己的个人压力剖析图。

你的个人压力剖析图由4部分构成：

（1）你的抗压临界点。

（2）你的压力触发因素。

（3）你的压力弱势因素。

（4）你的压力反应倾向。

一旦知道自己能够承受多少压力、哪些事情会引起压力（即使不会对朋友、配偶、兄弟姐妹引起压力）、自己的压力弱势在哪里，以及倾向于如何应对压力，你就能建立自己的个人压力管理组合。这就是业务计划。找到问题之后，就能制定战略。你可以订立计划，通过压力管理来改善生活。

现在，不要为测试感到压力。这是不计分的。把它当成了解生活和个人倾向的机会。慢慢做，不用着急！同时记住，你的回答和整个压力剖析可能随着时间而改变。在今年、这个月、这个星期还是非常沉重的压力，到了明年、下个月、下个星期或许就变得轻松不少。到那时，你可以再做一次测试，看看压力管理组合的实施效果。至于现在，就你目前的状况回答以下问题。

你的抗压临界点

在最适合你目前状况的答案上画圈：

1. 以下哪句话最能描述你平时的生活状况？

A. 令人舒心的规律。我每天起床、用餐、工作、娱乐的时间基本相同。我喜欢这种有序的生活。

B. 令人愤怒的规律。我每天起床、用餐、工作、娱乐的时间基本相同。枯燥的重复简直要我的命。

C. 基本规律，却无次序。大部分日子，我会遵循起床、用餐、工作、娱乐的套路，但我从不关心做这些事情的具体时间，如果有什么新鲜事发生，那就太棒了！我一定会看个究竟。

D. 极不规律，压力沉重。每天都有事情扰乱我的计划。我渴望规律的生活，可我的努力总是没有结果。

2. 饮食或锻炼不规律的时候，将会发生什么？

A. 我会伤风、感冒、过敏、浮肿、疲倦，还会出现其他提示我的良好习惯将被打破的信号。

B. 我并不关注饮食和锻炼，但是大部分时间感觉良好。

C. 饮食？锻炼？如果我有足够的时间和精力把这些事情安排到日程表里的话，我也许会尝试。

D. 我很激动，而且兴致高昂。我喜欢打破常规，我想让自己进入不同的状态。

3. 如果被某人批评，或者被某个权威人物指责，你会有怎样的感受？

A. 我会惊慌、失望、焦虑、抑郁，好像发生了某件不受我控制的可怕事情。

B. 我会生气，产生报复心理。我会被所有可以或应该的应对方式所困扰。我会精心设计报复计划，即使我并不打算付诸实施。

C. 我会感到气愤和伤痛，但不会持续太久。我的重点将是如何避免此类情况的再次发生。

D. 我觉得被大家误解了。我知道自己是正确的，却又无能为力，这就是天才的代价！

4. 无论什么原因（音乐会、演讲、演示、讲座），你正在为在众人面前的表演做准备，你此时的感受是什么？

A. 我觉得想呕吐。

B. 我觉得很刺激，有点颤抖和紧张，精力充沛。

C. 我会避免这种情况，因为我不喜欢在众人面前表演。

D. 我觉得表现自我的机会到了，跃跃欲试。

5. 处在人群中间的时候，你有何感受？

A. 高兴！

B. 惊慌！

C. 我觉得会有麻烦出现。为什么不报火警呢？

D. 暂时觉得没事，然后就准备回家。

你的压力触发因素

在最适合你目前状况的答案上画圈。如果没有一项符合你的情况（比如，你对自己的工作和生活十分满意，没有感到任何压力），请不要做任何记号：

6. 关于住所，你觉得哪些问题最有压力？

A. 我觉得城市污染/室内过敏源会带来压力。

B. 我觉得和家人的频繁争吵会带来压力。

C. 我觉得睡眠不足会带来压力。我的起居环境（新生婴儿、吵闹的室友）根本不让我获得必需的睡眠时间。

D. 我觉得家人的突然变化会带来压力，比如突然的消失（搬走、去世）和出现（搬来、婴儿新生）。

7. 你应该改变哪些习惯？

A. 我不应该长时间地待在室内，而要经常呼吸新鲜空气。

B. 我不应该总是压抑自己。

C. 我不应该吸烟、喝酒、暴饮暴食。

D. 我不应该太在乎别人对我的看法。

8. 哪些事情可以改善你的生活？

A. 离开城市，离开乡村，离开小镇，离开郊区，离开这个国家！

B. 认清自我。

C. 更健康，精力更充沛。

D. 更多的权力、更高的声望、更多的金钱。

9. 你真正害怕的是什么？

A. 我害怕节日，节日的喜庆气氛使我沮丧。

B. 我害怕失败。

C. 我害怕生病和疼痛。

D. 我害怕在很多人面前讲话。

10. 你对自己的生活和事业有何感受？

A. 我觉得如果换个完全不同的工作环境，我会更开心。

B. 我觉得很失望。我不能充分施展个人技能。

C. 我觉得压力很大。由于各种轻微的病痛，我已经用完了所有的病假。

D. 我觉得被迫遵循同事的工作方式和上级对我的期望，即使感觉不舒服也无能为力。

你的压力弱势因素

在最适合你目前状况的答案上画圈：

11. 你将怎样描述自己？

A. 我很外向，和别人接触的时候就会精神奕奕。

B. 我很内向，独处的时候精力旺盛。

C. 我是个工作狂。

D. 我喜欢照顾他人。

12. 什么使你感到紧张？

A. 我想到财务状况时会感到紧张。

B. 我想到家庭问题时会感到紧张。

C. 我想到爱人的安全问题时会感到紧张。

D. 我想到别人对我的看法时会感到紧张。

13. 当生活的大部分受你控制的时候，你会在哪些方面突然失控？

A. 吃太多东西，喝太多酒，花太多钱。

B. 异常担心。

C. 不断地打扫或整理房间。

D. 总是闭不上嘴！不断地惹恼甚至侵犯他人。

14. 你怎样描述自己的工作情况？

A. 我很有动力，踌躇满志。

B. 我在混日子。工作很无聊，却难以完成。

C. 我很满意，也为工作以外的生活感到高兴。

D. 我非常不满。只要有机会尝试，我可以把事情做得更好！

15. 你在人际关系方面的能力如何？

A. 我总是受人控制。

B. 我是个跟随者。

C. 我总是在追寻自己没有的东西。

D. 我有些离群。

你的压力反应倾向

遇到以下情况时，你最可能采取哪种行动，圈出相应的答案：

16. 如果生活十分繁忙，又有很多社会责任和社会工作，每天都在为日程表中的事情到处奔走，遇到这种情况，你会怎么做？

A. 我会觉得手足无措，焦躁不安，失去控制能力。

B. 我会增加体重。

C. 我会精心设计详细的运作系统，保持生活的各个方面井然有序，我会坚持几个星期，直到最终放弃。

D. 我会削减现在的任务，同时拒绝新的任务。

17. 如果醒来时发现自己感冒了（喉咙痛、流鼻涕、四肢发冷、周身酸痛），你会怎么办？

A. 我会请病假，休息一天，享用蜂蜜茶。

B. 我会吃些感冒药，正常上班，装出没有生病的样子。

C. 我会去体操馆，参加跆拳道班，在踏车上跑几千米，好好出身汗。

D. 我有这么多事情要做，怎么可以感冒呢！我会担心生活中很多事情都会因为我的生病而变得混乱不堪。

18. 你将怎样处理人际关系问题？

A. 我会装作没有任何问题。

B. 我会要求讨论这个问题，而且是立即讨论。

C. 我会感到沮丧，认为是自己的错，弄不明白自己为什么总会破坏人际关系。

D. 我会花些时间思考自己应该说些什么，怎样说才不会有责备的语气。然后和对方讨论具体的问题。如果没有效果，我至少能对自己说：我试过了。

19. 如果上司告诉你某个客户对你不满，然后叫你不要为此事担心，但要多加注意在客户面前的言行，遇到这种情况，你会有何感受？

A. 我会觉得自己被严重侵犯，连续数天被猜测客户和实施报复的思绪所困扰，还会因为他（她）让我在老板面前难堪而耿耿于怀。

B. 我觉得无关紧要，有些人就是过于敏感。

C. 如果冒犯了某人，我会觉得很惊讶，更会对整件事情如何发生的迷惑不解。然后我会异常礼貌地对待别人，甚至迎合他们，但我的自信心必定深受打击。

D. 我会觉得受到伤害，或者有点生气，但会听从上司的劝诫，不再担心此事。之后，我会更加注意与客户的言谈。

20. 如果第二天早上有一次大型考试或演讲，结果非常重要，睡觉之前你会有何感受？

A. 我会有点紧张，又非常兴奋，因为我已经准备充分。我将美美地睡上一觉，使自己处于最佳状态。

B. 我会很紧张，甚至会呕吐。我需要烟酒和饼干让自己镇静下来，尽管这些通常都没什么效果。我会睡得很不安稳。

C. 即使已经牢牢记住，我还会熬夜检查笔记。总觉得多看几遍不会有坏处。

D. 想着考试或演讲会让我紧张，我就故意装出若无其事的样子，尽量不去想它。

就这些！你完成了。现在，按照下面的规则统计各个部分的得分。

抗压临界点分析

在下面的表格中圈出你的答案，找出答案出现频率最高的纵列：

	略低	略高	太低	太高
1	A	B	C	D
2	A	B	C	D
3	A	B	C	D
4	A	B	C	D
5	A	B	C	D

抗压临界点表示你能够承受多少压力。如果你的答案在多个类别均匀分布，说明你在某些方面可以承受很多压力，在别的方面只能承受少量压力。或者说你生活的某些部分压力太大，其他部分压力适中甚至太低。以下就是抗压临界点揭示的内容：

如果你的大部分答案集中在略低纵列，说明你不能承受太多压力，你也知道这个事实，能够有效采取限制压力的各种措施。当你为自己设计的安逸规范进行顺利，而且没有太多意外发生的时候，你将会表现得最好，也会最开心。你可以在短期内面对压力环境，但是每次休假之后，无论假期多么完美，你总会期盼着回家，总会回到自己的轨道上，遵循每天（早晨开始工作，晚上一边吃饭一边看新闻）、每周（每个星期五和挚友在咖啡店约会）、每年（永远不变的感恩节菜单、情人节聚会和系统的春季大扫除）的计划。

你已经有了适合自己的规范，如果某事超出了规范，你就会感到压力。认识到自己较低的抗压临界点，你就有很多保持生活低调和有序的工具可以运用。

或许你很轻易就能拒绝生活中多余的事情；或许你可以在周末去度假，却整个寒假都待在家里，因为这就是传统。

当生活发生巨变，或者失控的环境扰乱了你的日常计划，你必须掌握一定的技能来处理这些情况，这就是现在需要培养的技能。如果你或某个家庭成员生病了，如果你被迫换工作或搬到另一个城市，如果你踏进校园或从学校毕业……无论你喜欢与否，变化总是不可避免的。面对长期或永久性的变化，你的日常规范必须足够灵活，才能适应新的环境，这种调整可能是暂时的，也可能是永久的。对于短期变化，你或许只要临时搁置钟爱的日常规范就行。

当你感觉即将崩溃的时候，压力管理技术可以帮助你进行适当的调整，使你更有效地处理各种变化。

如果你的大部分答案集中在略高纵列，说明你能够承受相当高的压力，你还是喜欢多些刺激的生活。没有太多日常规范的时候，你的表现会更好，也会更开心。你或许逍遥自在惯了，喜欢观赏下一个生活弯道即将发生的变化。严格的规律会使你无聊至极。当然，在生活的某些方面，你也喜欢传统和礼节性的东西。你或许有喝早茶的习惯，关注《纽约时报》金融版的同时，还兴味盎然地看卡通漫画。也许今天在厨房喝，明天在院子里享受，后天却为了多睡45分钟不得不把早茶带到地铁上。

你或许不会按时用餐和锻炼，而这正是你所喜欢的状态。你已经有意或无意地设计了能够让自己开心和兴奋的生活方式。你喜欢有趣味的事情，因而抗拒规范，并且允许足够的压力进入生活，使你保持高效运作。在混乱喧哗的活动中，你的效率有时可能会下降，但是，只要有压力能让你开心，你仍能集中精力。

多少压力能让你满意，必定有一个最高点。你的最高点也许比别的人高。也许你比朋友更能承受压力。然而，即使是你，也存在某一最高点，超过之后，压力就会太多，你的情绪、身体和精神也会遭受损伤。

当然，不是所有的变化都能令人愉快。你能够成功掌握的压力管理技术恰恰能帮助你应对那些令人讨厌却又难以逃避的变化，比如疾病、伤痛、爱人的去世等。即使你不会一直想着这些事情，你也会发现自己很难集中精神。冥想和其他类似的技术可以带来外表和内心的平静，让你学会自律和放慢速度（无论喜欢与否，任何人都有需要放慢速度的时候）。学习如何规范自己的生活也能让你获益。虽然你没有选择这种方式，但是，当你生病了，有了小孩，或者和抗压临界点较低的人一起生活，学会规范必定大有裨益。你已经相当灵活，学习各种压力管理技术（不只是那些你现在感兴趣的技术）将使你更灵活、更自律、更能妥善处理各种各样的情况。

当你思想负担过重的时候，可以亲手做些事情。很多人能够从烤面包、绘画、园艺、修理家具、做木工等活动中获得解脱。做事能够让你思想集中，当你制作鸟笼或装饰生日蛋糕的时候，大脑就没有多余的空间去担心别的事情。

如果你的大部分答案集中在太低纵列，说明你的抗压临界点很高，现在承受的压力远远低于这一点，也可能是你的抗压临界点相对较低，但是你目前的状况仍然处在该点之下。既然你还没找到最佳的压力水平，任何人都无法给出确定的答案。总之，必须增加刺激，你才能达到最理想、最开心的状态。

或许你的生活高度规范，使你无法忍受。你渴望刺激、变化，渴望任何东西，即使挪动起居室的家具也能在死寂中激起少许波澜。

没有达到抗压临界点会使你沮丧、愤怒、充满敌意和抑郁。你没有发挥出潜能，但是你可以采取行动！害怕换工作吗？准备充足的储蓄，然后做一次大冒险。学习一项新技能，加入一个新组织，为生活添加自己感兴趣的社交活动。如果觉得婚姻缺乏情调，千万不要正面冲撞，找个咨询专家，请他帮你为感情加料。你总是待在家里照管一切吗？学习上网吧，你会发现电脑以外的精彩世界。打电话问候一下老朋友，也可以画画，或者写你心中的那本小说。

无论你是否相信，压力管理技术会给你带来帮助。其实，缺乏足够的压力达到抗压临界点也是压力的表现形式之一。让有趣而积极的变化来满足你的需求，让压力管理技术帮你摆脱沮丧、敌意和抑郁。压力管理本身就是充满刺激和困难的学习过程。比如，学习各种形式的冥想技术就能让你大展拳脚，兴奋异常。

如果你的大部分答案集中在太高纵列，你或许非常清楚自己已经处在高于正常压力的位置。你或许正遭受着压力带来的负面影响，比如频繁的疾病、无法集中精神、焦虑、抑郁、自我迷失等。你或许经常觉得生活失去了控制，自己的处境又毫无希望。不要丢掉这本书！你将从各个章节中学到很多压力管理的技术。你的生活状态将会改善，这在任何时候都不会太迟。你行的！深呼吸，继续读下去吧！

压力触发因素分析

统计你在这部分选择A、B、C、D的次数。对于选择多于一次的字母，请参阅以下内容：

两次或两次以上的A：你正在遭受环境压力。这是来自周围世界的压力。你可能住在污染严重的地区，比如吵闹的街区旁边，或者和吸烟的人住在一起（也许你自己就是个烟鬼）；你也可能对周围的某些事物过敏。总而言之，你深受环境压力的影响。环境压力还包括环境变化给你带来的压力。或许在过去的几年中，你的邻居变更频繁；或许你的房子正在重新装修，或许你即将搬入新居或搬到别的城市。家庭成员甚至宠物的变化也是相当大的环境压力因素。婚姻和分居也是如此。虽然也有来自个人和社会的压力因素，但是家庭成员的组成发生了变化，因此也被纳入环境压力的范畴。

有些人对天气很敏感。暴风雪、雷阵雨、台风或者绵延数日的阴雨都能成为压力来源。每次听到隆隆的雷声时，你是否感到焦虑和惊恐？看天气预报的时候，你是否担心暴风雨的到来？

大多数环境应激物都是不可避免的，但是某些技术能够帮助你把应激物看成普通的客观事件。如果你被环境应激物所困扰，可以参考以下压力管理技术。

- 冥想（用于观察、疏远环境）
- 呼吸法（用于镇定）
- 锻炼法与营养法（增强体质，抵御环境压力）
- 维生素与矿物质治疗法、草药疗法、顺势疗法（增强免疫系统的功能）

两次或两次以上的B：你正在遭受个人压力。这是来自个人生活的压力，包括个人情感认知的各个方面，以及自尊和自我价值的体现。如果你对自己的外貌不满，觉得没有能力达成目标或实现理想，感到害怕、羞涩，缺乏毅力和自控能力，饮食不规律，有不良嗜好（也是生理压力的来源），以及别的使你不开心的个人问题，就说明个人压力的存在。即使极端的喜悦也会造成压力。假设你疯狂地坠入爱河，闪电式地结婚，最近又被提拔，赚了一大笔钱，还开始了自己梦想的事业，你同样会感到个人压力。这种情况下，很容易产生自我怀疑，不安全感，甚至足以破坏成功的过分自信。

换言之，个人压力产生在你的意念之中。但是，这并不意味着个人压力比环境压力或生理压力更加虚幻莫测。如果有区别的话，只会是个人压力更真实。处理个人压力最有效的技术就是控制自己的思想和情绪。运用这些技术可以尝试：

- 冥想
- 按摩疗法
- 习惯重塑
- 放松技术
- 可视化
- 乐观疗法
- 自我催眠
- 锻炼（瑜伽、举重等）
- 创造性疗法
- 梦境日志
- 朋友疗法

两次或两次以上的C：你正在遭受生理压力。这是针对身体的压力。虽然各种形式的压力都会引起生理反应，有些压力却是来自纯粹的生理问题，比如疾病和疼痛。

扭伤的手腕或脚踝也会使身体感到压力。关节炎、偏头痛、癌症、心脏病突发、中风……无论轻重缓急，都是生理压力的表现形式。

生理压力也包括体内的激素变化，比如经前综合征、怀孕期和更年期的波动，以及失眠、慢性疲倦、抑郁、极端无序、性功能障碍、饮食不规律、不良嗜好等引起的各种变化和失衡。对有害物质的沉溺是生理压力的来源之一。酒精、烟碱

（俗称尼古丁）以及其他药物的错误使用也会造成压力，就连处方药都可能成为生理压力的来源。治疗某种病痛的时候，其副作用往往会引起严重的压力。

你可以控制生活中的压力循环。疾病和疼痛能够引起压力，很多专家认为，压力也能引起疾病和疼痛，然而，压力管理可以打破循环，生病的时候应该关注自己的身体，担心或焦虑的时候则要关注自己的情绪。只要中断一个环节，另外的环节也就不攻自破。

虽然很多生理压力无法控制，不良的生活习惯却是可控因素，这是重要而又常见的生理压力形式。熬夜造成的睡眠不足、不良的饮食习惯（过量或不足）、运动过度或缺乏锻炼、自我关爱意识的普遍缺乏，诸如此类的因素，都能对身体造成直接压力。

缓解生理压力的最佳途径是追根溯源。很多压力管理技术都是直接针对生理压力的，以下这些就可以尝试：

- 习惯重塑
- 营养与运动平衡
- 按摩疗法
- 可视化
- 放松疗法
- 关注冥想
- 维生素治疗法、草药疗法、顺势疗法
- 印度草医学

两次或两次以上的D：你正在遭受社会压力。宣称不在乎别人如何看待自己的人往往都是口是心非。人是社会动物，我们所处的社会复杂多变，相互联系，而且正在向全球化发展。我们当然在乎别人的看法。我们必须在乎，我们不能脱离整个体系。当然，为了健康，我们不应该在乎太多，但是，正如大多数事情一样，最理想的状态是达到平衡。

社会压力与你在他人面前的表现有关。别人是怎样看你的？他们对你的所作所为和发生在你身上的事情是如何反应的？订婚、结婚、分居、离异……既是个人压力的来源，也是社会压力的来源，因为人们必将对婚姻关系的形成和破裂产生各自的观念和反应。这在成为父母或祖父母、升职、失业、婚外情、盈利、损失等情况下也同样成立。社会总是密切关注这些事件，并且影响他人对你的看法（是否正确，是否正当）。你受到社会压力的影响程度取决于你对公众舆论的容忍能力。如果社会压力已经侵扰到你的生活，这些技术可以供你参考和尝试：

- 锻炼
- 态度调整
- 可视化
- 创造性疗法
- 朋友疗法
- 习惯重塑

压力弱势因素分析

和压力触发因素不同，压力弱势因素与你的个人倾向有关。每个人的压力触发因素不尽相同，此外，每个人的性格和对特定压力的弱势因素也互不相同。你和某个朋友的工作或许都很紧张。你可能对工作压力特别敏感，由此产生的困扰使你感受到的压力远远超过实际情况；与此相反，你的朋友也许能够妥善处理压力。另一方面，你们都有两个孩子，你的朋友总是为此操心劳累，而你却能很好地控制压力。

在此部分，每个答案都能揭示你最容易受到哪类压力的影响。根据下面对答案的分析，你可以找出自己的弱势因素。

独处的时间太长，缺乏满意的人际交往：11.A，13.D

外向的人会偶尔享受独处的乐趣，但是时间一长，就会觉得精神萎靡。他们需要保持与外界的充分接触，才能精神奕奕，意气风发。他们在团队工作中的表现最好，个人工作则几乎不可能完成，因为得不到足够的鼓励和动力。对他们而言，人际交往至关重要，如果没有伙伴，就会觉得生活不够完整。他们有很多朋友，从朋友那里获得能量、支持和满足。

外向的人在说话之前往往不知道自己在想什么，他们直言不讳，从不遮掩。朋友疗法、日志法、群体疗法、冥想课程、运动课程、按摩疗法对外向的人特别有效。

与人相处的时间太长：11.B，15.D

内向的人喜欢偶尔的人际交往，但是不能太多，否则就会精力枯竭。和他人相处之后，他们需要独处的时间来恢复精神和体力。他们在人群中间很难有出色的表现。

他们在家庭办公室或远程工作时的效率最高。尽管他们不一定害羞，人际交往也能让其获益匪浅，但是，他们仍然需要独处的时间。内向的人在说话之前肯定会深思熟虑。他们有时看起来很冷漠，与外界的联系好像被一片宽阔的海湾所阻隔。这或许是需要独处的信号，你的身体需要补充能量。有时候，这也可能是独处时间太长的信号。必须找到平衡！内省技术和冥想、可视化等独处技术对内向的人很有好处。

看护人的难题：11.D

自找烦恼的人喜欢担心需要自己赡养的人。如果你为人父母、祖父母或者是年迈的双亲或祖父母的看护人，你就面临着巨大的压力，你必须保障他们的健康和安宁。这个负担并不轻松，即使你已经做好承接的准备，也会感到

压力重重。如果你是疼爱孩子的父母，你的一切辛劳当然物有所值。但是，赡养对象的存在让你更容易担心，而担心又会使作为看护人的压力更加沉重。

学会处理看护人的压力首先必须承认压力的存在，然后就要像关爱赡养对象那样关爱自己。这绝对不是自私。如果忽视自己的身心健康，你就不可能成为合格的看护人。自我关爱的压力管理工具有多种形式，比如为创造力和自我表现开辟空间等，这对看护人尤其重要。不要害怕承认对于看护责任的复杂感情：热爱、气愤、开心、厌恶、感激、沮丧、恼怒、快乐……成为看护人听起来就像成为一个充满七情六欲的自然人，不是吗？有些人或许认为比自然人更自然。

如果你有照顾他人的责任，无论是孩子还是年迈的父母，满足自身需求对成为优秀的看护人是必不可少的。每天都给自己留点时间，即使只有15分钟，也可以舒舒服服地洗个热水澡，或者入睡之前读一本真正的好书。把自己所有的精力都奉献给别人只会导致自身的崩溃，此时，你对别人也就失去了价值。

财务压力：12. A

有些人无论赚多少钱，钱总会莫名其妙地从指间溜走，或者从那个众所周知的“衣袋破洞”漏掉。钱财是很多人的压力来源，也是常见的压力弱势因素。你觉得足够的钱财真的可以解决所有问题吗？你每天都会担心是否有足够的钱财满足自己的需要和愿望吗？你是否被怎样存钱、怎样赚钱、怎样花钱等问题所困扰？你是否非常看重他人的经济状况？

如果钱财是你的弱势因素，能够让你承担自己的财务责任

（如果这就是问题所在）和从生活大局看待财务问题的压力管理技术就是你的选择了。钱财确实买不到快乐，但是摆脱财务压力却能让你获得更多的快乐！

不知道自己有多少钱或者不知道钱放在哪里是财务压力的重要来源。无论多么严酷，必须面对现实，弄清楚自己在任何时候拥有多少钱财。知道这些情况之后，你才能控制自己的财务状况。

家庭动力学：12.B

你爱他们。你恨他们。他们知道你好的一面，也清楚你坏的一面。无论喜欢与否，你和他们有着千丝万缕的关系，即使你决定不再和他们说一句话，也无法逃避这种关系。是的，此处说的正是你的家人。

对很多人而言，这是压力的一大来源。家人清楚地知道我们现在是谁，曾经是谁。这会给我们带来沉重的压力，尤其是我们想逃脱过去的阴影的时候。众所周知，家庭成员最清楚我们的弱点。谁会比兄弟姐妹更能让你生气？谁会比父母更能让你陷入尴尬局面呢（即使你已经长大成人）？

家庭总会给人们造成一定程度的压力，但是对某些人来说，家庭的压力尤其沉重，可能是因为人员的混乱，也可能是因为过去的痛苦。如果家庭对你有压力，不妨做些改变，或者继续前行。你可能每天都被家人疏远，或者被他们纠缠不休。无论怎样，识别家庭压力都是处理的第一步。处理的方法取决于你的个人情况。你可以考虑发挥人际交往能力的技术，也可以尝试增强自尊基础的技术。日志法和别的创造性技术对家庭压力的处理非常有效。还有，千万不要忘了朋友疗法。朋友的好处之一就是他们不是你的家庭成员！

在很多人眼里，家庭都是神圣而充满温情的生活部分。是的，家庭也是压力的温床。这无关紧要。你深深地爱着家人，牢牢地黏附着他们，同时，你不得不承认家庭是生活压力的重要来源。谁说生活很简单？任何情况下，记着家庭的正面因素，记着家人对你的积极影响，这是减轻家庭压力的好方法。

强制性担心：12.C，13.B

如果你是这种类型，就再清楚不过了。你担心每一件事情，对此又无能为力。面对选择的时候，你就成了“担心专家”。你担心自己的体形、留给别人的印象，担心你的子女、孙子和孙女。总之，你就是不停地担心。担心天气，担心家庭，担心宠物，担心学校、工作、社交圈。你的朋友可能瞪大眼睛，愤愤地说：“不要再担心了，行吗？”然而，直到此时，他们仍是你的担心对象。

但是，停止担心并不容易，不是吗？自寻烦恼是个容易造成巨大压力的坏习惯。学会停止担心可以让你平心静气，使你每天的生活发生难以想象（不是因为太忙而没有时间想象）的奇妙变化。控制思想和停止担心是值得学习的重要技能。锻炼有助于摆脱忧虑，尤其是具有挑战性的锻炼。当你专注于瑜伽动作和跆拳道的套路时，就没有担心的空闲了。不要因为戒除每天看新闻的习惯而担心。你担心的已经太多了，如果真有重要的事情发生，你迟早都会知道的。最重要的是，学习如何提高担心的效率。担心那些你有能力改变的事情，设法找出改变的途径。担心那些你没有能力改变的事情完全就是浪费时间。生命有限，经不起这种无谓的浪费。

需要时时得到别人的确认：12.D，15.B，15.C

有些人从来不曾意识或关心自己有多“酷”。另外一些人却在建立和维护个人形象的劳碌中度过一生。如果你的形象比形象背后的自我更重要的话（即使某些时候有这样的感觉），形象压力可能就是你的弱势因素。如今，不关注形象已经很难了。外貌、魅力、“酷”……一切都难以抗拒。然而，过于关注是要付出代价的。一辈子都活在向他人展现自我的追索中，反而会丧失真实的自己。你会时常担心除了世人眼中的“你”之外的自己究竟是谁吗？形象困扰很有压力。即使一定程度的“酷”对你的失业和个人满足感的影响也很大，正确看待形象和正确看待其他事物一样，都是至关重要的。

形象压力是青少年面临的大问题，也是成年人不容忽视的问题之一。你必须寻求能够帮助你接触内在自我的压力管理技术。你对内在的自己了解越多，就越会觉得外在的自己多么肤浅，对形象也会丧失兴趣。认识自我，形象反而会得到提升。

或许你已经注意到了：内心安宁，满足真实自我的人看起来都相当地“酷”。

缺乏自控、动力和条理性：13.A，13.B，13.C，13.D

你给自己带来的压力已经超过了必要的程度，因为你没能控制好自己的习惯、思想和生活。当然，你不可能控制所有事情，如果你试图控制所有事情，就会滑到另一侧的控制问题。但是，在很大程度上，你可以控制自己的言行、反应、思想以及对外界的认知。这是对万物的有力控制，也是你真正需要的控制。很多人却忽略了，反而找些“生活受命运和他人摆布”的托词。

那么，生活中有哪些事情是我们可以比较容易地加以控制的呢？饮食习惯、锻炼计划、言辞刻薄的冲动、愤怒、咬手指甲、嚼铅笔上的橡皮、用完东西从不放回原处……这是我们能够控制的。这些都是简单的习惯。如果某个习惯给你造成压力，何不改变这个习惯呢？打破习惯很困难吗？活在长期压力之中可要难受得多。找些可以帮助你获得控制力的压力管理技术，让自己更有条理，更健康，更有责任感，甚至更像一个成年人。

沉溺于不良嗜好，习惯于某些特定行为并不是自我控制。如果你沉迷于某些东西，比如烟碱、毒品、酒精、食物、赌博、性欲等，想要戒除并不容易。你会面临痛苦的挣扎，你可能需要帮助。不要害怕寻求帮助！这不是软弱的标志。

需要控制：14. A，15. A

你已经控制了范围之外的事物。你知道做事的最佳方式，没有人能超过你。你喜欢控制，因为你相信自己知道得最多，

大多数情况下也确实如此。现在的问题是，使每个人都听从自己（我能说“服从”吗？）是很有压力的。

那个家伙竟然在高速公路上超你的车！你走的是通行道！同事竟然不采取你提出的关于改进团队绩效的绝妙建议！他一定会后悔的！你也许承认需要一定的个人表现。人们应该尊重你的权威，不是吗？要求应得的尊重难道不对吗？

当然不是。我们都希望自己的成就得到认可。你的优势之一就是高度的自尊。但是，就像别的事情一样，自尊也可能超过一定的限度。记住，保持平衡！知道自己正确是一回事，要求每个人承认你正确却是另一回事。你可以从有助于放开统治缰绳、保持中立、跟随大众的压力管理技术中获益。你不需要被告知“做事”；你不像别的懒虫，你一直都在“做事”。你的招数是“随它去”。现在是接受挑战的时候了。你时刻都准备着迎接挑战。根据自我意识的定义验证你的个人主义，你的压力必将大大减轻。卸下重压的生活更有趣味。

你的工作：11.C，14.A，14.B，14.D

你可能喜欢自己的工作，也可能厌恶这份工作。但是，有一件事是肯定的：工作使你感到巨大的压力！对工作压力抵抗力较弱的人可能有着压力特别大的工作，比如，被最后期限催逼的工作，充斥着难以打交道的同事的工作，承受着成功压力的工作。即使在某些人看来没什么压力的工作，对另一些人来说却有很大的压力。某个人轻描淡写地说：“嘿，我肯定能做好的。”但只要另一个人稍稍提及最后期限，他就会陷入无底的焦虑深渊。

如果工作压力对你影响很大，可以尝试适用办公室环境（包括家庭办公室）的压力管理技术，以及针对你可能遭遇压力的各种技术，比如，与难以相处的人共事的技术，坐了很长时间之后有助于缓解和释放压力的技术，应对高压情况的深呼吸和放松技术，以及任何与工作相关的技术。

此外，应该特别关注工作之前的准备时间和工作之后的解压时间。每天工作前后，花15分钟的时间应用你所选择的压力缓解技术，给自己建立缓冲保护。这样，你的业余生活就能与工作完全分离，你就不会觉得工作压力吞噬了生活中的一切。即使你在家里工作，也应该设置工作时间界限（甚至可以简单到“周五晚上完全不工作”），时间到了就“下班”。记住，重要的是找到平衡！

低水平的自尊：13.D，14.D

即使你能沉着应对工作压力，也有可能受到自尊的袭击。一句对体重或年龄的评价或许就能让你情绪失控。逛街时偶尔从玻璃窗中看到自己的糟糕形象或许也能让你一整天都没有自信。

自尊不仅仅是外貌问题。如果发现有人质疑你的能力，你会失去理智或觉得没有安全感吗？你渴望从周围的人那里得到经常性的安慰、赞扬以及别的能够增强自尊的言行吗？很多压力管理技术可以增强自尊。最重要的是，必须记住，自尊和身体一样，需要维护。关注自尊，关爱自己。不断提醒自己，你是多么特别，即使你并不这么认为。

不在乎自己或许能够帮助你忽略自尊问题，但是，却无法解决问题，也无法“修复”自尊。寻求自信和积极自我交流的源泉，保持良好的自我感觉。

自信训练有助于降低对别人无意评价的关注程度。你可以成为自己最好的朋友。这确实需要一些联系，但是，请相信自己，没有人更适合这份工作。你有特殊的价值，必须认识自己的价值。你能够带来无穷无尽的神秘和新奇，你异常迷人，异常可爱。你只有先赞赏自己，别人才会赞赏你。这虽然已是陈词滥调，却是至理名言。

完美的冥想是怎样的？

舒适地坐着或躺着，闭上双眼。放松全身，关注呼吸。每次呼气的时候，想着把所有的消极因素从体内排出；每次吸气的时候，想着获得纯洁的阳光和充沛的体能。呼吸的同时，对自己不断重复“完美”。当你说出这个词的时候，应该知道是在描述自己。那些所谓的缺陷无论来自公众的评价标准，还是来自你个人的评价标准，你的灵魂都是完美而纯洁的。

压力反应倾向分析

这个部分将分析你应对压力的倾向。在下列表格中圈出所选的答案，计算出每个纵列被圈的次数。

	忽视	反应	攻击	控制
16	A	B	C	D
17	B	D	C	A
18	A	C	B	D
19	B	C	A	D
20	D	B	C	A

你选择最多的类型就是你的压力反应风格。每个类型的详细说明如下所示：

忽视：如果你的大多数答案都属于忽视纵列，你就有忽视压力的倾向。有时忽视是绝妙的处理方法，有时却会进一步加重压力。有些问题在早期可以轻松解决，如果置之不理，只会变成越来越沉重的压力来源。注意自己的忽视倾向，这样才能有意识地运用这种策略。因为没有意识到而忽视压力是没有用的，本来应该承认和宣泄的情感也会就此掩埋。有效忽视压力的关键是学会充分认识压力的存在。然后，你就能决定什么时候忽视它们、什么时候控制它们。

反应：如果你的大多数答案都属于反应纵列，你就有对压力做出反应的倾向，而这些反应轻则无害，重则会使压力升级。每次压力失控的时候，你或许会把冰箱里的冰激凌洗劫一空，或许会变得抑郁、气愤、恼怒、焦虑、惊恐，或许会没完没了地担心，或许会吸烟、喝酒，或者借助别的药物忘记压力的存在。无论何种情况，这样的压力反应只会让你成为受害者，你觉得压力被自己控制，实际上却深陷压力的魔爪。不要成为压力的俘虏。面对压力，偶

尔放纵一下自己也未尝不可，可以看成沉湎和自怜，甚至是关爱自己的一种方式，当然，这必须在一定范围之内。控制压力总是比不去控制它有效得多。

攻击：如果你的大多数答案都属于攻击纵列，说明你不仅能够处理压力，手段还很粗暴，而且发自内心地全力扼杀。你不想让压力损害自己的最佳状态，但是，在你的从容和健康背后，也隐藏着不足的危险。有时，你对控制压力的有效方法置之不理，而有时你却从各种角度、用各种方法将压力碾为尘土。当然，这可能是高效的应对方法。难以解决的工作问题、经营的失败甚至体重问题，都能通过快速、猛烈、直接的攻击方式得到妥善解决。这种能量可以有效缓解某些特定压力。对于别的压力，攻击方式可能就不怎么理想了。学习应对不同压力的各种压力管理技术，可以丰富你的处理方式清单。当然，清单的第一项应该是放松。

控制：如果你的大多数答案都属于控制纵列，说明你已经能够很好地处理生活中的压力。面对刺激因素，你会采取温和的处理方式，绝对不会走极端。行动之前，你会给自己充分的时间来分析压力状况，你也不会为自己无法控制的事情过分担心。当然，有些事情偶尔会让你难受，可是你知道，不是每个人做的每件事情都是针对你的。然而，能够有效控制压力不代表没有改进的余地。学习更多更好的压力管理方法能够让你对将来的应激物做好充分的准备，这些应激物在每个人的生活中都有可能出现。

PART

04

如何让压力成就你

建立你的个人压力管理组合

压力管理组合不是固定不变的。记录，尝试，调整，再尝试，直到找到适合自己的方法，然后在其他领域加以应用。压

力管理组合就像一个投资组合。如果你仔细观察市场，并且根据市场变动进行股票交易，那么，投资组合就会改变。同样，生活是不断变化的，压力管理组合也会随之改变。在你建立、调整和实施这个系统的同时，还必须分析生活中的各类压力，压力管理战略是随着压力本身的变化而变化的。

压力管理组合是一个不断被完善的动态计划，它的基础是从剖析个人压力中获得的种种细节和全面认识。当你完成个人压力剖析（PSP）之后应该有一个总体认识，这将构成压力管理组合的轮廓或某些侧面。压力剖析的每个部分对压力管理战略的建立都会有所帮助。

压力管理日志

除了追踪本书提及的压力，最简单也最重要的压力管理战略之一就是记录压力日志。在你的压力日志中，你可以记录压力测试的结果，可以描述你的个人压力剖析，可以追踪各项压力管理战略的过程，包括尝试的内容、时间和效果。

压力日志也能记录每天的压力来源和相应的控制方法。你可以记录压力管理战略成功或失败的地方，检查自己为什么能够（或者不能够）有效地处理压力，甚至可以倾吐和抱怨自己遭遇的压力（本身就是压力管理的技术之一）。记下应激物和相应的处理方法有很多好处。

记录每天的压力来源可以帮助你适应生活中的压力。你将对不曾注意的压力来源和压力结构有更清晰的认识。

记录你的压力和应对措施可以帮助你识别什么时候压力管理战略能够产生效果，什么时候没有效果。你还能发现自己对生活压力和压力管理效果的真实感受。记录是发现的最好方式。

如果你常常忽视压力，那么，在你记录的时候就能意识到压力的存在。如果你想对压力采取行动，纸笔之间的宣泄总是比说些或做些会让自己后悔的事情要好。如果你想应对压力，在纸上应对也比养成不良习惯好得多。

压力日志有多种形式，包括律师用的便笺簿、带有空白页面的精装书，甚至你的电脑。不论你选择哪一种，必须是你喜欢使用的。你可以列明应激物的清单，也可以描写自己的感受和应对措施。总之，必须找出适合自己的日志记录方法。

记录压力日志最困难的地方是必须养成每天都要记录的习惯。和别的习惯一样，记录压力日志是可以学习的，加上适当的自律，也是可以坚持的。做到了，你就会很高兴。迫使自己每天记录压力日志也是压力管理的一次胜利。你从增强个人压力意识的过程中获得的其他益处也是努力的价值所在。

安排好生活中的一件事情就能大大缓解压力。今晚与其看电视，不如处理一下那些快要把你逼疯的抽屉、厨房垃圾和衣柜吧。一旦选定某件事情，就心无旁骛地坚持到底。当某个抽屉或衣柜变得井然有序时，你肯定会对心情的好转大吃一惊。

制定你的**压力管理战略**

接下来你将看到很多压力管理的技术。阅读的时候，想着自己的个人压力剖析图。每个方面都有针对的使用压力管理技术。

学习技术的同时，试着找出这些技术对个人压力剖析各个方面的不同效果。

记录你的测试结果

在日志中记录和分析测试结果的时候，你可能需要与下述表格类似的模板。你也可以复印几份，放在笔记本或活页簿里备用。

我的压力管理剖析

日期：______________

我的抗压临界点（选择一项）：

□ 略高　　　□ 太高

□ 略低　　　□ 太低

我认为自己处在抗压临界点（选择一项）：

□ 之上　　□ 附近　　□ 之下

我对自己能够（或者不能够）处在或接近抗压临界点的感受是：

....

....

....

我的压力触发因素包括（概括）：

....

....

....

环境应激物（具体）和生理应激物（具体）：

....

....

....

个人应激物（具体）和社会应激物（具体）：

我认为对自己的压力触发因素有效的技术包括：

分析我的压力弱势因素之后，我相信自己是（选择一项）：

☐ 内向的人　　☐ 外向的人

我想尝试的符合上述性格特征的压力管理技术包括：

我特别容易受到以下压力的影响（符合的都可以选）：

☐ 工作　☐ 自尊　☐ 自控　☐ 金钱

☐ 形象　☐ 家庭　☐ 竞争，控制，个人主义

☐ 担心　☐ 赡养对象

我打算关注这些方面的压力管理技术：

这是我对自己的压力弱势因素的观察结果：

....

....

....

我的压力反应倾向是（选择一项）：

□ 忽视　□ 反应　□ 攻击　□ 控制

这是我对自己的压力反应倾向的思考结果：

....

....

....

现在，你可以查阅自己的测试结果。如果再次测试，也能使用这个模板。

以下部分将帮助你根据测试结果选择合适的压力管理技术。

你的抗压水平管理战略

无论你的抗压水平略低还是太高，或是不同方面有着不同的水平，压力管理的关键是保持在健康的抗压水平附近。

如果你处在略低水平，就应该有意识地消除生活中的额外压力，继续享受你的低压状态。记住哪些是没有问题的，你是如何保持低压状态的。然后，为将来的压力升级建立计划并做好准备。

如果你的压力水平略高，也应该有意识地将其控制在适合自己的位置。虽然你可以比别人承受更多的压力，也可能出现压力过度的情况。当生活中的压力失去控制时，某些技术能够强化身心意识，使你认识到失控的危机。能够比普通人承受更多压力的人不太会关注自己的压力水平，他们认为可以承受一切。事实却是每个人都有一定的能力限制。

如果你的压力水平太高或太低，你也需要给自己设定计划。怎样才能有效地消除压力，使自己达到健康的抗压水平呢？或者，如何以积极健康的方式为生活增添刺激，从而达到适当的抗压水平？记住，太多的压力对身体有害，压力太少也会使生活失去乐趣和意义。

把你的抗压水平记到日志里，作为提醒。阅读本书剩余章节的时候，把你感兴趣的压力管理战略列成清单。尝试之后，想想它们的功效，最后，把合适的战略加入自己的压力管理列表，在每天或每周的日常规范中加以运用。

记录各项技能的治疗效果非常重要。也许你能在短期内记得某种草药疗法十分有效，或者某项放松技术枯燥无味，一个月之后，你可能就忘了。因此，记录自己的所有经历和体验是有必要的。

你可以根据下面的模板将这部分内容纳入你的日志中，也可以复印几份空白模板，放在活页簿中备用。

将要尝试的：在多长的时间内帮助我达到健康抗压；保持更换压力管理战略；尝试几次；效果如何；是否适合我。

（每天，每两周）（以1~10衡量）

消化不良是常见的压力反应，因为压力会使身体减低消化系统的血流量。下次碰到消化不良的情况时，不要急着服用抗酸剂，试着静坐5分钟，深呼吸，喝一杯酸奶。酸奶中的有益细菌有助于改善消化功能。

你的压力触发因素战略

无论是新来的室友、流感、结婚、留级、怀孕，还是超速驾车的罚单，各种触发因素都会增加生活中的压力。控制压力触发因素是调节抗压水平的关键。记住，压力触发因素有4种形式：环境因素、个人因素、生理因素、社会因素。你的触发因素属于哪种类型，往往是选择压力管理战略的关键。

把你的压力触发因素类别记到日志中（参阅前一节的个人压力剖析）。然后，你就能选择不同的压力管理技术来应对（消除或缓解）每种触发因素。

阅读后面章节的时候，可以回到这里，把你觉得对某种触发因素特别有效的压力管理技术记录下来。比如，改善饮食习惯和增加每天的运动量可以消除生理压力带来的各种疾病。朋友疗法和定期的自尊维护或许能够有效缓解社会性焦虑。不要担心如何确定哪项技术对应哪种类型，本书会在每个部分给你提示。你要做的就是记下那些你觉得有趣的技术。

无论何种类型，很多压力触发因素的处理都是因人而异的。在这个部分中，记下你个人的压力触发因素，以及你决定采取的处理方法。你将再次庆幸这份记录的存在。你不仅可以在将来记起哪些方法有效、哪些方法无效，还能清楚地看到自己是如何控制压力的，而不是反过来被触发因素所控制。

注意观察自己打电话的姿势。很多人会耸起肩膀，歪着脖子，夹住电话，然后腾出双手做别的事情。这个动作会引起严重的肌肉紧张和脊柱变形。如果你需要长时间地打电话，不妨买个耳机，这对手机同样适用。

每次处理一项压力触发因素的时候，在日志中记下你尝试的方法和效果，下面的模板供你借鉴使用。

我的压力触发因素、我尝试过的方法、尝试的效果：

....

....

你的压力弱势因素战略

了解你的压力弱势因素，或者在生活中特别容易被压力影响和侵害的方面，可以为特定压力管理技术的使用创造机会。无论你的弱势因素是工作、家庭，还是自尊，你都能找到适合自己的个性化技术。在日志中记录所有的相关内容。

阅读后面章节的时候，跟踪记录适用于你的压力弱势因素的各种战略。如果某种战略特别适合生活的某个方面，本书会给你提示。比如，债务管理战略对财务压力的处理非常有效。这是很明显的。相对隐晦的是，可视化对提升自尊的作用，祈祷和精神开放对免疫系统的作用。你可以使用下面的模板，将压力弱势因素记录在日志中。

我的弱势领域、我尝试过的方法、尝试的效果、保持或不适合我：

....

....

....

睡觉之前喝杯温热的菊花茶有助于松弛神经。菊花具有放松功效，饮用的过程也能成为一种放松体验。注意茶的味道、香气、温度、水蒸气、茶杯和入喉时的感受。繁忙的一天结束之后，这种冥想能让你镇静下来，准备入睡。

你的压力反应倾向调整计划

在这里，你能够控制天生的反应倾向，应对各种压力。记下你倾向做的，无论对身心健康有益、无益还是有害的所有事情。

在前面的章节，你已将自己的压力反应倾向分成4类：反应、攻击、忽视、控制。你可能会针对不同的压力，采取不同的应对措施。你可以定期检查日志中的压力反应，得知自己的进步。正如曾经提到的，我们非常希望你坚持记录。

你可以在日志中使用下面的模板，连续6周检查自己的压力反应。每个星期之内，你可能采取多种应对措施，全部记录下来，同时记下针对的压力来源。认清自己应对压力的方法是做出积极健康的压力反应的关键。在每个项目的第二列中写下你可以采取的更为有效的反应措施。

我的压力反应

	本周	我的下周计划
第一周	1	1
日期：	2	2
	3	3
至	4	4
	5	5

	本周	我的下周计划
第二周	1	1
日期：	2	2
	3	3
至	4	4
	5	5

	本周	我的下周计划
第三周	1	1
日期：	2	2
	3	3
至	4	4
	5	5

	本周	我的下周计划
第四周	1	1
日期：	2	2
	3	3
至	4	4
	5	5

	本周	我的下周计划
第五周	1	1
日期：	2	2

	3	3
至	4	4
	5	5

	本周	我的下周计划
第六周	1	1
日期:	2	2
	3	3
至	4	4
	5	5

✿ 画出你的**压力缺陷**

有些人就是写不了东西。如果你不太会写，或者不愿意写，压力日志的方法不但没有效果，反而可能造成更多的压力，成为工作列表永远完成不了的一项内容。如果你有类似的情况，图片表示法对你来说可能会轻松一点。压力图和压力日志的内容和目的完全一致，只是前者使用图片、符号和标志，后者使用文字。

把你的压力图当成城市地图来描绘。每幢大楼表示应激物，每个地区表示弱势区域，每条街道表示应激物之间的联系，比如，缺乏锻炼和关节疼痛之间的联系，财务问题和缺乏消费能力之间的联系。单行道表示应激物之间的直接因果关系（失眠导致睡眠不足，受伤的关节导致持续疼痛）。

不要担心自己没有艺术天分。你可以简单地做些基本标记。当然，如果你愿意的话，也可以画成一幅巨作。重要的是必须找到适合自己的表达方式，才有助于发现生活压力的相互联系、个人应激物的来源，以及某些应激物之所以能够影响另一些应激物的原因。只需消除或有效控制某个应激物，可能就会同时消除另外几个应激物。

建立你的压力管理目标

考虑到认识自身压力的重要性，我们已经花费了很多时间提高你的压力意识。然而，这只是压力管理的步骤之一。

设定目标也很重要。你想有更高的针对性吗？大大减少生病的概率？不再对孩子大叫大嚷？拥有更高的工作效率？缓解慢性疼痛？消除抑郁，还是全部？

想想你的压力管理目标。你想获得哪些成果？你当初为什么选择这本书？你的脑海里或许已经有了某个目标，即使只是消除长期以来的压力感。好好思考和分析你的目标，然后记录下来。这是压力管理组合的重要组成部分，随着压力剖析和压力组合的其他部分同时完善和发展。完成某些压力管理目标之后，应该建立新的目标。至于现在，先把你目前的压力管理目标列成清单。不用担心必须立刻完成所有的目标。新的目标出现时可以随时添加，旧的目标达成后也可以及时删除。

当你感到压力的时候，停下片刻，观察自己的表情。你的脸是否因为压力而扭曲变形？前额有皱纹吗？眉毛下垂吗？嘴巴表现出不开心的样子吗？试着放松额头，抬高脸颊，保持微笑。简单的面部调整能使你的感觉好很多（看起来也好很多！）。

✿ 实施你的**压力管理计划**

你已经分析过各种压力的来源，明确了没有问题和存在问题的各个方面，也思考过应该采取哪些缓解压力的方法。那么，还剩下什么呢？当然是消除压力！

开始的时候，要找到从哪里入手并不容易。面对这么多信息和想法，你或许会迷茫甚至沮丧。你可能觉得自己永远都控制不了这些压力。

但是，请你记住，如果不认清你所有的压力来源，你就无法妥善地处理这些压力。你已经完成了重要的第一步，你甚至已经思考过进一步的行动。你将不断发现新的压力管理技术，也应该将其不断加入你的技术列表。但是现在，你需要一份可完成事项的有序清单，使你知道应该从哪里开始。

为了实施压力管理计

划，可以准备一份编过号码的清单。选出你认为最容易处理的应激物，就从这里开始。比如，你觉得自己应该补充睡眠，这就是一个很好的起点，因为当你睡眠不足的时候，别的任何事情都很难处理。

你听说过儿童早期创伤、表现为特定身体部位疼痛的自尊问题等应激物吗？对于这些问题，可能存在各种相应的理论；然而，压力对身体的影响方式却是高度个人化的。对于那些身体正在遭受压力的伤害，你的意识或许是最可靠的信息来源。除此之外，个人咨询也有一定的帮助。

每天都要在压力管理目标的达成上花些时间，这样，你才会觉得有能力完成自己设定的各项任务。比如，决定今天10点睡觉是很容易的，然而，今后的每一天都必须早睡似乎不太可能做到，甚至让你沮丧。你喜欢熬夜，这没有问题。如果只想着“今天”，可能会轻松一些。你也可以只想着“今天”不吃垃圾食品，“今天”去体育馆健身，效果都是一样的。

只要养成更为健康的习惯，你就能把目标延长到1个星期甚至1个月。尝试不同的方法之后，你就能将目标调整到最适合自己的位置。

你的压力管理计划实施行动可能很像这个样子：

今天的压力管理计划实施行动

产生应激物的原因	今天的行动
睡眠不足	1. 今晚不看电视
电视看到太晚	2. 把电视节目录下来
	3. 10点睡觉

从你想过如何处理的应激物开始。学习越多，就越能知道应该怎样处理那些更具挑战性的生活压力。

压力管理维护

学习新鲜事物总是很有趣味，甚至让人兴奋。当你阅读本书前面几章的时候，或许就产生了消除所有生活压力的欲望。但是，新鲜感淡薄之后，压力管理就像所有事物一样，成了你必须坚持和遵守的习惯。如果没有持续的努力，你就可能在同时爆发的压力管理挑战面前精疲力竭，也就不可能坚持到最后。你知道这是怎么回事。你或许已经尝试过很多新的生活方式，比如更健康的饮食、有氧体操、为了简化生活而清理到一半的物品，然而，新鲜感失去之后，一切都会变得枯燥乏味，你也就很难坚持。

但是，压力管理对你的身心健康非常重要，将其作为一种习惯或者生活的组成部分需要也值得你去不懈努力。因此，不要想着一次完成。设定合理而现实的目标，循序渐进。让生活慢慢变化，你会发现很容易适应这些改变。久而久之，你的生活就会接近健康的抗压水平。此时，你的感觉会非常好！

压力管理计划实施90天之后，再做一次前面介绍的压力测试，把结果记到日志中。

然后，你可以重新设定计划，逐步控制生活压力的同时，不断调整自己的压力管理战略。重新填写个人压力剖析，也把结果记到日志中。重新建立计划，随着压力剖析的变化，调整你的压力管理战略。

令人厌恶的紧张性头痛会扰乱一整天的工作和生活，也会使所有事情都变得很有压力。如果发现紧张性头痛的征兆，立即用热水（或者使你感觉舒服的温水）冲泡双手10分钟。在这个过程中，血液会从头部流向双手，从而抑制紧张性头痛的发生。

你或许不觉得生活中的压力如此沉重。你还没有达到心脏病突发或神经崩溃的边缘是吗？

但是，如果你现在不开始控制压力，将来会是怎样一番情景呢？你允许压力侵蚀生活多长时间，尤其是在你知道可以阻止的时候？这就是压力产生的原因，而压力管理正是本书的核心内容。

正如压力可以以多种形式普遍存在，压力管理技术也有同样的普适性。你可以控制，甚至消除生活中的负面压力。你所要做的就是找到最适合自己的压力管理技术，好好学习，然后改写生活。

这就是本章的重点。你将学到压力管理的各种形式及相关知识，从而为自己量身定做压力管理的方案。

第七章

谁偷走了你的时间：你控制不了生命的长度，但可以改变生命的宽度

PART

01

掌控时间，掌控人生

时间和压力的危机

我们当中有那么多人总觉得时间不够用，这仅仅是因为他们不懂得时间掌控的重要性吗？为什么你对掌控时间感到烦恼？正确地掌控时间真的有这么难吗？掌控时间真的重要吗？是的，这很重要！

计划能力的缺乏是无法做到正确掌控时间的重要原因。你必须要计划你的时间并且不被周围的人或事物所打扰，所以说拖延就是一个大问题了。危机能够发生并且一定会发生，除非你做好了足够的准备并且有充足的缓冲空间来应付它，否则你将无法平安渡过。决策能力是时间掌控上一个重要的能力，如果你具备这个能力，知道事情孰轻孰重，任何难题都会迎刃而解。

如果你能消除压力，那么你掌控时间的能力无疑将会有所提高。

如果你能适当地放松自己，那么你做起事情来将更有效率，并且能更容易做出正确的决策。

必须强调的是，掌控时间概念并不仅仅局限于时间本身，它也包括“任务”“目标”“产量”“结果”等概念。如果你想获得成功，就必须注意以上几点。此外，你还要养成一种能够驾驭自己的好习惯，这不仅仅是一种习惯，更是一种技巧，掌握这种技巧将使你成为有能力的人。

正确的时间管理对目标的实现大有益处，这种益处不仅体现在办公室中，也体现在家里，任何时候都不要像无头苍蝇一样无计划地慌乱行事，要根据事情去部署计划，而不要受控于事情。

或许你工作很勤快，但想要成为高效的人，光有勤快还不够，你必须学会聪明地工作。以下五点就是聪明工作的要点：

（1）明确的目标——你知道自己工作的具体目标是什么吗？

（2）充分的能力——你确信自己一定有能力达到这个目标吗？

（3）适当的时间——实现这个目标要付出多长时间？

（4）合理估算——实现这个目标要花费多大的代价？

（5）权衡得失——考虑自己所付出的时间和精力能否得到相应的成果，也就是说你实现目标是否与自己所付出的成正比？

时间掌控的技巧种类繁多并且变化无常，光凭死记硬背来记住这些技巧是不可能的，所以必须根据不同的环境采取不同的方法，也就是说我们每个人都要先衡量一下自己的情况，然后根据具体的情况采取相应的方法。

不要让时间来支配你，而应该由你去支配时间。

世界上再也没有什么比发现自己一天结束后一无所获这件事更糟糕的了，对许多人来说这就是生活充满压力的重要原因之一。我们当中有一部分人工作很努力，总是试图制定一些超前的目标想超过其他人，但是时间匆匆流逝，自己却离目标越来越远。

你的时间总是不够用吗

如果有紧急的事情，那就赶快去做吧，一刻也不要拖延。你若对其置之不理，今天的急事将会成为明天的灾难！

总是有太多的事情等待我们去处理，所以通常我们都会有很多选择，但不知道先做什么好。正是因为这种无从选择才导致了拖延。

要学会先做重要的事，假设你明天有事要出国一段时间，那么什么事情才是你最想做的呢？你应该最先处理什么事情呢？

做事拖延的主要原因是因为目标太大、任务繁重以至于让你感到沮丧，或者是该项任务的个人偏好程度过重，所以无法引起你的兴趣。另外，害怕失败，对任务重要性的不理解，以及认为任务本身太枯燥等都是拖延产生的原因。

此外，有太多的人都渴望在最短的时间内获得最大的效率。学过动物行为学的人都知道，对事物的迫不及待是动物区别于人类的一个主要特征。人类作为高等动物本身应具备忍耐的能力，那么为什么会有那么多人对效率表现得急不可待呢？又有多少次我们目睹了成年人只因过程中的一点点耽搁而大发雷霆愤然退出的尴尬局面呢？这些愤怒爆发于道路、邮局、超市的手推车和等待汽车的长队中。如果你的内心存在一个小小的角落可以容纳这些时间缓冲的话，就会发现自己根本没必要为这些小事大动肝火。事情往往在没有人想象中的那么顺利时就会产生延误，对于这些延误，聪明的人总会选择耐心地等待。

时间掌控的关键在于正确地衡量任务完成的结果，而非任务本身。

有效的时间管理意味着什么

结果的完美并不是最重要的。有效的时间管理并不意味着要完成所有的任务，也不表现在要实现最完美的目标，时间管理这个概念远远超出了“为一些有可能发生的事做好一切准备”这样一个概念。若是任务执行的过程中发生一点意外，把原定计划中必要的时间抽出一部分去应对这些意外显然是不可行的。因为抽出这部分时间必然会导致计划失去平衡，换句话说就是，时间的平衡不应以牺牲计划中正常的时间来实现。

再者，其他人对于一些重要事情的疏忽或是对于重要安排的缺乏理解，也是造成办事无效、时间掌控失败的重要原因。

一位女孩周一非常忙，而她的老板又要求她周五前必须完成某项任务。周一的忙碌使得她不得不把日程安排推迟到了周二，所以很明显，安排任务只能缩短一天，这自然而然给她的心理造成了压力。尽管她费尽全力在办公室加班试图来填补那一天的空白，但仍弄得个措手不及。

建议就是，要为自己制订一个平衡的并且能够坚持下来的计划，别和上面这个女孩一样，把某一天的日程安排得太紧了。

帕累托定律

当某项工作被要求在某一天完成时，召开紧急会议便成了一种必要。但会议的日程安排必须要放在这项工作的前几天，不能放在工作的日程安排中。如果紧急会议并没有所谓的那么紧急、重要，或者本身就是一种浪费的话，那么对于被召来开会的公司职员来说，就面临着两难的境地：要么竭尽所能把工作做得完美，但这可能要花费比预期更多的时间；要么根据有限的时间来安排工作，只要做到足够好就行了。

公司职员通常认为不期而至的会议只会浪费有限的时间，给自己带来压力，以至于无法按时完成老板布置的任务。其实职员们并不是不了解会议的重要性，而是不愿意让会议硬挤进自己的日程安排中。

这种现象可以归结为帕累托定律，即所谓的80/20定律。老板只要完成80%的工作就足够使自己立足于大会发表言论了，职员们有足够的能力做到足够好，从而多完成剩下的20%，但是这另外增加的20%对结果却并无益处，也就是说职员们所坚持完成的20%的那部分纯属浪费。

当工作已经达到了老板或其他负责人的要求时，或者说已达到足够好的程度时，你就应该放下这项工作，转而着手于更有意义的工作，不然就是徒劳。

帕累托定律是意大利经济学家弗雷多·帕累托创立的。这条定理曾经闻名一时，因为在当时的意大利，80%的财富就集中在20%的人手中。

请运用帕累托定律进行分析：

如果把一天中最重要的20%的时间加以充分利用，那么这一天中80%的工作就会做得非常好。

80%的商机来源于20%的客户。

80%的交通事故都是由20%的司机造成的。

80%的啤酒都是由20%的人们消费掉的。

80%的结果都是由20%的时间来完成的。

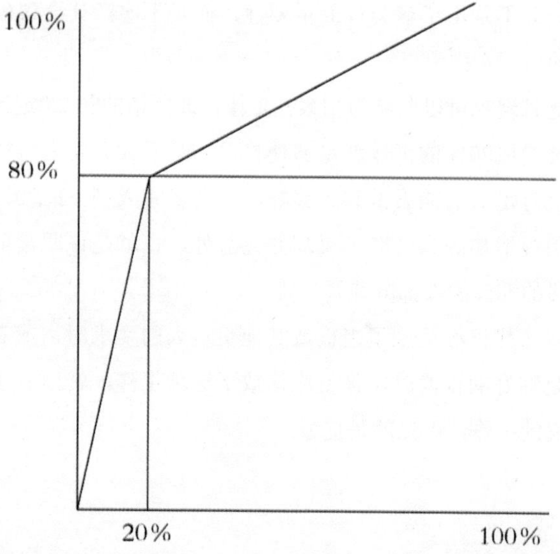

帕累托定律

✿ 合格的时间管理者

仅用所得的薪水来衡量时间掌控的正确与否，显然是不可行的。因为对很多人来说，在工作时间内，这些薪水包含着很多方面的收入，这些收入包括如下：

★由于完成某一项工作而失去对另一项工作的控制权。

★工作产生的压力。

★废品、次品。

★资源的浪费。

★精力的浪费。

★时间的浪费。

★动力的浪费。

★士气的浪费。

★从事其他工作机会的浪费。

★工作过程中产生不良关系所带来的影响。

根据帕累托定律，我们必须对自己手中所支配的时间好好做个安排，工作要尽量安排在结果到来的80%这段时间内完成，只有这样才能保证工作的有效

性。

在这里还要强调一点，那就是时间掌控不仅仅只强调管理时间，还应该包括管理工作，只有做到两者兼顾，你才算得上是一个合格的时间掌控者。

如果你只关注时间的安排，而忽视了工作优先次序的安排，是难以实现你的工作目标的；同样，如果你过分注重工作内容的安排，不能合理分配时间，也是谈不上什么工作效率的。在实施任何一项计划前，就要考虑到时间和工作两个因素。

在下一节中，本书将带领你去更深入地了解一下你自己，我们将教会你如何正确地安排时间，制定详细的时间安排表，还要教会你如何形成保证工作顺利完成的工作时间体系，以及如何抽出时间应付突发事件的方法。

PART

02

掌控时间，从“我”开始

了解自己，才能支配时间

首先，给自己下一个正确的定义是一件非常重要的事。只有全面了解自己才能发现自己身上的优缺点，然后发扬优点，改正缺点，制定出最适合自己的时间安排策略。

我们每个人都有自己的生活方式和工作习惯。有的人习惯夜晚工作，这时候他们的脑部神经处于高度兴奋状态，可是这类人往往在白天却无法集中自己的注意力；相反，另一类人的生物钟却非常固定，他们有严格的作息时间，从来不熬夜，一到深夜就无法工作了。你属于哪一类的人群呢？你曾有过在深夜或凌晨工作的经历吗？

我们周围还有另一类群体，他们被称为“最后任务的完成者”，这类人一定要在“任务必须要在最后几天完成”这样的催促压力下才能完成工作。

上述一连串的例子是否都在你身上发生过？你周围的同事或朋友是否都有类似的经历？曾经有一位老板，他最讨厌的事就是按时起床，总是要到员工们都到齐了之后才赶到公司来上班，并且在工作的时候他故意要让周围的人或事来干扰他，这位老板把这些干扰视为最好的放松方式，并认为唯有如此，他才能与员工更好地相处。

他为办公室中轻松的工作氛围而骄傲，为员工们了解他而自豪。他不赞同“封闭的办公时间”这一政策，认为自己的办公时间够开放。其实这位老板很清楚自己工作所要花费的时间，但是他就是要等待，等着电话停止呼叫，等着员工们纷纷离去，等着办公室恢复平静的那一刻，只有那一刻他才能安静地坐下来处理工作。

他意识到只有工作的时间底线只剩下最后一点时，他的头脑才能达到高度紧张状态，这才是他工作的最佳时机。这就是一个某人被最后时间底线驱使才能完成工作的最佳例子。

测试：是任务型，还是人物型

请完成下面的关于活动分析的练习，完成后你将对自己是属于“任务型”还是“人物型”的人群这个问题有个清晰的认识。

你必须利用最有效的时间来完成难度最大的任务。

你可能对“贝尔宾团队模式”有几分了解，这一概念起源于梅雷迪斯·贝尔宾的作品，他曾经在亨利管理学院做过一段时间的行为管理学研究。在研究中，他给来自世界不同地区的人们做了心理分析，从此出现了三种区别于传统的行为模式。这些模式有些和人类的性格特点、心智类型相关联，有些又与成功团队的行为学有联系，所以都被各自命名了。

1.如果你遇到以下的情况，请选择：

A.不管有多晚，我都喜欢把任务完成了才下班

B.不在乎完成任务的时间底线

C.与他人协力，共同完成任务

D.独自安排工作时间，只要把工作完成就行了

2.如果别人完成工作的时间比你预料的要迟，你会生气吗？

A.会

B.不会

3.在团队活动中，如果你的表现胜过别人的话，你会：

A.表现出足够的耐心

B.表现出不屑

C.让别人掌握优先权

D.与别人共同努力，完成任务

4.你是否愿意在工作中帮助别人？

A.是

B.不是

5.在家里或单位里有朋友来访，你会：

A.与朋友交谈

B.让朋友说出难处，与他共同解决问题

C.耐心听朋友倾诉

D.变得不耐烦

6.你会经常检查同事们的工作进展吗？

A.会

B. 不会

7. 如果领导把一项任务交给你，你希望：

A. 自己全权负责这项任务

B. 尽量早点完成任务

C. 计划与别人共同完成任务

D. 保持耐心

8. 你希望别人来负责管理某项任务吗？

A. 是

B. 不是

9. 你是通过以下哪种方式来避免时间的浪费的？

A. 每件任务都用最快的速度来完成

B. 先放下手头的任务，着手完成另一项任务

C. 许多任务夹杂在一起完成

D. 通过团队合作来实现目标

10. 开会时你经常早到吗？

A. 是

B. 不是

11. 你通过以下哪种方式来鼓励同事？

A. 对他们表示友好

B. 为他们制定一个时间表，鼓励他们用最短的时间来完成任务

C. 表示能同他们一起合作

D. 避免冲突

12. 友谊重要还是任务重要？

A. 友谊重要

B. 任务重要

13. 在你发现自己制定的日程安排表落后于别人时，你会感到：

A. 很有压力

B. 对别人的安排表很好奇

C. 认为是别人的安排表存在问题

D. 有必要和别人一起讨论，来共同解决这一问题

14. 你会在任务下达之前提前安排工作时间吗？

A. 会

B. 不会

15. 你是通过以下哪种方式来提高自己的工作效率的？

A. 与他人建立工作联系

B. 创造轻松的工作氛围

C. 利用团队合作的方法

D. 扩大团队群，拓展合作群体

16. 如果别人按时完成了你所布置的任务，你会说“谢谢”吗？

A. 会

B. 不会

结果分析

以上问题的答案没有对与错，结果仅反映你与“任务”“人物”这两种管理类型的适合程度。有些人任务观念较重，有些人则比较重视任务完成过程中的人际关系。

根据贝尔宾定理，世界上存在着三种行为模式，即外观取

向模式、计划执行模式和任务执行模式。

★外观取向模式的人注重任务完成过程中的人际关系，对任务的压力和挑战性都比较敏感，并以此为动力。

★计划执行模式的人有较强的组织纪律性，能坚定地按照自己制订的计划来完成工作，通常都能将理想变为现实。

★任务执行模式的人能吃苦，很谨慎，总能时不时地发现问题。这类人通常能够按时完成任务。

接下来就是人际关系模式了，也分为三大类，即合作者模式、调查者模式和团队模式。

★合作者模式的人大都很自信，有权威，通常担当着制定目标和做决策的使命。

★调查者模式的人性格比较外向，好交际，他们总在不断地寻求合作的机会。

★团队模式的人合作性都很强，他们总是能够避免冲突的发生，他们这类人适合做外交工作。

最后，研究型模式同样也分为三类：创造模式、引导模式和钻研模式。

★创造模式的人顾名思义都有较强的创造能力，总能解决复杂的问题，但往往忽略细节问题且不懂得交际。

★引导模式的人有较强的分辨能力，总能制订出战略性的计划，能够领导众人，却缺乏激励他人的本领。

★钻研模式的人细致，但只注重单方面的研究，因而视线狭窄，不能全方位地考虑问题。

你属于上述哪一类模式的人呢？你又是和哪一类人群共事

呢？你认为哪一类人更有能力、更能合理地掌控时间呢？请谈谈自己的看法。

值得注意的是，在上述几例模式中，任务执行模式是最理想的一种时间掌控模式。因为此模式的人能在任务执行的过程中，不断地发现问题，解决问题，认真、谨慎是他们的一贯特征，按时完成任务是他们的风格。

✿ 选择适合自己的**时间管理方法**

要想选择适合自己的时间管理方法，首先必须明确自己要做哪些方面的改变。只有改变错误的习惯，才能有效地掌控时间。

为自己制定一份时间表，详细记下你每天完成某项任务所用的时间。然后依此类推，计算出你每周、每月完成这项任务所用的时间。要保证这些数据的正确性，及时查看，看看自己

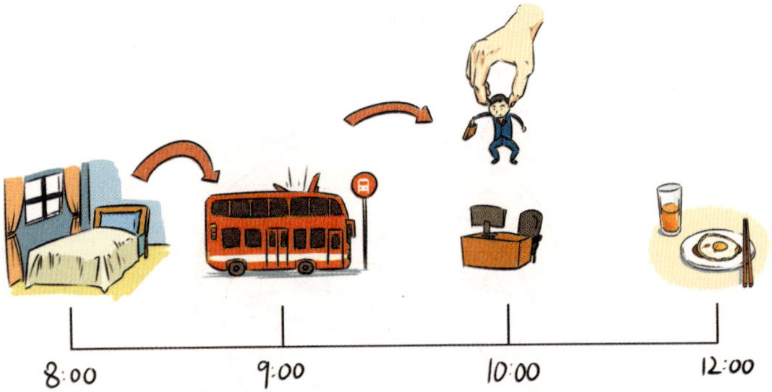

实际的工作时间与计划的工作时间是否有出入。

你会发现一个问题，那就是自己在喜欢的工作上花费了太多的时间。当你还在为别人无法把你喜爱的工作完成得如此完美而得意时，你不得不承认这样的完美是以你牺牲做其他事情的时间来办到的，这无疑是一种时间的浪费。

在做事情之前，你心里要明白：

你想成为哪一类人？你的生活态度是什么？

你喜欢什么？什么样的结果才令你满意？

怎么样才能使你开心？你想实现怎样的目标？

要实现目标，自己要做哪些方面的改变？

要达到目标，具体要完成哪几项任务？

把以上小窍门记下来，随身携带以供及时参考。

PART

03

赢在好习惯

拖延：谨慎的童话

在我们周围，有这样一种人，工作开始时总是满腔热情，给自己定下远大的目标，决心晚上6点开始努力工作，但身边有太多的事情使他找到了各种各样拖延工作的借口。结果可想而知，直到深夜他才发现自己一事无成。

晚上6点一到，他就开始坐在书桌前，而且认真地安排了一整晚的工作，但等到一切都安排到位时，他的工作计划就被全盘打乱了。首先，早上还没有看过报纸的想法成了他拖延工作的第一个理由，他离开书桌，打开报纸看了起来。这时他又猛然发现报纸上的内容要远比他想象的精彩，所以他不忘把娱乐版也浏览了一遍。8点到8点30分有一档不错的电视节目，他又意识到这是一个放松身心的好机会，于是他便不由自主地打开了电视，原来这档节目7点钟就开始了，于是他想，“我毕竟已经忙了一天，还好节目才开始不久，无论如何我也该放松放松了，这将有助于我明天更高效地工作。”这样又过去了45分钟，他再次回到了书桌旁，毕竟工作还是要做的。

开始时他还能静下心来工作，但没过多久，要给朋友打电话的念头和看报纸的想法一样又闪进了他的脑海，他又给自己找了一个最佳的理由，就是只有等打完了这通电话才能安下心来好好工作。他是这么想的，也就这么做了。当然，打电话比工作有趣多了，但他放下电话重回书桌的那一刻已经是晚上8点30分了。

在整个过程中，我们可以清楚地看到，这个自己定下远大目标的又急于完成工作的人仅仅在书桌前逗留了一小会儿，这真是一种悲哀！其实他已经意识到周围的干扰因素，但是这些干扰因素诱惑着他，使他无法自拔。对这些因素的渴望会随着渴望本身的无法满足而变得更加强烈。他越是想看报纸，就越想压制自己的这种渴望，所以看报纸的渴望就变得更加强烈了。于是他放下手头的工作，找各种理由来抑制自己的渴望就成了他唯一的解决问题的方法了。

最后他第三次回到书桌旁，并下定决心不再受干扰，一定要好好工作。但这时的他已经精神疲劳，昏昏欲睡了，注意力无法集中的他早已看不进任何东西了。结果他又看了一档节目，最终倒在电视机前睡着了。

在被别人叫醒后的他睁开眼睛，觉得也就这么一回事。毕竟他也休息了，也读了报、看了电视，又和朋友聊了天，一切都那么顺理成章，他想或许明天晚上他还能够……

如果你诚恳的话，你就不得不承认上述故事中的主人公多多少少有你的影子，你对这个故事恐怕也不会陌生吧？人都是有惰性的，总想着把轻松的事先做完再办正事，但往往心有余而力不足，在做完所有闲事后的你已经没有力气再工作了。这

是一个坏习惯，但遗憾的是，这个坏习惯普遍地存在于大多数人的生活中。

坏习惯就躺在温床上，上去容易，下来难。

其实仔细想一下，一天中你所厌烦的工作不可能总是很多的，主要是因为你厌恶这项工作，对此没兴趣，所以注意力自然而然地会被周围事物所吸引，工作时间才会延长。所以说并不是做厌烦的工作要花费很长的时间，而是你拖拖拉拉地把这段时间拉长了。

这样看来，要制定有效的时间掌控方法，第一步就是要杜绝拖延，要找出自己的弱点——干扰自己的外界因素，把它们统统列出来并时刻提醒自己不要被这些东西拖延了。

每日的时间安排

你是如何计划刚起床后的一个小时呢？你可别小看这一个小时的安排，这个安排的好坏会直接影响你整整一天的时间掌控。你必须要尽可能地把对别人来说无事可干的这一个小时用得恰如其分，这样你一天的工作才能安排得井井有条。

不管你是否习惯早起，不管你是不是个夜猫子，能增添你一大清早乐趣、提高你一大清早工作效率的唯一方法就是远离那些使你分神的新闻、信件、邮件或电话。这些时间的安排可以尽量往后推一推，不要放在起床后的一个小时内。记住，清晨往往是一天中最美好的时间，对外界干扰因素的欲望愈少，一天的工作效率就愈高！

如果你是一个懂得积极思考并且明白自己追求目标的人，那么你就可以根据自己的特点来制定最合适自己的日程安排表了。例如，有的人把带着小狗去附近散步这种方法来开始新的一天视为最佳的生活方式，也有人认为练练瑜伽、做做深呼吸才更为惬意，更有人认为应该利用清晨这一段时间来静静思考，品品茶或冲个澡来给自己增加活力。所以每个人都要按照自己的习惯来制定自己的日程表，并要天天坚持，把这些安排变成自己固有的习惯。

每周工作表样例

星期 类型			星期一	星期二	星期三	星期四	星期五	星期六	星期天
角色	每周目标	每周首要的事							
			缓冲日	重要日	重要日	重要日	缓冲日	缓冲/休息日	休息日

续表

星期 类型			星期一	星期二	星期三	星期四	星期五	星期六	星期天
工作角色A.			8	8	8	8	8	8	8
			8：30						
			9	9	9	9	9	9	9
工作角色B.			10	10	10	10	10	10	10
			11	11	11	11	11	11	11
工作角色C.			12	12	12	12	12	12	12
			1	1	1	1	1	1	1
家庭角色A.			2	2	2	2	2	2	2
			3	3	3	3	3	3	3
家庭角色B.			4	4	4	4	4	4	4
			5	5	5	5	5	5	5
家庭角色C.			6	6	6	6	6	6	6
			7	7	7	7	7	7	7

续表

类型 \ 星期			星期一	星期二	星期三	星期四	星期五	星期六	星期天
个人角色			8	8	8	8	8	8	8
			9	9	9	9	9	9	9

以下是帮你支配自己一天中的时间的几点建议：

1.制定一份详细的计划表

要在起床后或睡觉前分层次地列出一份详细的计划表。用A、B、C这三个字母按重要性在表中把计划的工作分成三大类：A类工作最重要；B类工作相对次要些，但也是需要完成的；C类工作则需要看情况来完成，在时间充分的情况下才考虑完成此类工作。

2.划分时间段

把一天中琐碎的事情列出来，划分成块。例如把打电话这段时间从一天中抽出来，安排在一个特定的时间段里，或者把一些不太复杂的琐碎时间安排在回家途中这段时间里。这将有助你节省时间，大大提高时间的利用率。

3.要适当地安排一些休息的时间

在持续工作一段时间之后，要适当地放松一下，看看窗外，想想与工作无关的事或是运动一下，总之，要使自己的脑子放松一下。哪怕只休息15分钟，都会给你带来意想不到的结果，以便你更有效率地工作。

4. 学会尽量不受外界干扰

给自己安排出一些不受干扰的时间。在这段时间里，你可以选择在电脑中隐身，使自己不受干扰但又不至于收不到重要邮件，这样就可以既保持正常工作又不被外界打扰了。

适当改变自己的计划

要想做适当的改变，首先要设立切实可行的目标，再把这些目标分成长期目标、中期目标和短期目标三类。

为这些目标制订详细的计划，你心中要明确应该做什么、怎么做。不要犹豫，从现在起开始立即行动吧！在发现自己没有进步时，你应该坐下来好好想想，看看自己是否存在习惯上的问题，是否需要为自己的计划做些调整！

下表是每月工作计划样例，你可以参照此表根据实际情况调整你的每月计划。

每月工作计划样例

星期一	星期二	星期三	星期四	星期五	星期六	星期天
27（日期）	28	29	30	31	1 复活节假期开始	2 12：00 橄榄球比赛 17：00电影
3	4	5	6	7	8	9

续表

星期一	星期二	星期三	星期四	星期五	星期六	星期天
10	11	12	13 8：30 从巴黎回来	14	15 20：45 从巴黎回来	16
17	18 召开整天的销售和市场会议	19	20	21	22	23
24	25	26	27	28	29	30 11：30 参加朋友婚宴
31	1	2	3	4	5	6

如果你对事情的严重性把握得很清楚，并且明白一天中需要完成哪些工作、处理工作的次序是怎样的话，就说明你已经掌握事情的控制权了，你已经学会如何运用重要的事情来有效掌控时间了。

但是值得注意的是，你仍然要有明确的目标。就像开车一样，如果不知道目的地，你就永远不知道如何到达。

我们常碰到这样的一些人，他们精力充沛，干劲十足，工作成绩却平平。究其原因，是他们没有明确的工作目标，做了许多无用功，导致效率低下。

《事事都做完，仍有时间玩》一书的作者马克·福斯特是这样说的："只有目标明确，我们才知道该做什么。"

有效地处理事情和有效地利用时间是有区别的。一个能够有效地处理事情的人并不一定具备有效利用时间的能力。同样，能够有效利用时间的人也不一定可以有效地处理事情。但有效地利用时间往往比有效地处理事情更能取得良好的效果。

目标要切实可行

一个好的计划安排表要能够涵盖1个月的时间安排内容，也就是说要在1个月前计划就已经被安排好了，因为这1个月的准备会使你的计划更详细、更精确。例如，你安排出一些具体的时间来完成特定的任务，见见客户或做工作陈述等。你可以分别用不同的颜色来标识需要完成的工作，紧急重要的时间安排用粉色的笔记录，不太紧急或者重要性不如前者的时间安排用橙色或黄色的笔记录，绿色或蓝色的笔记下的时间安排都是不太重要的，比如聚会、休闲，等等。

如果你有一部分的工作需要在办公室以外的场合完成，你的日程安排就要相应做一些调整了。比如说，工作时住在市区而周末则要在附近乡村度过，所以周一至周五的时间安排就和周末的有所不同了。一周中，有将近3天的时间要在自己的办公室中准备会议，要去同事的办公室商讨工作，还要做一些相关的报告陈述。这是最忙碌的时候，所以这3天的时间安排选择用粉色的笔记录。除此以外的周一到周五这段时间也可算是工作的高峰期，把这段时间的安排用橙色或黄色的笔标出，表明这种安排比前面用粉色笔标出的要轻松一些。周六或周日这两天当然是用绿色或蓝色的笔了，因为这是休息日！在此期间，不必接见客户，不必工作甚至可以不在意时间。一整天的事情平均分配到早上、中午和晚上这三个时间段内来完成。如果所要做的事情不牵涉到其他人工作的话，就有足够的选择来安排时间了。这样做大大减少了时间安排的压力，使时间安排表中的工作变成“不以赚钱为目的”的工作了。

用不同颜色的笔做记号可以轻易地分辨出事情的重要程度，通过这种方式，人们就可以把那些不值得花时间应付的工作从时间安排表中清除掉。这些工作就是“任务罐中那些围绕玻璃珠子的沙粒”。

一旦日程安排表制定成熟了，你就要坚决地执行。千万别受外界影响，要严格按表中计划行事。不过像前面所提到的，一旦有意外事件发生，还是要适当地改变计划，把这些意外也写进去。每完成一件工作，就在计划上面打个“√”，如果有一件工作能够毫不费力地迅速完成，那么你就会在能很快打上“√”的快感中得到满足了。如果工作未能如愿完成，你也不必太在意，把它安排到明天的计划中就可以了。

集中自己的注意力直到工作完成，如果你认为这太困难，那么至少要坚持到工作有进展为止。

在计划工作时要制定出一套适合自己的工作体系，并且自始至终按体系行事。

在工作前，工作资料掌握的详尽程度将对工作开展得是否顺利产生直接的影响，要集中注意力，不要受周围不相干的人或事干扰。

正如开头所提到的，造成拖延最主要的原因就是任务太

多、难度太大了，以至你产生惧怕心理，一开始就对这项工作产生抵触情绪，对此项工作的重要性没有很好的认识，导致你不能更好地接受领导对你的指示，或使你产生对工作感到厌烦而不愿完成的心理。在这种情况下，你应该考虑一下这项任务是否属于“三号任务”，即任务本身是否重要。如果是，那你大可不必为此浪费时间，果断地选择放弃吧。

对于那些繁重的任务，可采取把它们分成一个个小任务的方法来解决，只有这样，工作才比较容易开展起来。如果你确实对繁重的任务有所厌烦，那么就把它的份数分得多一些，这样就可以缩短每一次的工作时间，起到减小你烦恼程度的效果。

如果上述任务不仅繁重而且又很紧急，那你当然不能把它分块然后慢慢处理了。这时你就应当把它安排在计划时间的首位，并且以最快的速度来完成，因为只有把这份使你厌烦的工作首先处理掉，你一天中剩下来的时间才不至于受到影响。你可以在结束这份工作后和朋友喝喝咖啡或谈论些愉快的话题来消除疲劳，以保证后面工作的有效性。

如果你承担了一份使你感到难以独自承受的责任，那你就应该选择勇敢地把它说出来，你可以选择向家人或者朋友倾诉。责任一旦公布，你就难以逃避了，这有助于你面对现实，不当逃兵。

爱、恨、希望、信心、同情、乐观、忠诚、快乐、愤怒、恐惧、悲哀、疼痛、厌恶、轻快、仇恨、贪婪、嫉妒、报复、迷信都是人的情绪。

如果你能消除压力，那么你掌控时间的能力无疑将会有所提高。